Francisco José Boigues Planes
Irene Creus Martí
Valentín Gregori Gregori
Juan José Miñana Prats
Bernardino Roig Sala
Almanzor Sapena Piera

Lecciones de cálculo elemental

edUPV

Universitat Politècnica de València

Colección *Punto de partida* http://tiny.cc/edUPV_part

Para referenciar esta publicación utilice la siguiente cita:
  Boigues Planes, Francisco José; Creus Martí, Irene; Gregori Gregori, Valentín;
  Miñana Prats, Juan José; Roig Sala, Bernardino; Sapena Piera, Almanzor (2025).
  Lecciones de cálculo elemental. Valencia: edUPV

Imprime: Byprint Percom, sl

ISBN: 978-84-1396-358-7
Depósito Legal: V-3197-2025

Si el lector detecta algún error en el libro o bien quiere contactar con los autores,
puede enviar un correo a edicion@editorial.upv.es

edUPV se compromete con la ecoimpresión y utiliza papeles de proveedores que cumplen con los
estándares de sostenibilidad medioambiental https://editorialupv.webs.upv.es/compromiso-
medioambiental/

Impreso en España

Prólogo

En los últimos años se ha observado que algunos estudiantes llegan a la Universidad para cursar estudios técnicos, sin un nivel adecuado de conocimientos matemáticos, que no entramos aquí a analizar. Este texto, "Lecciones de cálculo elemental", lo hemos elaborado, pensando en ellos, un grupo de profesores de la Escuela Politécnica Superior de Gandia (Universitat Politècnica de València), para que su contenido pueda ser impartido en un cuatrimestre o bien en un curso intensivo de verano.

Para conseguir su objetivo los autores han redactado este texto con un lenguaje sencillo, evitando excesiva terminología científica, y en el que, en contra del tratamiento usual de este tipo de obras, las demostraciones (en sentido clásico), sólo aparecen de forma esporádica. No obstante, el texto está escrito con rigor y con una continuada argumentación de los contenidos que se presentan.

El libro está dividido en capítulos relacionados entre sí, y en cada uno de ellos se integran con la exposición teórica, abundantes notas, ejemplos y una colección de ejercicios totalmente resueltos, con los que concluye cada capítulo. De esta manera el texto puede ser considerado un curso teórico-práctico.

Para evitar una excesiva extensión de la obra, se usa en ocasiones conceptos intuitivos, sin definir, pero cuya presencia se advierte con el uso de la letra cursiva. Otras veces se recurre a la letra pequeña para dar mayor información que no va a ser necesaria para la comprensión del resto de la obra.

Los trece capítulos seleccionados por los autores, y en este orden, han sido: Polinomios y fracciones racionales, Funciones polinómicas y racionales, Resolución de ecuaciones e inecuaciones, Cónicas, Funciones exponenciales y logarítmicas, Funciones circulares y trigonometría, Continuidad, Derivabilidad, Estudio local y gráfica de una función, Primitivas de una función, Métodos de integración, La integral definida y El cuerpo de los complejos.

Los autores agradecen de antemano cualquier sugerencia tendente a la mejora de este manual, por si procede una revisión del mismo, en ediciones posteriores.

Los autores

Notación

El lector debe conocer la siguiente terminología básica que se usa en matemáticas y ciencias tecnológicas:

$\forall$ Cuantificador universal. Se lee "para todo"

$\exists$ Cuantificador existencial. Se lee "existe"

$\iff$ Equivalencia proposicional. Se lee "si y sólo si"

sii   Abreviatura de "si y sólo si"

$\equiv$ Equivalencia

$\approx$ Valor aproximado

$\Rightarrow$ Implicación proposicional. La proposición de la izquierda implica la de la derecha. Se lee "implica"

$|$ Se lee "tal (tales) que"

$:$ Se lee "tal (tales) que"

i.e.   En latín *id est* y se lee "es decir"

$\in$ Símbolo de pertenencia

$\subset$ Símbolo de inclusión

$\cup$ Símbolo de unión

$\cap$ Símbolo de intersección

$\mathbb{N}$ Conjunto de los números naturales (incluye al cero)

$\mathbb{N}^*$ El conjunto $\mathbb{N}$ sin el cero

$\mathbb{Z}$ El anillo de los números enteros

$\mathbb{Q}$ El cuerpo de los números racionales

$\mathbb{R}$ El cuerpo de los números reales

$\mathbb{C}$ El cuerpo de los números complejos

Índice

Capítulo 1

POLINOMIOS Y FRACCIONES RACIONALES

En este capítulo se estudian las operaciones elementales con polinomios y con cocientes de polinomios también llamados fracciones racionales.

1.1 POLINOMIOS

1.1.1 Definición de polinomio

Llamaremos **polinomio** en la *indeterminada* x a toda expresión de la forma $a_0 + a_1 x + a_2 x^2 + \cdots + a_n x^n$ en donde los **coeficientes** a_i son números reales. Al conjunto de todos ellos lo representaremos por $\mathbb{R}[x]$. Los denotaremos con letras mayúsculas $P(x), Q(x), \ldots$ o simplemente $P, Q, \ldots$ si no hay duda sobre la letra indeterminada.

Se denomina **término** de un polinomio a cada uno de los sumandos. A a_0 se le llama **término independiente**. Se acostumbra a omitir los términos de coeficientes nulos. En particular, el polinomio $0 + 0x + \cdots + 0x^n$ se llama **polinomio nulo** y se denota 0.

Dos polinomios $P = a_0 + a_1 x + a_2 x^2 + \cdots + a_n x^n$ y $Q = b_0 + b_1 x + b_2 x^2 + \cdots + b_n x^n$ son iguales, y se escribe $P = Q$, si $a_i = b_i$ $(i = 0, 1, 2, \ldots, n)$. Al polinomio $-a_0 - a_1 x - a_2 x^2 - \cdots - a_n x^n$ se le llama **opuesto** de P y se denota $-P$.

Si $P = a_0 + a_1 x + \cdots + a_n x^n$ y $a_n \neq 0$ se dice que el **grado** de P es n, también que a_n es el **coeficiente principal** y se escribe $\mathrm{gr}(P) = n$. Al polinomio nulo no se le asigna ningún grado.

Es habitual escribir los polinomios ordenadamente en potencias crecientes o decrecientes de x.

Monomio, binomio y trinomio son los polinomios formados por uno, dos y tres términos, respectivamente.

1.1.2   Ejemplo

El polinomio $P(x) = 1 - 2x + 0x^2 - 4x^3 + 0x^4$ se puede escribir $P = 1 - 2x - 4x^3$. Se trata pues de un trinomio de término independiente 1, coeficiente principal -4, y se tiene que $\operatorname{gr}(P) = 3$.

1.2   OPERACIONES CON POLINOMIOS

1.2.1   Suma de polinomios

Sean los polinomios $P = a_0 + a_1 x + a_2 x^2 + \cdots + a_n x^n$ y $Q = b_0 + b_1 x + b_2 x^2 + \cdots + b_n x^n$. Se define el **polinomio suma** de P y Q, y se escribe $P + Q$, como

$$P + Q = (a_0 + b_0) + (a_1 + b_1)x + \cdots + (a_n + b_n)x^n.$$

Por tanto, $P + Q$ se obtiene sumando los coeficientes de igual grado en x. De la anterior definición se deducen, de manera inmediata, propiedades análogas a la suma de enteros:

Conmutativa: $P + Q = Q + P$.

Asociativa: $(P + Q) + R = P + (Q + R)$.

El 0 es elemento neutro: $P + 0 = P$.

Existencia de opuesto de P: $P + (-P) = 0$.

Obsérvese que si $\operatorname{gr}(P) = m$ y $\operatorname{gr}(Q) = n$ entonces

$$\operatorname{gr}(P + Q) \leq \max\{m, n\}.$$

La suma $P + (-Q)$ se denomina **diferencia** de los polinomios P y Q y se escribe $P - Q$.

1.2.2   Nota

El cumplimiento de las anteriores cuatro propiedades justifica que $(\mathbb{R}[x], +)$ es un **grupo abeliano**.

1.2.3 Ejemplo

Sean $P = 1 - 2x - 4x^3$ y $Q = 2 + 5x - 2x^2 + 4x^3$. Se tiene que

$$P + Q = 1 - 2x - 4x^3 + 2 + 5x - 2x^2 + 4x^3 = 3 + 3x - 2x^2.$$

Por otra parte,

$$P - Q = (1 - 2x - 4x^3) + (-2 - 5x + 2x^2 - 4x^3) = -1 - 7x + 2x^2 - 8x^3.$$

Si la ocasión lo requiere se pueden disponer los cálculos de manera adecuada en forma de tabla (ver Ejercicio 1.3).

1.2.4 Producto de polinomios

Sean los polinomios $P = a_0 + a_1x + \cdots + a_nx^n$ y $Q = b_0 + b_1x + \cdots + b_mx^m$. Se define el **polinomio producto** de P y Q, y se escribe $P{\cdot}Q$ como

$$P{\cdot}Q = c_0 + c_1x + \cdots + c_{n+m}x^{n+m}$$

en donde $c_k = a_0b_k + a_1b_{k-1} + \cdots + a_{k-1}b_1 + a_kb_0$.

Por tanto $P{\cdot}Q$ se obtiene en la práctica considerando a x como un valor numérico y efectuando el producto usual $(a_0 + a_1x + \cdots + a_nx^n) \cdot (b_0 + b_1x + \cdots + b_mx^m)$ con tal de tener en cuenta que $x^i{\cdot}x^j = x^{i+j}$.

Es obvio que $\mathrm{gr}(P{\cdot}Q) = \mathrm{gr}(P) + \mathrm{gr}(Q)$.

De la anterior definición se deducen, de manera inmediata, propiedades análogas al producto de enteros:

Conmutativa: $P{\cdot}Q = Q{\cdot}P$.

Asociativa: $(P{\cdot}Q){\cdot}R = P \cdot (Q{\cdot}R)$.

El 1 es neutro: $1{\cdot}P = P$.

Distributiva respecto de la suma: $(P + Q){\cdot}R = P \cdot R + Q{\cdot}R$.

1.2.5 Nota

El cumplimiento de estas propiedades justifica que $(\mathbb{R}[x], +, \cdot)$ sea un **anillo unitario conmutativo** (dado que $(\mathbb{R}[x], +)$ es grupo abeliano).

1.2.6   Nota

Cuando $\lambda \in \mathbb{R}$ y $P \in \mathbb{R}[x]$ es interesante considerar el producto $\lambda \cdot P$ como una ley externa $\mathbb{R} \times \mathbb{R}[x] \to \mathbb{R}[x]$ (ya que $\mathbb{R}[x]$ es un espacio vectorial real), que obviamente, y como caso particular del producto de polinomios, viene definido por $\lambda(a_0 + a_1 x + \cdots + a_n x^n) = \lambda a_0 + \lambda a_1 x + \cdots + \lambda a_n x^n$.

Se define por recurrencia P^n de manera que $P^1 = P$ y $P^n = P \cdots P$, n veces.

1.2.7   Ejemplo

(i) Sean $P = x^2 - 2x + 1$ y $Q = 2x^2 + 2$. Entonces, aplicando la propiedad distributiva, se tiene

$$
\begin{aligned}
P \cdot Q &= (x^2 - 2x + 1) \cdot (2x^2 + 2) = 2x^4 - 4x^3 + 2x^2 + 2x^2 - 4x + 2 \\
&= 2x^4 - 4x^3 + 4x^2 - 4x + 2.
\end{aligned}
$$

Obsérvese que $\operatorname{gr}(P \cdot Q) = 4 \ (= \operatorname{gr}(P) + \operatorname{gr}(Q))$.

Si la ocasión lo requiere se pueden disponer los cálculos de manera adecuada en forma de tabla (ver Ejercicio 1.4).

(ii) $\dfrac{1}{2} \cdot P = \dfrac{1}{2}(x^2 - 2x + 1) = \dfrac{1}{2}x^2 - x + \dfrac{1}{2}$

1.3   DIVISIBILIDAD DE POLINOMIOS

Si efectuamos la *división euclídea* del entero p por el entero positivo q, se obtiene un cociente c y un resto r de manera que $p = cq + r$ con $0 \le r < q$.

De manera análoga en los polinomios se verifica el siguiente resultado.

1.3.1   División de polinomios

Si P y Q son polinomios de manera que $\operatorname{gr}(Q) \le \operatorname{gr}(P)$ y $Q \ne 0$, entonces existen dos polinomios, únicos, C y R (llamados **cociente** y **resto**, respectivamente) de manera que $P = Q \cdot C + R$ con $\operatorname{gr}(R) < \operatorname{gr}(Q)$, o $R = 0$.

Cuando $R = 0$ se dice que la **división** es **exacta**, o que Q es un divisor de P, o que P es múltiplo de Q. Obviamente $\operatorname{gr}(P) = \operatorname{gr}(Q) + \operatorname{gr}(C)$.

1.3.2   Práctica de la división

Sean $P = 8x^4 - 2x^3 - 2x^2 + 2$ y $Q = 2x^2 + x$. La manera práctica de hacer la división de P por Q es similar a la de los enteros como muestra el siguiente esquema cuya interpretación se deja al lector.

$$
\begin{array}{rrrr|l}
8x^4 & -2x^3 & -2x^2 & +2 & \,2x^2 \quad +x \\
-\,8x^4 & -4x^3 & & & \,4x^2 \quad -3x \quad +\frac{1}{2} \\
\hline
/ & -6x^3 & -2x^2 & +2 & \\
& +6x^3 & +3x^2 & & \\
\hline
& / & x^2 & +2 & \\
& & -x^2 & -\frac{1}{2}x & \\
\hline
& & / & -\frac{1}{2}x \quad +2 & \\
\end{array}
$$

Así pues, $8x^4 - 2x^3 - 2x^2 + 2 = (2x^2 + x)\left(4x^2 - 3x + \dfrac{1}{2}\right) - \dfrac{1}{2}x + 2$. Puesto que $R = -\dfrac{1}{2}x + 2 \neq 0$, la división no ha sido exacta.

1.3.3   División por $x - a$

Cuando se divide un polinomio $P = a_n x^n + \cdots + a_1 x + a_0$ de grado $n \geq 1$ por otro de la forma $x - a$, se obtiene un cociente $C = c_{n-1} x^{n-1} + \cdots + c_1 x + c_0$ que es de grado $n - 1$ y un resto R que es necesariamente un número real. Así pues se tendrá

$$a_n x^n + \cdots + a_1 x + a_0 = (x - a)(c_{n-1} x^{n-1} + \cdots + c_1 x + c_0) + R$$

en donde se verificará

$$a_n = c_{n-1}, a_{n-1} = c_{n-2} - a c_{n-1}, \ldots, a_0 = R - a c_0.$$

Por lo que los coeficientes c_i del cociente C de la anterior división verificarán

$$c_{n-1} = a_n, c_{n-2} = a_{n-1} + a c_{n-1}, c_{n-3} = a_{n-2} + a c_{n-2}, \ldots$$

El anterior resultado permite obtener el cociente y el resto de la división de un polinomio P por $Q = x - a$ mediante la **regla de Ruffini** que consiste en la realización del siguiente cálculo:

	a_n	a_{n-1}	a_{n-2}	$\cdots$	a_0
a		$a c_{n-1}$	$a c_{n-2}$	$\cdots$	$a c_0$
	a_n	$a_{n-1} + a c_{n-1}$	$a_{n-2} + a c_{n-2}$	$\cdots$	$a_0 + a c_0$
	$(= c_{n-1})$	$(= c_{n-2})$	$(= c_{n-3})$	$\cdots$	$(= R)$

1.3.4   Ejemplo

Vamos a dividir $x^4 - 2x^3 + 3x^2 - 5$ por $x + 2$. Con la terminología anterior se tiene $a = -2$, y la disposición práctica es:

	1	-2	3	0	-5
-2		-2	8	-22	44
	1	-4	11	-22	39
	$(= c_3)$	$(= c_2)$	$(= c_1)$	$(= c_0)$	$(= R)$

En consecuencia,

$$x^4 - 2x^3 + 3x^2 - 5 = (x+2)(x^3 - 4x^2 + 11x - 22) + 39.$$

1.4   FRACCIONES RACIONALES

1.4.1   Fracción algebraica

Se llama **fracción algebraica** (que en ocasiones para abreviar llamaremos fracción) a una expresión de la forma $\dfrac{P}{Q}$ donde P y Q son polinomios en x, y $Q \neq 0$. A P y Q se les denomina numerador y denominador, respectivamente.

Las fracciones algebraicas $\dfrac{P}{Q}$ y $\dfrac{R}{S}$ se dicen **equivalentes**, en cuyo caso se escribe $\dfrac{P}{Q} = \dfrac{R}{S}$, si $P \cdot S = Q \cdot R$. Al conjunto de todas las fracciones algebraicas equivalentes a una fracción dada, se le denomina **fracción racional**. Una fracción racional se llama **propia** si el grado del numerador es menor que el grado del denominador.

La fracción $\dfrac{P}{\alpha}$ cuando α es un número real se identifica con el polinomio $\dfrac{1}{\alpha} \cdot P$.

Es evidente que si H es un polinomio no nulo entonces $\dfrac{A}{B} = \dfrac{A \cdot H}{B \cdot H}$ por lo que si se multiplica o divide (cuando es posible) numerador y denominador de una fracción algebraica por un polinomio no nulo, se obtiene otra fracción equivalente.

Simplificar una fracción algebraica es obtener otra equivalente más *sencilla*, es decir, con coeficientes más pequeños (en valor absoluto) o con polinomios de grados inferiores. Obviamente $\dfrac{A}{B}$ es una simplificación de $\dfrac{A \cdot H}{B \cdot H}$. Si una fracción no admite simplificación se llama **irreducible**.

1.4.2 Ejemplo

(i) Las tres fracciones $\dfrac{1}{x}, \dfrac{2x}{2x^2}, \dfrac{x-1}{x^2-x}$ son equivalentes. En efecto:

$\dfrac{2x}{2x^2} = \dfrac{1}{x}$ y $\dfrac{x-1}{x^2-x} = \dfrac{x-1}{x(x-1)} = \dfrac{1}{x}$. La fracción $\dfrac{1}{x}$ es irreducible.

(ii) $\dfrac{4x^2+x}{2}$ es el polinomio $\dfrac{1}{2}(4x^2+x) = 2x^2 + \dfrac{1}{2}x$.

1.4.3 Operaciones con fracciones racionales

Vamos a definir operaciones entre fracciones algebraicas, aunque, sin entrar en detalle, es más riguroso hablar de operaciones entre fracciones racionales dado que el proceso de simplificación es deseable en la práctica, durante los cálculos y en el resultado final.

Supongamos que $\dfrac{A}{B}$ y $\dfrac{C}{D}$ representan dos fracciones racionales. Se define la **suma** $\dfrac{A}{B} + \dfrac{C}{D}$ de ambas **fracciones** como la fracción racional

$$\frac{A}{B} + \frac{C}{D} = \frac{A{\cdot}D + B\cdot C}{B{\cdot}D}.$$

Se define el **producto** $\dfrac{A}{B} \cdot \dfrac{C}{D}$ de ambas **fracciones** como la fracción racional

$$\frac{A}{B}{\cdot}\frac{C}{D} = \frac{A \cdot C}{B{\cdot}D}.$$

La suma y el producto de fracciones racionales tienen las mismas propiedades que la suma y producto de polinomios. Además se verifica que toda fracción racional no nula $\dfrac{A}{B}$ posee inversa $\dfrac{B}{A}$ que verifica $\dfrac{A}{B} \cdot \dfrac{B}{A} = 1$.

También se define la **diferencia** $\dfrac{A}{B} - \dfrac{C}{D}$ como

$$\frac{A}{B} - \frac{C}{D} = \frac{A}{B} + \frac{-C}{D} = \frac{A{\cdot}D - B\cdot C}{B \cdot D},$$

y se define el **cociente** $\dfrac{A}{B} : \dfrac{C}{D}$, que también se denota $\dfrac{\frac{A}{B}}{\frac{C}{D}}$ como

$$\frac{A}{B} : \frac{C}{D} = \frac{A}{B} \cdot \frac{D}{C} \left(= \frac{A{\cdot}D}{B \cdot C} \right).$$

Los cálculos para realizar estas operaciones son en la práctica análogos al caso de los números racionales; en particular para la suma de varias fracciones es útil recurrir al mínimo común múltiplo de los denominadores cuyo estudio se abordará en el próximo capítulo.

1.4.4　Nota

Por verificarse las propiedades comentadas, se dice que las fracciones racionales con la suma y el producto tienen estructura de **cuerpo**.

1.4.5　Ejemplos

(i) $\dfrac{2}{x} + \dfrac{3}{x+2} = \dfrac{2(x+2)+3x}{x(x+2)} = \dfrac{5x+4}{x^2+2x}$

(ii) $\dfrac{3x+2}{x+1} - \dfrac{x}{x+1} = \dfrac{3x+2-x}{x+1} = \dfrac{2x+2}{x+1} = \dfrac{2(x+1)}{x+1} = 2$

(iii) $\dfrac{5}{x} - \dfrac{2}{x+1} = \dfrac{5(x+1)-2x}{x(x+1)} = \dfrac{3x+5}{x^2+x}$

Para los siguientes apartados véase previamente (iii) del Ejercicio 1.7.

(iv) $\dfrac{1}{x^2-1} \cdot \dfrac{x+1}{x} = \dfrac{x+1}{(x^2-1)x} = \dfrac{x+1}{(x+1)(x-1)x} = \dfrac{1}{(x-1)x}$

(v) $\dfrac{x}{x-2} : \dfrac{x^2}{x^2-4} = \dfrac{x}{x-2} \cdot \dfrac{x^2-4}{x^2} = \dfrac{x(x^2-4)}{(x-2)x^2} = \dfrac{x(x+2)(x-2)}{(x-2)x^2} = \dfrac{x+2}{x}$

1.5　EJERCICIOS

En los siguientes cuatro ejercicios tomaremos:
$P = x^4 - 5x^2 + 4$, $Q = 2x^2 + 2x + 2$ y $R = 3x^2 - 4x$.

1.1　Hallar:　　(i) $P+Q$　　　(ii) $P-Q$

Solución:
(i) $P + Q = (x^4 - 5x^2 + 4) + (2x^2 + 2x + 2) = x^4 - 3x^2 + 2x + 6$
(ii) $P - Q = (x^4 - 5x^2 + 4) - (2x^2 + 2x + 2) = x^4 - 7x^2 - 2x + 2$

1.2　Hallar:　　(i) $-2P + \dfrac{1}{2}Q$　　　(ii) $\dfrac{3}{2}Q - R$

Solución:
(i) $-2P + \dfrac{1}{2}Q = -2(x^4 - 5x^2 + 4) + \dfrac{1}{2}(2x^2 + 2x + 2)$
$= -2x^4 + 10x^2 - 8 + x^2 + x + 1 = -2x^4 + 11x^2 + x - 7$
(ii) $\dfrac{3}{2}Q - R = \dfrac{3}{2}(2x^2 + 2x + 2) - (3x^2 - 4x) = 3x^2 + 3x + 3 - 3x^2 + 4x = 7x + 3$

1.3 Hallar $P + Q - R$.

Solución:

Como $-R = -3x^2 + 4x$, vamos a efectuar la suma $P + Q + (-R)$ disponiendo en forma de tabla *adecuada* los polinomios P, Q y $-R$, y sumamos los coeficientes de igual grado en x, como sigue:

$$
\begin{array}{rrrr}
x^4 & -5x^2 & & +4 \\
& 2x^2 & +2x & +2 \\
& -3x^2 & +4x & \\
\hline
x^4 & -6x^2 & +6x & +6
\end{array}
$$

Así pues, $P + Q - R = x^4 - 6x^2 + 6x + 6$.

1.4 Hallar $P{\cdot}Q$.

Solución:

Dispondremos P y Q en forma de tabla de manera análoga a como se multiplican enteros, de forma que cada fila de la distribución central se obtiene de multiplicar cada uno de los términos de Q por todos los de P, y finalmente se suman los correspondientes términos, según las potencias de X, como sigue:

$$
\begin{array}{rrrrrrr}
& x^4 & & -5x^2 & & & +4 \\
& & & 2x^2 & +2x & & +2 \\
\hline
& 2x^4 & & -10x^2 & & & +8 \\
& 2x^5 & & -10x^3 & & +8x & \\
2x^6 & & -10x^4 & & +8x^2 & & \\
\hline
2x^6 & +2x^5 & -8x^4 & -10x^3 & -2x^2 & +8x & +8
\end{array}
$$

Así pues, $P{\cdot}Q = 2x^6 + 2x^5 - 8x^4 - 10x^3 - 2x^2 + 8x + 8$.

1.5 Hallar $(-x^3 + 2x - 6){\cdot}(-\frac{1}{2}x^2)$

Solución:

$$(-x^3 + 2x - 6) \cdot \left(-\frac{1}{2}x^2\right) = \frac{1}{2}x^5 - x^3 + 3x^2$$

Nota: El proceso contrario (sacar factor común un monomio) conduce a una **descomposición factorial** del polinomio dado.

1.6 Descomponer factorialmente: (i) $2x^3 - 2x^2 + 4x$ (ii) $-6x^4 + 3x^2$

Solución:

(i) $2x^3 - 2x^2 + 4x = 2x \cdot (x^2 - x + 2)$

(ii) $-6x^4 + 3x^2 = 3x^2 \cdot (-2x^2 + 1)$, o también $-6x^4 + 3x^2 = -6x^2 \cdot \left(x^2 - \frac{1}{2}\right)$, por ejemplo.

1.7 Hallar y memorizar los siguientes productos:
   (i) $(x + a)^2$ (ii) $(x - a)^2$ (iii) $(x + a)(x - a)$ (iv) $(x + a)^3$

Solución:

(i) $(x + a)^2 = (x + a) \cdot (x + a) = x^2 + ax + ax + a^2 = x^2 + 2ax + a^2$

(ii) $(x - a)^2 = (x - a) \cdot (x - a) = x^2 - ax - ax + a^2 = x^2 - 2ax + a^2$

(iii) $(x + a)(x - a) = x^2 - ax + ax - a^2 = x^2 - a^2$

(iv) $(x+a)^3 = (x+a)^2 \cdot (x+a) = (x^2+2ax+a^2) \cdot (x+a) = x^3 + ax^2 + 2ax^2 + 2a^2x + a^2x + a^3 = x^3 + 3ax^2 + 3a^2x + a^3$

Nota: Las anteriores expresiones admiten generalizaciones obvias (ver Ejercicio 1.11).

En los ejercicios 1.8-1.10 se utiliza la asociatividad del producto de polinomios y (iii) del Ejercicio 1.7.

1.8 Hallar $(x+1)(x-1)(x-2)$.

Solución:
$(x+1)(x-1)(x-2) = ((x+1)(x-1))\,(x-2) = (x^2-1)(x-2) = x^3 - 2x^2 - x + 2$

1.9 Hallar $(x+2)(x+2)(x-1)$.

Solución:
$(x+2)(x+2)(x-1) = ((x+2)(x+2))\,(x-1) = (x^2+4x+4)(x-1) = x^3 - x^2 + 4x^2 - 4x + 4x - 4 = x^3 + 3x^2 - 4$

1.10 Hallar $(x+1)(x-1)(x+2)(x-2)$.

Solución:
$(x+1)(x-1)(x+2)(x-2) = ((x+1)(x-1))\,((x+2)(x-2)) = (x^2-1)(x^2-4) = x^4 - 4x^2 - x^2 + 4 = x^4 - 5x^2 + 4$

1.11 Hallar: (i) $(2x+3)(2x-3)$ (ii) $(x^2+3)(x^2-3)$ (iii) $\left(x^2 + \dfrac{1}{2}\right)^2$

Solución:
Teniendo en cuenta la Nota del Ejercicio 1.7 y observando (iii) del mismo ejercicio se tiene:

(i) $(2x+3)(2x-3) = (2x)^2 - 3^2 = 4x^2 - 9$

(ii) $(x^2+3)(x^2-3) = \left(x^2\right)^2 - 3^2 = x^4 - 9$

(iii) Teniendo en cuenta (i) del Ejercicio 1.7 se tiene:

$$\left(x^2 + \frac{1}{2}\right)^2 = \left(x^2\right)^2 + 2\frac{1}{2}x^2 + \left(\frac{1}{2}\right)^2 = x^4 + x^2 + \frac{1}{4}$$

1.12 Sean $P = x^4 - 3x^3 + x^2 + 3x - 2$ y $Q = x^3 - 7x + 6$. Hallar:

(i) El resto R de la división de P por Q.

(ii) $\dfrac{1}{8}R$.

Solución:

(i)

$$
\begin{array}{rrrrr|rrr}
x^4 & -3x^3 & +x^2 & +3x & -2 & x^3 & -7x & +6 \\
-x^4 & & +7x^2 & -6x & & \multicolumn{3}{l}{x \quad -3} \\
\hline
/ & -3x^3 & +8x^2 & -3x & -2 \\
& 3x^3 & & -21x & +18 \\
\hline
& / & 8x^2 & -24x & +16
\end{array}
$$

El resto ha sido $R = 8x^2 - 24x + 16$.

(ii) $\dfrac{1}{8}R = \dfrac{1}{8}(8x^2 - 24x + 16) = x^2 - 3x + 2$

1.13 Sean $Q = x^3 - 7x + 6$ y $R = x^2 - 3x + 2$. Verificar que Q es múltiplo de R.

Solución:

Vamos a dividir Q por R y comprobaremos que el resto es 0.

$$
\begin{array}{rrrr|rrr}
x^3 & & -7x & +6 & x^2 & -3x & +2 \\
\hline
-x^3 & +3x^2 & -2x & & x & +3 & \\
\hline
/ & 3x^2 & -9x & +6 & & & \\
& -3x^2 & +9x & -6 & & & \\
\hline
& 0 & 0 & 0 & & & \\
\end{array}
$$

1.14 Sea $P = x^4 - 3x^3 + x^2 + 3x - 2$. Dividir P por $x - 1$ aplicando la regla de Ruffini.

Solución:

$$
\begin{array}{r|rrrrr}
 & 1 & -3 & 1 & 3 & -2 \\
1 & & 1 & -2 & -1 & 2 \\
\hline
 & 1 & -2 & -1 & 2 & 0 \\
\end{array}
$$

Así pues se ha obtenido $x^4 - 3x^3 + x^2 + 3x - 2 = (x-1)(x^3 - 2x^2 - x + 2)$.

1.15 Hállese $s \in \mathbb{R}$ para que $Q = x^3 - 7x + s$ sea múltiplo de $(x + 3)$.

Solución:

Aplicaremos la regla de Ruffini y obligaremos a que el resto sea cero:

$$
\begin{array}{r|rrrr}
 & 1 & 0 & -7 & s \\
-3 & & -3 & 9 & -6 \\
\hline
 & 1 & -3 & 2 & s - 6 \;(= 0) \\
\end{array}
$$

Así pues, si $s = 6$ se tendrá: $Q = x^3 - 7x + 6 = (x + 3)(x^2 - 3x + 2)$.

1.16 Simplificar las fracciones algebraicas

$$
\text{(i)} \;\; \frac{x^2 + 2x + 1}{x^2 - 1} \qquad\qquad \text{(ii)} \;\; \frac{x}{x^3 - 2x^2 + x}
$$

Solución:

Teniendo en cuenta el Ejercicio 1.7 se tiene:

$$
\text{(i)} \;\; \frac{x^2 + 2x + 1}{x^2 - 1} = \frac{(x+1)^2}{(x+1)(x-1)} = \frac{x+1}{x-1}
$$

$$
\text{(ii)} \;\; \frac{x}{x^3 - 2x^2 + x} = \frac{x}{x(x^2 - 2x + 1)} = \frac{1}{(x-1)^2}
$$

1.17 Hallar $\dfrac{x^2 + 2x + 1}{x^2 - 1} + \dfrac{x}{x^3 - 2x^2 + x}$.

Solución:

Teniendo en cuenta el ejercicio anterior y que $(x-1)^2$ es múltiplo de $(x-1)$, se tiene:

$$
\frac{x^2 + 2x + 1}{x^2 - 1} + \frac{x}{x^3 - 2x^2 + x} = \frac{x+1}{x-1} + \frac{1}{(x-1)^2} = \frac{(x+1)(x-1) + 1}{(x-1)^2}
$$

$$
= \frac{x^2 - 1 + 1}{(x-1)^2} = \frac{x^2}{(x-1)^2}.
$$

1.18 Hallar $\dfrac{-x^2 - x}{x + 1} - \dfrac{x^2 + x}{x^2 - x}$.

Solución:

$$
\frac{-x^2 - x}{x + 1} - \frac{x^2 + x}{x^2 - x} = \frac{-x(x+1)}{x+1} - \frac{x(x+1)}{x(x-1)} = -x - \frac{x+1}{x-1} = -\frac{x^2 + 1}{x - 1}
$$

1.19 Hallar $2 \cdot \dfrac{2x+3}{x^2+x} + \dfrac{2x-4}{x^2+x} - \dfrac{4x}{x^2+x}$.

Solución:

$$2 \cdot \dfrac{2x+3}{x^2+x} + \dfrac{2x-4}{x^2+x} - \dfrac{4x}{x^2+x} = \dfrac{4x+6+2x-4-4x}{x^2+x} = \dfrac{2x+2}{x^2+x} = \dfrac{2(x+1)}{x(x+1)} = \dfrac{2}{x}$$

1.20 Hallar $\dfrac{1}{x} - \dfrac{1}{x^4} + \dfrac{1}{x^2}$.

Solución:

$$\dfrac{1}{x} - \dfrac{1}{x^4} + \dfrac{1}{x^2} = \dfrac{x^3-1+x^2}{x^4} = \dfrac{x^3+x^2-1}{x^4}$$

1.21 Hallar $\dfrac{2x}{x^2-4} - \dfrac{1}{x-2}$.

Solución:

$$\dfrac{2x}{x^2-4} - \dfrac{1}{x-2} = \dfrac{2x}{(x+2)(x-2)} - \dfrac{1}{x-2} = \dfrac{2x-(x+2)}{(x+2)(x-2)} =$$
$$= \dfrac{x-2}{(x+2)(x-2)} = \dfrac{1}{x+2}$$

1.22 Hallar $\dfrac{1}{x+3} \cdot \dfrac{x^2-9}{x}$.

Solución:

$$\dfrac{1}{x+3} \cdot \dfrac{x^2-9}{x} = \dfrac{x^2-9}{(x+3) \cdot x} = \dfrac{(x+3)(x-3)}{(x+3) \cdot x} = \dfrac{x-3}{x}$$

1.23 Hallar $\dfrac{4x^2+12x+9}{x^2} \cdot \dfrac{x}{4x+6}$.

Solución:

$$\dfrac{4x^2+12x+9}{x^2} \cdot \dfrac{x}{4x+6} = \dfrac{(2x+3)^2}{x^2} \cdot \dfrac{x}{2 \cdot (2x+3)} = \dfrac{2x+3}{2x}$$

1.24 Hallar $\dfrac{1}{3x} \cdot x^2 \cdot \dfrac{2}{x^4}$

Solución:

$$\dfrac{1}{3x} \cdot x^2 \cdot \dfrac{2}{x^4} = \dfrac{2x^2}{3x^5} = \dfrac{2}{3x^3}$$

1.25 Hallar $\dfrac{x^2-\dfrac{1}{4}}{x^2} : \dfrac{x+\dfrac{1}{2}}{x}$.

Solución:

$$\dfrac{x^2-\dfrac{1}{4}}{x^2} : \dfrac{x+\dfrac{1}{2}}{x} = \dfrac{\left(x+\dfrac{1}{2}\right)\left(x-\dfrac{1}{2}\right)}{x^2} \cdot \dfrac{x}{x+\dfrac{1}{2}} = \dfrac{x-\dfrac{1}{2}}{x}$$

1.26 Hallar $(2x^2-1) : \dfrac{\sqrt{2}x+1}{\sqrt{2}x-1}$.

Solución:

$$\dfrac{(2x^2-1)}{\dfrac{\sqrt{2}\,x+1}{\sqrt{2}\,x-1}} = \dfrac{(\sqrt{2}\,x+1)(\sqrt{2}\,x-1)}{\dfrac{\sqrt{2}\,x+1}{\sqrt{2}\,x-1}} = (\sqrt{2}\,x-1)^2 = 2x^2 - 2\sqrt{2}\,x + 1.$$

Capítulo 2

FUNCIONES POLINÓMICAS Y RACIONALES

En este capítulo se estudian las funciones polinómicas con especial incapié en las lineales y cuadráticas, y también en las funciones racionales.

2.1 FUNCIONES POLINÓMICAS

2.1.1 Definición de función

Sean A y B conjuntos no vacíos de números reales. A toda correspondencia $f : A \to B$ que a cada real x de A le asigna un único real y de B se le llama **función**. A y B reciben el nombre de *conjunto inicial* y *conjunto final*, respectivamente, de f, y se dice que y es la imagen de x (por medio de f) o que x es la antiimagen de y. Es frecuente conocer f a través de una expresión matemática de la forma $y = f(x)$. Si de ella se puede deducir una función *equivalente* $x = g(y)$ se dice que $g : B \to A$ es la **función inversa** de f.

Si $y = f(x)$ admite representación gráfica en un sistema cartesiano de ejes perpendiculares, el punto (x_1, y_1) pertenece a la gráfica si $y_1 = f(x_1)$. Resaltemos que al intercambiar x por y se tiene una gráfica simétrica de la anterior respecto de la bisectriz del primer y tercer cuadrante, como es fácil de verificar.

Es habitual dar una función f ignorando su conjunto inicial. En tal caso se la supone definida en el mayor conjunto A de números reales posibles, lo que constituye su **dominio** o **campo de existencia**.

Si un número real x_0 verifica $f(x_0) = 0$ se dice que x_0 es una **raíz** de la ecuación $f(x) = 0$.

2.1.2 Ejemplo

Sea $f : \mathbb{R} \to \mathbb{R}$ dada por $y = f(x) = x^3 - 8$. Si escribimos $y = x^3 - 8$ entonces podemos deducir que $x = \sqrt[3]{y + 8}$. Así pues, $g(y) = \sqrt[3]{y + 8}$ es la función inversa de $f(x) = x^3 - 8$.

Una raíz de la ecuación $x^3 - 8 = 0$ es $x = 2$. En efecto, de $x^3 = 8$ se tiene $x = \sqrt[3]{8} = 2$ (obsérvese que $f(2) = 2^3 - 8 = 0$).

2.1.3 Función polinómica

A todo polinomio $a_0 + a_1 x + a_2 x^2 + \cdots + a_n x^n$ le podemos hacer corresponder de manera natural una función $f : \mathbb{R} \to \mathbb{R}$ que denominaremos **polinómica**, con tal de dar a x cualquier valor real, y que viene dada por $f(x) = a_0 + a_1 x + a_2 x^2 + \cdots + a_n x^n$ en donde $+$ y $\cdot$ son las leyes usuales de $\mathbb{R}$. A las raíces de la ecuación $f(x) = 0$ se les llaman **ceros** o **raíces** de la **función polinómica** $f(x)$. Habitualmente se escribe $y = a_0 + a_1 x + a_2 x^2 + \cdots + a_n x^n$.

A las funciones polinómicas les es propia la terminología de polinomios.

Dado que $f(0) = a_0$, las gráficas de las funciones polinómicas cortan al eje OY (ordenada en el origen) en a_0, o dicho con más rigor en $(0, a_0)$.

La suma y producto de funciones polinómicas se corresponden con sus análogas en polinomios. En la práctica los términos polinomio y función polinómica suelen confundirse.

2.1.4 La función lineal

Se llama **función lineal** a la función polinómica $y = mx + n$, donde m y n son números reales. Su gráfica es siempre una recta, y la anterior expresión se denomina **ecuación explícita** de la recta. La **ecuación implícita o general** es $Ax + By + C = 0$ donde A, B y C son números reales.

Para dibujar cualquier recta $y = mx + n$ es suficiente conocer dos puntos. Conocemos el punto n de corte con el eje OY. Otro punto distinto cuando la recta no pasa por el origen, es el de corte x con el eje OX (si existe) que es la raíz de la ecuación $mx + n = 0$, es decir $x = -\dfrac{n}{m}$ cuando $m \neq 0$.

En el capítulo 6 se probará que m es la **pendiente** de la recta. Dos rectas de igual pendiente son paralelas. Si $m > 0$ la recta se orienta hacia el primer y tercer cuadrante, y si $m < 0$ hacia el segundo y cuarto cuadrante.

La ecuación de una recta que pasa por el origen es de la forma $y = mx$. En consecuencia, si (x_1, y_1) es un punto de la recta distinto del origen, se satisface que $y_1 = mx_1$ es decir $m = \dfrac{y_1}{x_1}$ por lo que la ecuación de la recta es $y = \dfrac{y_1}{x_1} \cdot x$ (ver Figura 2.1).

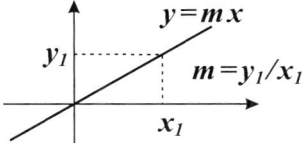

Figura 2.1: Recta que pasa por el origen.

Dado que las rectas paralelas al eje OX tienen pendiente nula, entonces su ecuación explícita es $y = n$, y por analogía, la ecuación de la recta paralela al eje OY que corta al eje OX en c se dice que es la *recta* $x = c$.

Toda recta r de ecuación $y = mx + n$, con $m \neq 0$, divide al plano en dos semiplanos que contienen a la recta r, que vienen dados por las inecuaciones (ver punto 3.4.1) $y \geq mx + n$ e $y \leq mx + n$, respectivamente. Si las anteriores desigualdades son estrictas, los semiplanos no contienen a r.

El párrafo anterior es también aplicable a las rectas paralelas a los ejes.

2.1.5   Ejemplo

Para representar la recta $y = 2x + 4$ basta observar que corta al eje OY en $y = 4$ y que de $2x + 4 = 0$ se deduce que la recta corta al eje OX en $x = -2$. Su gráfica se muestra en la Figura 2.2.

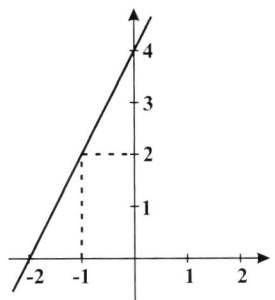

Figura 2.2: Recta de ecuación $y = 2x + 4$.

Al sustituir $x = -1$ en la ecuación $y = 2x + 4$ se obtiene $y = 2$, por lo que $(-1, 2)$ es otro punto de la recta. Sin embargo $(-1, 3)$ no es un punto de la recta pues $3 \neq 2(-1) + 4$.

El plano *por encima* de la recta sin contener a ésta viene dado por la inecuación $y > 2x + 4$ y dicho plano contiene al punto $(-1, 3)$.

2.1.6   La ecuación del haz de rectas

Haz de rectas que pasa por un punto $P(x_1, y_1)$ es el conjunto de rectas que pasan por él. Una recta cualquiera $y = mx + n$ del haz deberá verificar $y_1 = mx_1 + n$. Restando ambas expresiones se deduce la siguiente ecuación del haz de rectas por $P(x_1, y_1)$

$$y - y_1 = m(x - x_1)$$

que satisface cualquier recta del haz.

2.1.7   Recta que pasa por dos puntos

Sea $x_1 \neq x_2$. Dos puntos distintos $P(x_1, y_1)$ y $Q(x_2, y_2)$ definen una sola recta que pasa por ellos. Cualquier (x, y) de dicha recta, habrá de verificar, por semejanza de triángulos (ver Figura 2.3), que

$$\frac{y - y_1}{x - x_1} = \frac{y_2 - y_1}{x_2 - x_1}$$

que es la conocida ecuación de la recta que pasa por dos puntos $P(x_1, y_1)$ y $Q(x_2, y_2)$.

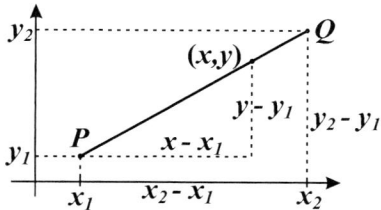

Figura 2.3: Recta que pasa por dos puntos.

2.1.8   Ecuación continua y ecuación paramétrica de la recta

La ecuación de la recta que pasa por los puntos $P(x_1, y_1)$ y $Q(x_2, y_2)$ del punto anterior, también se puede escribir en la forma

$$\frac{x - x_1}{x_2 - x_1} = \frac{y - y_1}{y_2 - y_1}$$

conocida como la ecuación continua de la recta que pasa por $P(x_1, y_1)$ y tiene *vector director* $\overrightarrow{PQ} = (x_2 - x_1, y_2 - y_1)$.

Si escribimos

$$\frac{x - x_1}{x_2 - x_1} = \frac{y - y_1}{y_2 - y_1} = t$$

entonces es fácil deducir las ecuaciones paramétricas de la recta que pasa por $P(x_1, y_1)$ y $Q(x_2, y_2)$ (o bien, que pasa por $P(x_1, y_1)$ y tiene vector director $(x_2 - x_1, y_2 - y_1)$):

$$\begin{cases} x & = & x_1 & + & t(x_2 - x_1) \\ y & = & y_1 & + & t(y_2 - y_1) \end{cases} , \; t \in \mathbb{R}$$

Los puntos (x, y) de una recta dada por sus ecuaciones paramétricas se obtienen dando valores reales al parámetro t. En particular, para $t = 0$ se obtiene el punto (x_1, y_1).

2.1.9 La función cuadrática y sus raíces

Se denomina función cuadrática a la función polinómica $y = ax^2 + bx + c$ con $a \neq 0$. Su gráfica es siempre una parábola que tiene el vértice en el punto de abscisa $x = -\dfrac{b}{2a}$, como se demostrará en el Ejercicio 9.5. La recta que es paralela al eje OY y pasa por el vértice de la parábola es eje de simetría de la parábola.

Se verifica la siguiente descomposición factorial

$$ax^2 + bx + c = a(x - x_1)(x - x_2)$$

en donde x_1 y x_2 son las raíces de la ecuación $ax^2 + bx + c = 0$, que vienen dadas por la *fórmula resolutiva*

$$x = \frac{-b \pm \sqrt{b^2 - 4ac}}{2a}. \tag{2.1}$$

A la expresión $\Delta = b^2 - 4ac$ se le denomina discriminante y de éste se deduce:

Si $\Delta > 0$ la ecuación tiene dos raíces reales distintas (puntos de corte de la parábola con el eje OX).

Si $\Delta = 0$ la ecuación tiene una sola raíz (doble) $x = -\dfrac{b}{2a}$ (vértice de la parábola).

Si $\Delta < 0$ la ecuación no posee raíces reales (la parábola no corta al eje OX).

Con la anterior información se puede dibujar la parábola teniendo en cuenta que si $a > 0$ la parábola se abre hacia arriba, y si $a < 0$ hacia abajo (ver Ejercicio 2.6).

Si denotamos $i = \sqrt{-1}$ (unidad imaginaria) las **raíces** de (2.1) cuando $\Delta < 0$ se escriben $\dfrac{-b \pm i\sqrt{4ac - b^2}}{2a}$, y se denominan **complejas** (ver capítulo 13).

2.1.10   Nota

Si designamos parábola de vértice $(0, \beta)$ a la gráfica de $y = kx^2 + \beta$ con $k \neq 0$, entonces de $ax^2 + bx + c = a\left(x + \dfrac{b}{2a}\right)^2 + \frac{4ac-b^2}{4a}$ se puede concluir fácilmente que $y = ax^2 + bx + c$ es una parábola con vértice $\left(-\dfrac{b}{2a}, \dfrac{4ac - b^2}{4a}\right)$.

2.1.11   Ejemplo

En la Figura 2.4 (izqda.) se ha dibujado la parábola más sencilla de escribir $y = x^2$. Compárese con la parábola $y = 2x^2$.

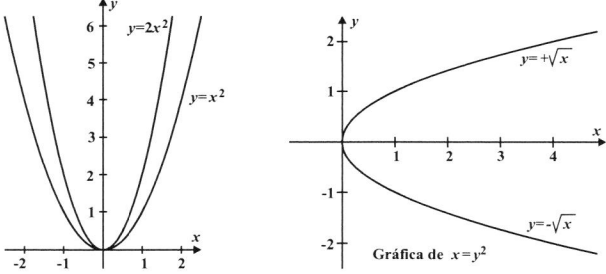

Figura 2.4: Ejemplos de parábolas.

Si en la función $y = x^2$ intercambiamos x por y se obtiene $x = y^2$. La gráfica de $x = y^2$ es simétrica de $y = x^2$ respecto de la bisectriz del primer y tercer cuadrante, por lo que es de nuevo una parábola que tiene el eje OX como eje de simetría, y está dada por dos funciones $y = +\sqrt{x}$ e $y = -\sqrt{x}$ (ver Figura 2.4 (dcha.)) definidas para $x \geq 0$.

2.1.12   Nota

La **parábola** se puede definir como el lugar geométrico de los puntos del plano que equidistan de un punto (foco) y una recta (directriz) fijos.

2.1.13   La función bicuadrática

A la función polinómica $y = ax^4 + bx^2 + c$ (con a y b no nulos) se la llama **bicuadrática**. Con el cambio de variable $x^2 = z$ se tiene la función cuadrática $y = az^2 + bz + c$. Si las raíces de $az^2 + bz + c = 0$ son positivas entonces la ecuación $ax^4 + bx^2 + c = 0$ tiene todas sus raíces reales, de lo contrario posee raíces complejas (ver Ejercicio 2.13).

2.2 DESCOMPOSICIÓN DE POLINOMIOS

2.2.1 Factorización de un polinomio

Factorizar un polinomio es descomponerlo en producto de otros polinomios de grados inferiores.

Un **polinomio** se dice **irreducible** si no se puede descomponer en producto de otros factores que no sean constantes. De esta definición se deduce que los polinomios de grado uno son irreducibles.

2.2.2 Divisibilidad por $x - a$. Teorema del resto

En el punto 1.3.3 aprendimos a dividir un polinomio $P(x)$ por $x - a$. Supongamos que $C(x)$ y R son el cociente y el resto, respectivamente, de dicha división. Se tiene entonces que $P(x) = (x - a) \cdot C(x) + R$. En consecuencia si damos a x el valor a, en la correspondiente función polinómica, se tiene que $P(a) = (a - a) \cdot C(a) + R = R$, es decir, se tiene (**Teorema del resto**) que:

"El valor que toma un polinomio al sustituir x por a, es el resto de su división por $x - a$."

En consecuencia, un polinomio $P(x)$ es divisible por $x - a$ si y sólo si $P(a) = 0$ (es decir, si y sólo si a es raíz de $P(x)$).

2.2.3 Orden de multiplicidad de una raíz

Por el punto anterior, si a es raíz del polinomio $P(x)$, se tiene la descomposición $P(x) = (x - a) \cdot C_1(x)$. Puede suceder que de nuevo a sea raíz de $C_1(x)$ en cuyo caso se tendría $C_1(x) = (x - a) \cdot C_2(x)$, y por tanto, $P(x) = (x - a)^2 \cdot C_2(x)$. En general, si $P(x)$ puede descomponerse en la forma $P(x) = (x - a)^m \cdot C(x)$, se dice que a es **raíz** de $P(x)$, (con orden) de **multiplicidad** m. Las raíces de multiplicidad $1, 2, 3, \ldots$ se denominan simples, dobles, triples,..., respectivamente.

2.2.4 Descomposición en factores irreducibles

Hemos visto que si a es una raíz, de multiplicidad m, del polinomio $P(x) = a_n x^n + \cdots + a_1 x + a_0$, éste se puede factorizar en la forma $P(x) = (x - a)^m \cdot C(x)$.

Puede suceder que de nuevo $C(x)$ admita una factorización del mismo tipo, y así sucesivamente hasta a lo sumo n veces, dado que $\operatorname{gr}(P(x)) = n$. La formalización de este argumento nos llevaría al siguiente resultado sobre la **descomposición factorial** de un polinomio $P(x)$ en factores irreducibles:

Si $P(x)$ admite solamente las raíces reales distintas $x_1, x_2, \ldots, x_r$ con órdenes de multiplicidad $\alpha_1, \alpha_2, \ldots, \alpha_r$, respectivamente, entonces $P(x)$ admite la siguiente descomposición que es única:

$$P(x) = (x - x_1)^{\alpha_1} \cdots (x - x_r)^{\alpha_r} \cdot Q(x)$$

donde $Q(x)$ es un polinomio o producto de polinomios irreducibles de grado dos, cuyo coeficiente principal es a_n. (Los polinomios cuadráticos irreducibles son los que poseen raíces complejas).

En el caso particular en que las raíces de $P(x)$ sean todas reales la descomposición anterior se reduce a:

$$P(x) = a_n(x - x_1)^{\alpha_1} \cdots (x - x_r)^{\alpha_r}.$$

2.2.5   Nota

Si aplicamos el método de Ruffini para conocer las raíces de una función polinómica $P(x) = a_n x^n + \cdots + a_1 x + a_0$, conviene saber que si los coeficientes a_i son enteros entonces las posibles raíces enteras de $P(x)$ son divisores de a_0.

Dado que el método de Ruffini es un método de ensayo, no debería aplicarse para hallar las raíces de la ecuación de segundo grado (o de la bicuadrática) ya que para ésta poseemos la fórmula resolutiva (2.1).

2.2.6   Ejemplo

Vamos a factorizar en polinomios irreducibles $P(x) = x^4 - 3x^3 + x^2 + 3x - 2$ sabiendo que posee, al menos, dos raíces enteras.

Por la nota 2.2.5 las raíces enteras dividen a 2, por lo que sólo pueden ser ± 1 ó ± 2. En el Ejercicio 1.14 se verifica, atendiendo al teorema del resto, que 1 es raíz de $P(x)$ pues $P(1) = 0$, y se tiene que

$$x^4 - 3x^3 + x^2 + 3x - 2 = (x - 1) \cdot (x^3 - 2x^2 - x + 2).$$

Por otra parte, como -1 es raíz de $C(x) = x^3 - 2x^2 - x + 2$ se tiene que $C(-1) = (-1)^3 - 2(-1)^2 - (-1) + 2 = 0$. Así pues dividamos $C(x)$ por $(x + 1)$ aplicando la regla de Ruffini:

	1	-2	-1	2
-1		-1	3	-2
	1	-3	2	0

y se tiene que $C(x) = (x+1) \cdot (x^2 - 3x + 2)$ con lo que

$$P(x) = (x-1) \cdot (x+1) \cdot (x^2 - 3x + 2).$$

Para conocer las raíces de $x^2 - 3x + 2 = 0$ aplicamos la fórmula resolutiva (2.1) y se obtienen las raíces $x_1 = 1$ y $x_2 = 2$. Así pues $(x^2 - 3x + 2) = (x-1) \cdot (x-2)$.

Atendiendo a las raíces halladas, la descomposición factorial buscada es:

$$P(x) = (x-1) \cdot (x+1) \cdot (x-1) \cdot (x-2) = (x-1)^2 \cdot (x+1) \cdot (x-2).$$

Las cuatro raíces halladas han sido reales; 1 es raíz doble y -1 y 2 son raíces simples de $P(x)$.

2.2.7 Máximo común divisor y mínimo común múltiplo

Máximo común divisor (MCD) de los polinomios P y Q es el polinomio de mayor grado, cuyo coeficiente principal es 1, que divida a P y a Q.

En la práctica, si no se dificultan los cálculos, se opera con polinomios cuyo coeficiente principal es 1, o bien una vez hallado un polinomio de grado máximo que divide a P y a Q, se divide por su coeficiente principal para obtener el $MCD(P, Q)$.

Observación: La anterior exigencia sobre el coeficiente principal se debe a que el MCD no sería único, dado que cualquier real, no nulo, divide a todo polinomio.

Análogamente, el **mínimo común múltiplo** (MCM) de P y Q es el polinomio de menor grado, con coeficiente principal 1, que es múltiplo de P y Q.

Si disponemos de la descomposición en factores irreducibles de P y Q el cálculo de su MCD y MCM es sencillo pues el $MCD(P, Q)$ es el producto de los factores comunes con menores exponentes, y el $MCM(P, Q)$ es el producto de los factores comunes y no comunes con sus mayores exponentes.

Ambas definiciones se generalizan de manera obvia a más de dos polinomios.

2.2.8 Nota

Es interesante hacer notar que (si los coeficientes principales de P y Q valen 1) se verifica $MCD(P, Q) \cdot MCM(P, Q) = P \cdot Q$.

2.2.9   Ejemplo

Sean $P = x^4 - 3x^3 + x^2 + 3x - 2$ y $Q = x^3 - 7x + 6$. Vamos a calcular su MCD y su MCM.

En el Ejemplo 2.2.6 hemos obtenido que $P = (x-1)^2 \cdot (x+1) \cdot (x-2)$. En el Ejercicio 1.15 obtuvimos que $Q = (x+3) \cdot (x^2 - 3x + 2)$. Como las raíces de $x^2 - 3x + 2$ son 1 y 2 entonces $Q = (x+3) \cdot (x-1) \cdot (x-2)$. Así pues,

$MCD(P,Q) = (x-1) \cdot (x-2)$

$MCM(P,Q) = (x-1)^2 \cdot (x+1) \cdot (x-2) \cdot (x+3)$

2.2.10   El algoritmo de Euclides

Supongamos que al dividir el polinomio P por Q obtenemos un cociente C y un resto R. Entonces de manera similar al caso de los números enteros se verifica que $MCD(P,Q) = MCD(Q,R)$

Este resultado se utiliza para desarrollar el siguiente **algoritmo de Euclides** con el que se obtiene el $MCD(P,Q)$:

Sea R_1 el resto de la división de P por Q. Dividimos ahora Q por R_1 y sea R_2 el nuevo resto de esta división. Dividimos ahora R_1 por R_2 y así sucesivamente hasta obtener un resto R_n nulo. El $MCD(P,Q)$ es el último resto no nulo, es decir

$$MCD(P,Q) = R_{n-1}$$

A modo de ejemplo calculemos por el algoritmo de Euclides el MCD de los polinomios P y Q del ejemplo anterior.

En el Ejercicio 1.12 se obtuvo que el resto de P por Q era $R_1 = 8x^2 - 24x + 16$. Como $R_1 \neq 0$ debemos dividir Q por R_1, pero en este caso teniendo en cuenta la observación del punto 2.2.7 dividimos Q por $x^2 - 3x + 2$, que como se observa en el Ejercicio 1.13 tiene resto $R_2 = 0$.

Así pues $MCD(P,Q) = R_1 = x^2 - 3x + 2 = (x-1) \cdot (x-2)$.

2.3   FUNCIONES RACIONALES

2.3.1   Función racional

Se denomina **función racional** al cociente de dos funciones polinómicas, con denominador no nulo.

El campo de existencia de una función racional es obviamente $\mathbb{R}$ excepto las raíces del denominador.

Las operaciones con funciones racionales son las de las fracciones racionales, y en la práctica se confunden.

2.3.2   Ejemplo

La función $f(x) = \dfrac{x-3}{x^2 - 3x}$ es una función racional. Como las raíces del denominador son 0 y 3, entonces su campo de existencia es $\mathbb{R} - \{0,3\}$.

2.3.3   Simplificación de funciones racionales

Cuando se simplifica una función racional $f(x)$ se obtiene una nueva
función $g(x)$ que coincide con $f(x)$ donde f existía, y que en ocasiones amplía
su campo de existencia.

2.3.4   Ejemplo

Hemos visto en el ejemplo anterior que el campo de existencia de
$f(x) = \dfrac{x-3}{x^2 - 3\,x}$ es $\mathbb{R} - \{0, 3\}$. La simplificación de $f(x)$ conduce a

$$\frac{x-3}{x^2 - 3x} = \frac{x-3}{x(x-3)} = \frac{1}{x} = g(x).$$

La nueva función $g(x)$ coincide con $f(x)$ en $\mathbb{R} - \{0, 3\}$, pero el campo de
existencia de $g(x)$ es $\mathbb{R} - \{0\}$ pues $g(3) = \dfrac{1}{3}$, pero $g(0)$ no existe.

2.4   EJERCICIOS

2.1   (i) Dibuja la recta $y = 2x + 3$.

   (ii) Intercambia x por y y observa que la nueva recta es simétrica, respecto de la
   bisectriz del primer y tercer cuadrante, de la recta inicial.

   Solución:

   (i) La ordenada en el origen de la recta es 3. De $2x + 3 = 0$ se deduce que la recta
   corta en $x = -\dfrac{3}{2}$ al eje OX. Conociendo los punto $(0, 3)$ y $\left(-\dfrac{3}{2}, 0\right)$ podemos dibujar
   la recta (ver Figura 2.5).

   (ii) La nueva función es $x = 2y + 3$, esto es, se trata de la recta $y = \dfrac{x}{2} - \dfrac{3}{2}$. La
   ordenada en el origen de dicha recta es $-\dfrac{3}{2}$. De $\dfrac{x}{2} - \dfrac{3}{2} = 0$ se deduce que la recta
   corta en $x = 3$ al eje OX. Conociendo los punto $\left(0, -\dfrac{3}{2}\right)$ y $(3, 0)$ podemos dibujar
   la recta (ver Figura 2.5).

2.2   Describe geométricamente las recta $y = x$ e $y = -x$.

   Solución:

   Ambas pasan por el origen. Los puntos de la recta $y = x$ son de la forma (x, x), por
   lo que dicha recta es la bisectriz del primer y tercer cuadrante.

   Los puntos de $y = -x$ son de la forma $(x, -x)$, por lo que dicha recta es la bisectriz
   del segundo y cuarto cuadrante.

2.3   Halla el punto de corte de la recta $y = -1$ con la recta $x = 2$.

   Solución:

   La recta $y = -1$ es paralela al eje OX y corta al eje OY en -1. La recta $x = 2$ es
   paralela al eje OY y corta al eje OX en 2. Así pues ambas recta se cortan en $(2, -1)$.

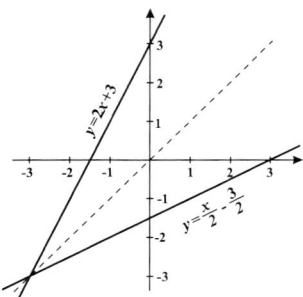

Figura 2.5: Rectas simétricas respecto a la bisectriz del primer cuadrante.

2.4 Halla la recta que pasa por el punto $P(4,3)$ y es paralela a la recta $4x - 2y + 6 = 0$.

Solución:

La recta $4x - 2y + 6 = 0$ se escribe también $2y = 4x + 6$, por lo que su ecuación explícita es $y = 2x + 3$, y por tanto se trata de una recta con pendiente 2. Daremos dos maneras distintas de resolución.

(a) Las rectas paralelas a la recta $y = 2x + 3$ son de la forma $y = 2x + n$. La recta buscada pasa por $P(4,3)$, por lo que habrá de verificar que $3 = 2{\cdot}4 + n$, y por tanto $n = -5$. La recta pedida es $y = 2x - 5$.

(b) La ecuación del haz de rectas que pasa por $P(4,3)$ es $y - 3 = m(x - 4)$. Como buscamos una recta con pendiente $m = 2$, la ecuación de la recta pedida es $y - 3 = 2(x - 4)$ es decir $y - 3 = 2x - 8$ y por tanto $y = 2x - 5$.

2.5 Halla la ecuación continua, explícita y paramétrica de la recta que pasa por los puntos $P(1,2)$ y $Q(-2,3)$.

Solución:

Según sec. 2.1.8 la ecuación continua de la recta que pasa por los puntos P y Q es $\dfrac{x - 1}{-2 - 1} = \dfrac{y - 2}{3 - 2}$, es decir, $\dfrac{x - 1}{-3} = \dfrac{y - 2}{1}$, y por tanto, $-3y + 6 = x - 1$ por lo que la ecuación explícita es $y = -\dfrac{1}{3}x + \dfrac{7}{3}$.

De la ecuación continua $\dfrac{x - 1}{-3} = \dfrac{y - 2}{1}$ deducimos la ecuación paramétrica

$$\left\{ \begin{array}{l} x = 1 - 3t \\ y = 2 + t \end{array} \right.$$

2.6 Dibujar las parábolas:

(i) $y = f(x) = x^2 - x - 2$ (ii) $y = g(x) = -x^2 + x + 2$

Solución:

(i) La parábola $y = x^2 - x - 2$ corta al eje OY en -2. Las raíces de la ecuación $x^2 - x - 2 = 0$ son $x = \dfrac{1 \pm \sqrt{1 - 4 \cdot 1 \cdot (-2)}}{2} = \dfrac{1 \pm 3}{2}$. Así pues, las raíces son $x_1 = 2$ y $x_2 = -1$. Como el coeficiente de x^2 es positivo la parábola esta abierta hacia arriba (ver Figura 2.6 (a)).

(ii) Como $g(x) = -f(x)$, las raíces de f y g coinciden. La parábola corta en 2 al eje OY, y su gráfica es similar pero abierta hacia abajo (ver Figura 2.6 (b)).

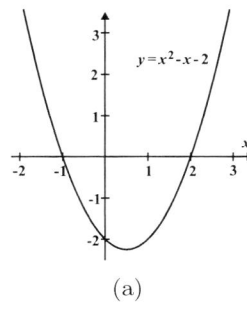

(a)

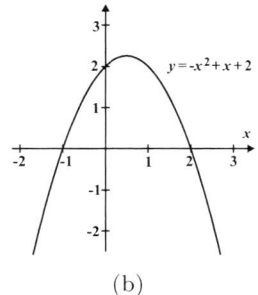

(b)

Figura 2.6: Gráficas de las parábolas: (a) $y = f(x) = x^2 - x - 2$, (b) $y = g(x) = -x^2 + x + 2$.

2.7 Dibujar la parábola $y = x^2 + 1$.

   Solución:

La parábola corta al eje OY en $y = 1$. Las soluciones de la ecuación $x^2 + 1 = 0$ son $x = \pm\sqrt{-1} = \pm i$. Como no tiene soluciones reales, la parábola no corta al eje OX. Para dibujarla es suficiente observar que la parábola $y = x^2 + 1$ es similar a la parábola $y = x^2$ pero *trasladada* una unidad hacia arriba (ver Figura 2.7).

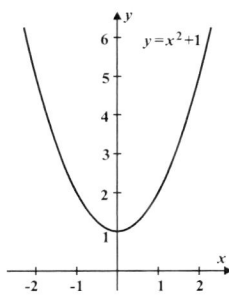

Figura 2.7:   Gráfica de la parábola $y = x^2 + 1$.

2.8 Dibujar la parábola $y = -4x^2 + 12x - 9$.

   Solución:

   La parábola corta al eje OY en -9. Las raíces de la ecuación $-4x^2 + 12x - 9 = 0$ son $x = \dfrac{-12 \pm \sqrt{144 - 4 \cdot (-4) \cdot (-9)}}{2 \cdot (-4)} = \dfrac{-12 \pm 0}{-8}$ por lo que posee una única raíz (doble) $x = \dfrac{3}{2}$, que es precisamente la abscisa del vértice de la parábola. Como el coeficiente de x^2 es negativo la parábola está abierta hacia abajo (ver Figura 2.8 (a)).

2.9 Dibujar la parábola $f(x) = x^2 + x + 1$.

   Solución:

   La parábola corta al eje OY en 1. Las raíces de la ecuación $x^2 + x + 1 = 0$ son

$$x = \frac{-1 \pm \sqrt{1 - 4 \cdot 1 \cdot 1}}{2} = -\frac{1}{2} \pm \frac{\sqrt{-3}}{2}$$

   Puesto que el discriminante es negativo, sus dos raíces son complejas ($x_1 = -\dfrac{1}{2} + \dfrac{\sqrt{3}}{2} i$, $x_2 = -\dfrac{1}{2} - \dfrac{\sqrt{3}}{2} i$), por lo que la parábola no corta al eje OX.
   Para dibujarla recurriremos a la abscisa del vértice que está, según la Sección 2.1.9 en $-\dfrac{b}{2a} = -\dfrac{1}{2}$ y su ordenada será $f\left(-\dfrac{1}{2}\right) = \left(-\dfrac{1}{2}\right)^2 - \dfrac{1}{2} + 1 = \dfrac{3}{4}$. Así pues el

vértice de la parábola es $\left(-\dfrac{1}{2}, \dfrac{3}{4}\right)$. Como el coeficiente de x^2 es positivo la parábola está abierta hacia arriba (ver Figura 2.8 (b)).

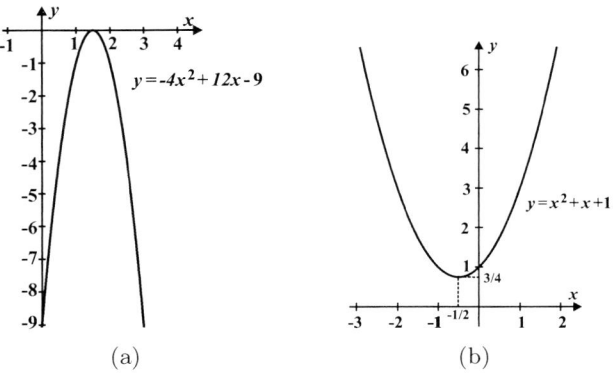

(a)   (b)

Figura 2.8: Gráfica de la parábola (a) $y = -4x^2 + 12x - 9$, y (b) $f(x) = x^2 + x + 1$.

2.10 Halla la descomposición factorial de las siguientes funciones
    (i) $x^2 + 1$ (ii) $x^2 - x - 2$
    (iii) $-x^2 + x + 2$ (iv) $-4x^2 + 12x - 9$

Solución:
Teniendo en cuenta las raíces halladas en los ejercicios 2.7-2.8 se tiene:
(i) No admite descomposición factorial.
(ii) $(x - 2) \cdot (x + 1)$
(iii) $-(x - 2) \cdot (x + 1)$
(iv) $-4 \cdot \left(x - \dfrac{3}{2}\right)^2$

2.11 Resolver las siguientes ecuaciones *incompletas* de segundo grado (carecen de término independiente) a través de su descomposición factorial:
    (i) $x^2 - x = 0$ (ii) $2x^2 - 2x = 0$
    (iii) $-2x^2 - 4x = 0$ (iv) $-2x^2 + x = 0$

Solución:
(i) $x^2 - x = x \cdot (x - 1)$. Las raíces son 0 y 1.
(ii) $2x^2 - 2x = 2x \cdot (x - 1) =$. Las raíces son 0 y 1.
(iii) $-2x^2 - 4x = -2x \cdot (x + 2) = 0$. Las raíces son 0 y -2.
(iv) $-2x^2 + x = -2x \cdot \left(x - \dfrac{1}{2}\right) = 0$. Las raíces son 0 y $\dfrac{1}{2}$.

2.12 Resolver las siguientes ecuaciones *incompletas* de segundo grado (carecen de término en x) y hallar la descomposición factorial de las correspondientes funciones.
    (i) $x^2 - 1 = 0$ (ii) $-x^2 + 4 = 0$ (iii) $4x^2 - 1 = 0$
    (iv) $2x^2 - 3 = 0$ (v) $2x^2 + 18 = 0$

Solución:

(i) De $x^2 - 1 = 0$ se tiene que $x^2 = 1$, por lo que las raíces de la ecuación dada son $x = \pm\sqrt{1} = \pm 1$. Por tanto $x^2 - 1 = (x - 1) \cdot (x + 1)$.

Las restantes resoluciones las damos de manera abreviada.

(ii) $-x^2 + 4 = 0$; $x^2 = 4$; $x = \pm 2$. Por tanto $-x^2 + 4 = -(x + 2) \cdot (x - 2)$.

(iii) $4x^2 - 1 = 0$; $x^2 = \dfrac{1}{4}$; $x = \pm\dfrac{1}{2}$. Por tanto, $4x^2 - 1 = 4\left(x + \dfrac{1}{2}\right) \cdot \left(x - \dfrac{1}{2}\right)$.

(iv) $2x^2 - 3 = 0$; $x^2 = \dfrac{3}{2}$; $x = \pm\sqrt{\dfrac{3}{2}}$. Por tanto, $2x^2 - 3 = 2 \cdot \left(x + \sqrt{\dfrac{3}{2}}\right) \cdot \left(x - \sqrt{\dfrac{3}{2}}\right)$.

(v) $2x^2 + 18 = 0$; $2x^2 = -18$; $x^2 = -9$; $x = \pm 3\,i$. Por tanto la función $f(x) = 2x^2 + 18$ no admite descomposición factorial.

2.13 Hállense las raíces de la ecuación (bicuadrada) $x^4 - 5x^2 + 4 = 0$ y utilícense para descomponer en factores irreducibles el polinomio $x^4 - 5x^2 + 4$.

Solución:

Con el cambio de variable $x^2 = z$ se obtiene la nueva ecuación $z^2 - 5z + 4 = 0$. Las raíces de esta ecuación son $z_1 = 1$ y $z_2 = 4$.

Como $x^2 = z$ se tiene que $x = \pm\sqrt{z}$. Para $z = 1$ deducimos que $x = \pm\sqrt{1} = \pm 1$ y para $z = 4$ deducimos que $x = \pm\sqrt{4} = \pm 2$.

Así pues las raíces de la ecuación inicial son 1, -1, 2 y -2, y por tanto, $x^4 - 5x^2 + 4 = (x - 1) \cdot (x + 1) \cdot (x - 2) \cdot (x + 2)$.

2.14 Descomponer en factores irreducibles el polinomio $P(x) = x^4 - 4x^3 + x^2 + 6x$. Clasificar sus raíces.

Solución:

De momento podemos escribir $P(x) = x \cdot (x^3 - 4x^2 + x + 6)$. Las posibles raíces enteras de $Q(x) = x^3 - 4x^2 + x + 6$ han de ser divisores de 6. Una raíz de $Q(x)$ es -1 pues $Q(-1) = 0$. Procedamos a dividir $Q(x)$ por $x + 1$ aplicando la regla de Ruffini:

$$
\begin{array}{r|rrrr}
  & 1 & -4 & 1 & 6 \\
-1 &   & -1 & 5 & -6 \\
\hline
  & 1 & -5 & 6 & 0
\end{array}
$$

Se ha obtenido $Q(x) = (x + 1) \cdot (x^2 - 5x + 6)$.

Las raíces de la ecuación $x^2 - 5x + 6 = 0$ son $x = 2$ y $x = 3$ por lo que $x^2 - 5x + 6 = (x - 2) \cdot (x - 3)$.

La descomposición pedida es pues: $P(x) = x \cdot (x + 1) \cdot (x - 2) \cdot (x - 3)$.

Las raíces 0, -1, 2 y 3 son todas simples.

2.15 Descomponer en factores irreducibles el polinomio $P(x) = 2x^4 - 4x^3 + 4x^2 - 4x + 2$. Clasificar sus raíces.

Solución:

Se tiene que $P(x) = 2 \cdot (x^4 - 2x^3 + 2x^2 - 2x + 1) = 2 \cdot Q(x)$.

Una raíz de $Q(x)$ es $x = 1$ pues $Q(1) = 0$. Procedamos a dividir $Q(x)$ por $x - 1$, aplicando la regla de Ruffini:

$$
\begin{array}{r|rrrrr}
  & 1 & -2 & 2 & -2 & 1 \\
1 &   & 1 & -1 & 1 & -1 \\
\hline
  & 1 & -1 & 1 & -1 & 0
\end{array}
$$

Se ha obtenido $Q(x) = (x - 1) \cdot (x^3 - x^2 + x - 1) = (x - 1) \cdot C(x)$.

Una raíz de $C(x)$ es $x = 1$ pues $C(1) = 0$. Procedamos a dividir $C(x)$ por $x - 1$ aplicando la regla de Ruffini:

$$
\begin{array}{c|cccc}
  & 1 & -1 & 1 & -1 \\
1 &   & 1 & 0 & 1 \\
\hline
  & 1 & 0 & 1 & 0
\end{array}
$$

Así pues $C(x) = (x - 1) \cdot (x^2 + 1)$.

Como $x^2 + 1 = 0$ no posee raíces reales, el polinomio $x^2 + 1$ no admite factorización y por tanto la descomposición pedida es:

$$P(x) = 2 \cdot (x - 1) \cdot (x - 1) \cdot (x^2 + 1) = 2 \cdot (x - 1)^2 \cdot (x^2 + 1).$$

La única raíz real de $P(x)$ es $x = 1$ que es doble.

2.16 Descomponer en factores irreducibles el polinomio $S(x) = 8x^6 - 6x^5 - 3x^4 + x^3$. Clasificar sus raíces.

Solución:

Se tiene que $S(x) = x^3 \cdot (8x^3 - 6x^2 - 3x + 1) = x^3 \cdot Q(x)$. Una raíz de $Q(x)$ es $x = 1$ pues $Q(1) = 0$. Procedamos a dividir $Q(x)$ por $x - 1$ aplicando la regla de Ruffini:

$$
\begin{array}{c|cccc}
  & 8 & -6 & -3 & 1 \\
1 &   & 8 & 2 & -1 \\
\hline
  & 8 & 2 & -1 & 0
\end{array}
$$

Así pues $Q(x) = (x - 1) \cdot (8x^2 + 2x - 1)$.

Las raíces de la ecuación $8x^2 + 2x - 1 = 0$ se obtienen de la fórmula

$$x = \frac{-2 \pm \sqrt{4 - 4 \cdot 8 \cdot (-1)}}{2 \cdot 8} \text{ que conduce a } x = \frac{1}{4} \text{ y } x = -\frac{1}{2}.$$

Así pues $8x^2 + 2x - 1 = 8\left(x - \frac{1}{4}\right) \cdot \left(x + \frac{1}{2}\right)$.

En consecuencia, $S(x) = 8 \cdot x^3 \cdot (x - 1) \cdot \left(x - \frac{1}{4}\right) \cdot \left(x + \frac{1}{2}\right)$.

Por tanto $S(x)$ posee $x = 0$ como raíz triple, y las raíces $1, \frac{1}{4}$ y $\frac{-1}{2}$ son simples.

2.17 Descomponer en factores irreducibles el polinomio $T(x) = 16x^5 - 4x^4 - 4x^3 + x^2$ sabiendo que $x = \frac{1}{2}$ es una raíz de $T(x)$. Clasificar sus raíces.

Solución:

Se tiene que $T(x) = x^2 \cdot (16x^3 - 4x^2 - 4x + 1) = x^2 \cdot Q(x)$.

Por el enunciado, $\frac{1}{2}$ es raíz, obviamente, de $Q(x)$. Procedamos a dividir por $x - \frac{1}{2}$ aplicando la regla de Ruffini:

$$
\begin{array}{c|cccc}
             & 16 & -4 & -4 & 1 \\
\frac{1}{2} &   & 8 & 2 & -1 \\
\hline
             & 16 & 4 & -2 & 0
\end{array}
$$

Así pues $Q(x) = \left(x - \dfrac{1}{2}\right) \cdot (16x^2 + 4x - 2) = 2 \cdot \left(x - \dfrac{1}{2}\right) \cdot (8x^2 + 2x - 1)$. Las raíces

de la ecuación $8x^2 + 2x - 1 = 0$ según el ejercicio anterior son $x = \dfrac{1}{4}$ y $x = -\dfrac{1}{2}$. Así

pues $16x^2 + 4x - 2 = 16 \cdot \left(x - \dfrac{1}{4}\right) \cdot \left(x + \dfrac{1}{2}\right)$.

En consecuencia, $T(x) = 16x^2 \cdot \left(x - \dfrac{1}{2}\right) \cdot \left(x - \dfrac{1}{4}\right) \cdot \left(x + \dfrac{1}{2}\right)$.

Por tanto, $T(x)$ posee $x = 0$ como raíz doble, y las raíces $\dfrac{1}{2}, \dfrac{1}{4}$ y $\dfrac{-1}{2}$ son simples.

2.18 Hallar el MCD y MCM de los polinomios $S(x) = 8x^6 - 6x^5 - 3x^4 + x^3$ y $T(x) = 16x^5 - 4x^4 - 4x^3 + x^2$

Solución:

Por los ejercicios 2.16 y 2.17 tenemos que

$$S(x) = 8 \cdot x^3 \cdot (x - 1) \cdot \left(x - \dfrac{1}{4}\right) \cdot \left(x + \dfrac{1}{2}\right)$$

$$T(x) = 16x^2 \cdot \left(x - \dfrac{1}{2}\right) \cdot \left(x - \dfrac{1}{4}\right) \cdot \left(x + \dfrac{1}{2}\right)$$

Así pues, $MCD(S(x), T(x)) = x^2 \cdot \left(x - \dfrac{1}{4}\right) \cdot \left(x + \dfrac{1}{2}\right)$,

$$MCM(S(x), T(x)) = x^3 \cdot (x - 1) \cdot \left(x - \dfrac{1}{4}\right) \cdot \left(x + \dfrac{1}{2}\right) \cdot \left(x - \dfrac{1}{2}\right).$$

2.19 Utilizar el Ejercicio 2.16 para simplificar la función

$$f(x) = \dfrac{x^4 - x^3}{8x^6 - 6x^5 - 3x^4 + x^3}.$$

Hallar el campo de existencia de la función simplificada resultante g.

Solución:

Se tiene que $f(x) = \dfrac{x^3 \cdot (x - 1)}{8x^3 \cdot (x - 1) \cdot \left(x - \dfrac{1}{4}\right) \cdot \left(x + \dfrac{1}{2}\right)}$.

Simplificando se tiene $\dfrac{1}{8 \cdot \left(x - \dfrac{1}{4}\right) \cdot \left(x + \dfrac{1}{2}\right)} = g(x)$.

El campo de existencia de $f(x)$ es $\mathbb{R} - \left\{0, 1, \dfrac{1}{4}, -\dfrac{1}{2}\right\}$ y el de $g(x)$ es $\mathbb{R} - \left\{\dfrac{1}{4}, -\dfrac{1}{2}\right\}$.

2.20 Efectuar $\dfrac{x}{x^2 + 1} + \dfrac{1}{x^3 + x}$.

Solución:

Como $x^3 + x = x \cdot (x^2 + 1)$, entonces este polinomio es el MCM de los denominadores, y se tiene

$$\dfrac{x}{x^2 + 1} + \dfrac{1}{x^3 + x} = \dfrac{x^2}{x(x^2 + 1)} + \dfrac{1}{x(x^2 + 1)} = \dfrac{x^2 + 1}{x \cdot (x^2 + 1)} = \dfrac{1}{x}$$

2.21 Efectuar $\dfrac{-x}{x^2 - x - 2} + \dfrac{2}{x + 1} - \dfrac{1}{x - 2}$.

Solución:

Según el Ejercicio 2.7, $x^2 - x - 2 = (x+1) \cdot (x-2)$. Entonces, como este polinomio es el MCM de los tres denominadores se tiene:

$$\frac{-x}{x^2 - x - 2} + \frac{2}{x+1} - \frac{1}{x-2} = \frac{-x}{(x+1)(x-2)} + \frac{2(x-2)}{(x+1)(x-2)} - \frac{x+1}{(x+1)(x-2)}$$

$$= \frac{-x + 2x - 4 - x - 1}{(x-1) \cdot (x-2)} = \frac{-5}{(x+1) \cdot (x-2)}$$

2.22 Efectuar $\dfrac{8x^6 - 6x^5 - 3x^4 + x^3}{x^2 - 1} \cdot \dfrac{x+1}{16x^5 - 4x^4 - 4x^3 + x^2}$ utilizando los ejercicios 2.16 y 2.17.

Solución:

Sustituyendo los polinomios por sus correspondientes descomposiciones en factores irreducibles se tiene:

$$\frac{8x^3 \cdot (x-1) \cdot \left(x - \dfrac{1}{4}\right) \cdot \left(x + \dfrac{1}{2}\right)}{(x+1) \cdot (x-1)} \cdot \frac{x+1}{16x^2 \cdot \left(x - \dfrac{1}{2}\right) \cdot \left(x - \dfrac{1}{4}\right) \cdot \left(x + \dfrac{1}{2}\right)}$$

$$= \frac{8x^3 \cdot (x-1) \cdot \left(x - \dfrac{1}{4}\right) \cdot \left(x + \dfrac{1}{2}\right) \cdot (x+1)}{16(x+1) \cdot (x-1) \cdot x^2 \cdot \left(x - \dfrac{1}{2}\right) \cdot \left(x - \dfrac{1}{4}\right) \cdot \left(x + \dfrac{1}{2}\right)} = \frac{x}{2 \cdot \left(x - \dfrac{1}{2}\right)}$$

2.23 Efectuar $\dfrac{\dfrac{x^4 - 5x^2 + 4}{2x^4 - 4x^3 + 4x^2 - 4x + 2}}{\dfrac{(x^2 - 4x + 4) \cdot (x+1)}{x^2 + 1}}$ teniendo en cuenta los ejercicios 2.13 y 2.15.

Solución:

Sustituyendo los polinomios por su descomposición en factores irreducibles se tiene:

$$\frac{\dfrac{(x+1) \cdot (x-1) \cdot (x+2) \cdot (x-2)}{2(x-1)^2 \cdot (x^2+1)}}{\dfrac{(x-2)^2 \cdot (x+1)}{x^2 + 1}} = \frac{(x+1) \cdot (x-1) \cdot (x+2) \cdot (x-2) \cdot (x^2+1)}{2(x-1)^2 \cdot (x^2+1) \cdot (x-2)^2 \cdot (x+1)}$$

$$= \frac{x+2}{2(x-1) \cdot (x-2)}.$$

Capítulo 3

RESOLUCIÓN DE ECUACIONES E INECUACIONES

En este capítulo se trabaja la resolución de ecuaciones e inecuaciones elementales, así como sistemas de ecuaciones lineales por el método de Gauss.

3.1 ECUACIONES POLINÓMICAS

3.1.1 Ecuación. Solución de una ecuación

Una **ecuación** es una igualdad entre expresiones literales. Las expresiones a izquierda y derecha de la igualdad de una ecuación se denominan primer y segundo **miembro**, respectivamente, de la ecuación. A algunas de las letras (pueden ser todas) se les denomina **incógnitas** y habitualmente se designan con las letras $x, y, z, \ldots$

Soluciones de una ecuación son los valores de las incógnitas que la satisfacen. **Resolver** una ecuación es encontrar todas las soluciones de la ecuación.Una ecuación que se satisfaga para cualesquiera que sean los valores de las incógnitas se denomina **identidad**. Dos ecuaciones se dicen **equivalentes** si toda solución de la primera lo es de la segunda, y viceversa.

3.1.2 Ejemplo

(i) Las ecuaciones $5x - 1 = 3x + 3$ y $3x + 1 = x + 5$ son equivalentes pues su única solución es $x = 2$.

(ii) $\sqrt{x} = x$ es una ecuación con dos soluciones: $x = 0$, $x = 1$. En efecto, de $\sqrt{x} = x$ se tiene $\sqrt{x} - x = 0$, es decir, $\sqrt{x}\,(1 - \sqrt{x}) = 0$ y, por tanto, $\sqrt{x} = 0$ ó $1 - \sqrt{x} = 0$ cuyas soluciones son $x = 0$ y $x = 1$, respectivamente.

3.1.3   Ecuaciones y funciones

Para representar con mayor sencillez una ecuación con una incógnita, y facilitar su estudio, supondremos que la ecuación se puede escribir de la forma $f(x) = g(x)$ donde f y g son funciones que, supondremos en lo que sigue, están definidas en dominios *adecuados*.

Resolver la ecuación es, por tanto, hallar los valores de x que tengan igual imagen por medio de las funciones f y g.

Esta representación se extiende sin dificultad a ecuaciones con varias incógnitas.

3.1.4   Transformación de ecuaciones

El proceso que se sigue para resolver una ecuación es *transformarla* en otra equivalente más sencilla. Establecemos a continuación las dos transformaciones más usuales.

Si $h(x)$ es una función definida en el dominio común de f y g entonces:

(a) $f(x) + h(x) = g(x) + h(x)$ es equivalente a $f(x) = g(x)$.

(b) $f(x)h(x) = g(x)h(x)$ es equivalente a $f(x) = g(x)$, si $h(x) \neq 0$.

De (a) se deduce que en una ecuación se puede transponer sumandos de un miembro a otro cambiándolos de signo; y de (b) que los factores se transponen cambiándose por factores inversos.

3.1.5   Nota

Consideremos la ecuación $f(x) = g(x)$, y sea $h(x)$ una función. En tal caso, la nueva ecuación $f(x)h(x) = g(x)h(x)$ puede tener alguna solución, denominada **extraña**, que no poseía la ecuación inicial. Para ponerlas de manifiesto debe verificarse si las soluciones de la última ecuación satisfacen la ecuación $f(x) = g(x)$.

Por otra parte, la ecuación $\dfrac{f(x)}{h(x)} = \dfrac{g(x)}{h(x)}$ puede perder soluciones respecto de la inicial dado que $\dfrac{1}{h(x)}$ es una función no definida en los puntos donde $h(x) = 0$. No obstante, éste es un procedimiento muy utilizado. En tales casos debe verificarse si las soluciones de $h(x) = 0$ son o no solución de la ecuación inicial (ver Ejercicio 3.28).

3.1.6 Ejemplo

(i) Vamos a resolver la ecuación $5x - 1 = 3x + 3$ (i) del Ejemplo 3.1.2. Por aplicación de (a) y (b) del punto 3.1.4 se tiene

$$5x - 3x = 3 + 1, \text{ es decir, } 2x = 4$$

y por tanto,

$$x = \frac{1}{2}4 = 2.$$

(ii) La ecuación $\sqrt{x} = x$ de (ii) del Ejemplo 3.1.2 se puede simplificar escribiendo

$$\frac{\sqrt{x}}{\sqrt{x}} = \frac{x}{\sqrt{x}}, \text{ es decir, } 1 = \sqrt{x}$$

que no es equivalente a la ecuación inicial pues su única solución es $x = 1$. (Obsérvese que el factor $h(x) = \dfrac{1}{\sqrt{x}}$ no está definido en $x = 0$, que es precisamente otra raíz de la ecuación inicial).

3.1.7 Ecuaciones polinómicas

La ecuación $P(x) = 0$ donde $P(x)$ es una función polinómica de grado n se denomina ecuación polinómica, con una incógnita, de grado n. Las soluciones de $P(x) = 0$ son las raíces de $P(x)$, y geométricamente son los puntos de corte de $P(x)$ con el eje OX. En el Capítulo 2 se estudiaron sucintamente las soluciones de las ecuaciones polinómicas de grados 1 y 2.

La fórmula resolutiva para la ecuación polinómica de grado tres es de difícil aplicación, y para grados mayores que tres sólo se resuelven casos particulares.

Un método de resolución de la ecuación $P(x) = 0$ que se aplica cuando $P(x)$ es de grado mayor o igual que tres consiste en descomponer factorialmente $P(x)$ en la forma $P(x) = Q(x)T(x)$ dado que x_0 es raíz de $P(x)$ si y sólo si x_0 es raíz de $Q(x)$ o $T(x)$. Prosiguiendo este argumento conoceremos las raíces de $P(x)$ si conseguimos su descomposición en producto de factores lineales o cuadráticos.

El método de Ruffini permite la descomposición deseada del párrafo anterior en algunos casos, pero paradójicamente, por lo general, requiere previamente del conocimiento de alguna raíz.

3.1.8   Ejemplo

(i) La función polinómica $P(x) = x^6 - x^2$ admite la descomposición

$$x^6 - x^2 = x^2(x^4 - 1) = x^2(x^2 + 1)(x^2 - 1).$$

La raíz de $x^2 = 0$ es $x = 0$ (doble); las raíces de $x^2 - 1 = 0$ son $x = 1$ y $x = -1$; la ecuación $x^2 + 1 = 0$ no tiene raíces reales. Así pues, las raíces reales de $P(x)$ son $x = 0$ (doble), $x = 1$ y $x = -1$ (simples). Por otra parte, $x = i$ y $x = -i$ son las únicas raíces complejas de $P(x)$

(ii) Resolvamos la ecuación $8x^3 - 6x^2 - 3x + 1 = 0$ sabiendo que posee una raíz entera.

La raíz entera sabemos que divide a 1 por lo que sólo puede ser 1 ó -1. En el Ejercicio 2.16 se observó que 1 es raíz de dicha ecuación y mediante la regla de Ruffini se obtuvo

$$8x^3 - 6x^2 - 3x + 1 = (x - 1)(8x^2 + 2x - 1).$$

Finalmente, usando la correspondiente fórmula resolutiva, se hallan las soluciones de $(8x^2 + 2x - 1) = 0$ que son $x = \dfrac{1}{4}$ y $x = -\dfrac{1}{2}$.

3.2   ECUACIONES RACIONALES E IRRACIO-NALES

En los capítulos 5 y 6 estudiaremos ecuaciones exponenciales, logarítmicas y trigonométricas. En esta sección veremos las racionales e irracionales.

3.2.1   Ecuaciones racionales

Una **ecuación racional** es aquélla cuyos términos son funciones racionales y la incógnita aparece al menos en un denominador.

Para su resolución se multiplican ambos miembros de la ecuación por el mínimo común múltiplo de los polinomios de los denominadores, lo que la convierte en una ecuación polinómica.

Si se transforma la ecuación en otra de la forma $\dfrac{A(x)}{B(x)} = 0$ donde $A(x)$ y $B(x)$ son polinomios, entonces las soluciones de la ecuación polinómica $A(x) = 0$, son los de la ecuación inicial tras verificar que no se ha introducido ninguna solución extraña.

3.2.2   Ejemplo

Resolvamos la ecuación $\dfrac{x^2 + x - 2}{x - 1} = \dfrac{2 - 3x^2}{x + 1}$ de dos formas distintas.

(i) Como el mínimo común múltiplo de los denominadores es $(x - 1)(x + 1)$ entonces la ecuación inicial la transformamos en

$(x-1)(x+1)\dfrac{x^2 + x - 2}{x - 1} = (x-1)(x+1)\dfrac{2 - 3x^2}{x + 1}$, que queda de la forma

$(x + 1)(x^2 + x - 2) = (x - 1)(2 - 3x^2)$. En consecuencia,

$x^3 + 2x^2 - x - 2 = -3x^3 + 3x^2 + 2x - 2$, y por tanto

$4x^3 - x^2 - 3x = 0$, que lo escribimos como $x(4x^2 - x - 3) = 0$.

Las raíces de esta última ecuación son $x = 0$, $x = 1$ y $x = -\dfrac{3}{4}$, pero

sólo $x = 0$ y $x = -\dfrac{3}{4}$ son soluciones de la ecuación inicial, como se comprueba sustituyendo este valor en dicha ecuación. Obviamente, $x = 1$ no es solución pues anula el denominador del primer miembro.

(ii) Como $x^2 + x - 2 = (x - 1)(x + 2)$, la ecuación inicial se puede reescribir como

$$\frac{(x - 1)(x + 2)}{x - 1} = \frac{2 - 3x^2}{x + 1}$$

que, simplificada, queda

$$(x + 2) = \frac{2 - 3x^2}{x + 1}.$$

Esta última ecuación es equivalente a $(x + 2)(x + 1) = 2 - 3x^2$, es decir, $x^2 + 3x + 2 = 2 - 3x^2$, o también, $4x^2 + 3x = 0$ de soluciones $x = 0$, $x = -\dfrac{3}{4}$.

3.2.3   Ecuaciones irracionales

Se denomina **ecuación irracional** a toda ecuación en que la incógnita aparece bajo el signo radical.

Para resolver una ecuación que posee un sólo radical con la incógnita, basta aislarlo en un miembro y elevar ambos miembros de la ecuación a la potencia correspondiente para que desaparezca el radical. En el caso de más de una raíz, se repite el proceso tantas veces como sea necesario hasta conseguir hacer desaparecer los radicales, si es posible. En este proceso pueden aparecer soluciones extrañas.

3.2.4   Ejemplo

Resolvamos la ecuación $\sqrt{x^2 - 3} + x - 3 = 0$. Procediendo como se ha indicado anteriormente escribimos $\sqrt{x^2 - 3} = 3 - x$.

Elevando al cuadrado ambos miembros se tiene

$$x^2 - 3 = 9 + x^2 - 6x \text{ es decir } 6x = 12 \text{ y por tanto } x = 2$$

que, como se verifica fácilmente, es solución de la ecuación inicial.

3.3   SISTEMAS DE ECUACIONES LINEALES

3.3.1   Sistema de ecuaciones lineales

Al siguiente conjunto de ecuaciones lineales con incógnitas $x_1, x_2, \ldots, x_n$ y con **coeficientes** a_{ji}, $(j = 1, 2, \ldots, m, \ i = 1, 2, \ldots, n)$ y **términos independientes** b_j, que suponemos reales, se le denomina **sistema lineal** de m ecuaciones y n incógnitas

$$\begin{cases} a_{11}x_1 & + & a_{12}x_2 & + & \cdots & + & a_{1n}x_n & = & b_1 \\ a_{21}x_1 & + & a_{22}x_2 & + & \cdots & + & a_{2n}x_n & = & b_2 \\ \vdots & & \vdots & & \ddots & & \vdots & \vdots & \vdots \\ a_{m1}x_1 & + & a_{m2}x_2 & + & \cdots & + & a_{mn}x_n & = & b_m \end{cases} \qquad (3.1)$$

Cuando no haya posibilidad de confusión lo abreviaremos llamándolo sistema. Si al sustituir en (3.1) x_i por $c_i \in \mathbb{R}$ $(i = 1, \ldots, n)$, las m ecuaciones se convierten en identidades (es decir, se satisface (3.1)), se dice que $(c_1, \ldots, c_n)$ es una **solución del sistema**. Si dos sistemas tienen las mismas soluciones se llaman **equivalentes**. Resolver un sistema es sinónimo de hallar las soluciones del sistema.

3.3.2   Clasificación de sistemas

Si un sistema no admite solución se dice que es **incompatible**, y si admite alguna solución se dice **compatible**. Si la solución es única se llama **compatible determinado** y si tiene más de una solución **compatible indeterminado**.

3.3.3   Sistemas equivalentes

Se denominan **operaciones elementales** sobre un sistema a las siguientes transformaciones del mismo:

(a) Intercambiar dos ecuaciones.

(b) Multiplicar una ecuación por un número distinto de cero.

(c) Sumar a una ecuación un múltiplo de otra.

Es sencillo probar que cuando se realiza una operación elemental sobre un sistema el nuevo sistema que se obtiene es equivalente al primero.

Una consecuencia inmediata de las propiedades (b) y (c) es que si a un sistema se le añaden o suprimen ecuaciones que son *combinaciones lineales* de otras ecuaciones del sistema, el nuevo sistema es equivalente al inicial.

3.3.4 Método de Gauss

El lector conoce los métodos de sustitución, igualación y reducción para resolver sistemas. Un método práctico para la resolución de sistemas de más de dos ecuaciones es el **método de Gauss**.

El método de Gauss se basa en la obtención sucesiva de sistemas equivalentes que se van *triangularizando* de forma que el último sistema adquiera la forma triangular que se muestra a continuación

$$
\begin{array}{ccccccccc}
c_{11}x_1 & + & c_{12}x_2 & + & c_{13}x_3 & + & \cdots & + & c_{1n}x_n & = & d_1 \\
 & & c_{22}x_2 & + & c_{23}x_3 & + & \cdots & + & c_{2n}x_n & = & d_2 \\
 & & & & c_{33}x_3 & + & \cdots & + & c_{3n}x_n & = & d_3 \\
 & & & & \vdots & & \ddots & & \vdots & \vdots & \vdots
\end{array}
\tag{3.2}
$$

en donde $c_{ii} \neq 0$, si el cálculo lo permite.

Para lograrlo se utilizan las operaciones elementales descritas en el punto anterior de manera que en el primer paso del proceso se hacen ceros los términos por debajo de la columna de $c_{11}x_1$ (suponiendo $c_{11} \neq 0$), en el segundo paso se hacen ceros los términos situados debajo de $c_{22}x_2$ (suponiendo $c_{22} \neq 0$), y así sucesivamente.

En la práctica, si el intercambio de filas se hace en el primer paso, suele no mencionarse. Por otra parte, las operaciones elementales (b) y (c) pueden hacerse simultáneamente.

3.3.5 Clasificación y resolución de sistemas por el método de Gauss

Mediante el **proceso** de Gauss se consiguen tres fines:

(a) Suprimir ecuaciones innecesarias.

(b) Clasificar el sistema.

(c) Resolver el sistema.

Veamos cada una de ellas.

(a) La práctica del método hasta su triangularización última puede conducir a ecuaciones de la forma

$$0x_1 + \cdots + 0x_n = 0$$

que se suprimen por ser identidades. Ello es equivalente a suprimir ecuaciones cuyos coeficientes son proporcionales.

(b) Si durante el proceso se llega a una ecuación de la forma

$$0x_1 + \cdots + 0x_n = d_i \neq 0,$$

entonces el sistema es, obviamente, incompatible. Si esto no sucede, el sistema es compatible, y el número de ecuaciones que quedan al final del proceso, después de suprimir las identidades mencionadas en (a) se identifica como el **rango del sistema**.

Cuando el rango del sistema r coincide con el número n de incógnitas el **sistema** es **determinado** y si $r < n$ es **indeterminado**. Esta conclusión es obvia tras la lectura del próximo párrafo (c).

(c) La solución del sistema cuando es compatible y determinado se halla calculando el valor de x_n en la última ecuación a que se llegaría en (3.2) ($c_{nn}x_n = d_n$) para obtener por *sustitución regresiva* los valores $x_{n-1}, \ldots, x_1$, sucesivamente.

Si el sistema es compatible e indeterminado, se escribe una incógnita en función de las $n - r$ restantes de la última ecuación, y se procede como en el párrafo anterior. Por tal motivo posee infinitas soluciones que dependen de las $n - r$ incógnitas.

3.3.6   Ejemplo

Apliquemos el proceso de Gauss para resolver el sistema siguiente, donde las ecuaciones las hemos nombrado a su izquierda como (1^a), (2^a) y (3^a). Después indicamos en cada caso de manera simbólica, a su izquierda, la transformación realizada.

$$
\begin{array}{ll}
(1^a) \\
(2^a) \\
(3^a)
\end{array}
\left\{
\begin{array}{rcrcrcl}
x & + & y & + & z & = & 6 \\
x & + & 2y & - & z & = & 6 \\
2x & - & y & + & z & = & 5
\end{array}
\right.
$$

En el primer paso hacemos las transformaciones

$$
\begin{array}{l}
\\
(2^a)' = (2^a) - (1^a) \\
(3^a)' = (3^a) - 2(1^a)
\end{array}
\left\{
\begin{array}{rcrcrcr}
x & + & y & + & z & = & 6 \\
 & & y & - & 2z & = & 0 \\
 & & -3y & - & z & = & -7
\end{array}
\right.
$$

Finalmente hacemos la transformación

$$(3^a)' + 3\,(2^a)' \quad \begin{cases} x & + & y & + & z & = & 6 \\ & & y & - & 2z & = & 0 \\ & & & & -7z & = & -7 \end{cases}$$

Terminando el proceso vemos que el rango del sistema es 3, igual que el número de incógnitas (no ha aparecido ninguna ecuación *imposible* de satisfacer). Así pues el sistema resultante, y por tanto el inicial, es compatible y determinado. De la última ecuación se obtiene $z = 1$, que sustituida en la anterior conduce a $y = 2$, y finalmente sustituyendo estos valores en la primera ecuación se obtiene $x = 3$.

3.3.7 Interpretaciones geométricas

Dado que las ecuaciones lineales $a_1 x + b_1 y = c_1$ y $a_2 x + b_2 y = c_2$ corresponden a dos rectas r_1 y r_2 del plano (si los coeficientes no se anulan simultáneamente), entonces resolver el sistema

$$\begin{cases} a_1 x + b_1 y & = & c_1 \\ a_2 x + b_2 y & = & c_2 \end{cases}$$

es hallar los puntos en común de ambas rectas.

Si el sistema es incompatible (no posee soluciones) las rectas son paralelas. Si posee una única solución (x_1, y_1), entonces las rectas son distintas y éste es el punto de corte de las dos rectas. Si posee infinitas soluciones, entonces ambas rectas son la misma.

Un método de resolución aproximada de tales sistemas consiste en dibujar las rectas y hallar el punto de corte, cuando existe.

En el espacio la situación es similar. Una ecuación de la forma $ax + by + cz = d$ (con algún coeficiente no nulo) representa un plano en el espacio. Por tanto, resolver el sistema siguiente dado es equivalente a hallar los puntos comunes a tres planos.

$$\begin{cases} a_1 x + b_1 y + c_1 z & = & d_1 \\ a_2 x + b_2 y + c_2 z & = & d_2 \\ a_3 x + b_3 y + c_3 z & = & d_3 \end{cases}$$

Si el sistema posee solución única (x_1, y_1, z_1) entonces los tres planos son distintos y se cortan en dicho punto. Si posee infinitas soluciones, que dependen de una incógnita, se cortan en una recta, y si dependen de dos incógnitas los tres planos son el mismo. Cuando el sistema es incompatible no existe ningún punto común a los tres planos, pudiendo darse varias situaciones que el lector puede imaginar.

3.3.8 Sistemas homogéneos

Si el sistema (3.1) tiene todos los coeficientes b_i nulos, entonces recibe el nombre de **sistema homogéneo** y adopta la forma siguiente:

$$\begin{cases} a_{11}x_1 & + & a_{12}x_2 & + & \cdots & + & a_{1n}x_n & = & 0 \\ a_{21}x_1 & + & a_{22}x_2 & + & \cdots & + & a_{2n}x_n & = & 0 \\ \vdots & & \vdots & & \ddots & & \vdots & \vdots & \vdots \\ a_{m1}x_1 & + & a_{m2}x_2 & + & \cdots & + & a_{mn}x_n & = & 0 \end{cases} \tag{3.3}$$

En este caso, es obvio que durante el proceso de Gauss no puede aparecer la expresión $0x_1 + \cdots + 0x_n \neq 0$ por lo que el sistema (3.3) es compatible. De hecho, como se observa, $x_1 = \cdots = x_n = 0$ es siempre solución de (3.3), y se le denomina **solución nula** o **trivial**.

Si el rango de (3.3) es $r < n$ (número de incógnitas) entonces el sistema es indeterminado y admite infinitas soluciones que dependen de $n - r$ incógnitas. Si el rango es n la solución deberá ser única y por tanto, necesariamente, su solución será la nula.

3.3.9 Sistemas no lineales

No existe criterio para poder clasificar los sistemas no lineales ni tampoco método general para su resolución.

En el siguiente ejemplo, nos ayudamos del hecho de que una ecuación es lineal para resolver el sistema por sustitución. Tendremos ocasión de resolver otros tipos de sistemas no lineales en los capítulos siguientes.

3.3.10 Ejemplo

Resolvamos el sistema $\begin{cases} x^2 + y^2 & = & 5 \\ 2x - y & = & 0 \end{cases}$.

De la segunda ecuación se tiene que $y = 2x$, que al sustituirla en la primera, queda $5x^2 = 5$ de lo que se deduce $x = \pm 1$. Para $x = 1$ se tiene $y = 2$, y para $x = -1$, obtenemos $y = -2$.

Nota: Una vez hemos obtenido $x = 1$, se puede sustituir en la primera ecuación que nos llevaría a $y^2 = 4$ y por tanto $y = \pm 2$. Sin embargo, es fácil observar que $x = 1$, $y = -2$ no es solución válida del sistema, pues no verifica la segunda ecuación.

3.3.11 Resolución de problemas

En el planteamiento de problemas se formulan con frecuencia ecuaciones. Debemos tener presente que las soluciones de la ecuación no constituyen por sí la solución del problema, sino que debemos atender a la naturaleza de éste para decidir la solución (ver Ejercicios 3.5, 3.6 y 3.14).

3.4 RESOLUCIÓN DE INECUACIONES

3.4.1 Inecuaciones

Si en una ecuación reemplazamos el signo de igualdad por una desigualdad se obtiene una **inecuación**.

La terminología relativa a ecuaciones y a sistemas de ecuaciones se aplica a las inecuaciones y a los sistemas de inecuaciones.

Las propiedades que se verifican en las ecuaciones y que conducen a su resolución, son válidas para inecuaciones con algunas excepciones de las que destacamos las dos siguientes:

(a) Si se multiplican los dos miembros de una desigualdad por un número negativo, la desigualdad cambia de sentido.

(b) Una desigualdad entre fracciones cambia de sentido si se invierten las fracciones.

Dependiendo del número de incógnitas de la inecuación, sus soluciones pueden ser conjuntos de números reales (con frecuencia, intervalos), zonas de $\mathbb{R}^2$, zonas de $\mathbb{R}^3$,..., y para encontrarlas nos valdremos indistintamente de medios analíticos o geométricos.

A continuación veremos unos tipos de inecuaciones, sencillos de resolver.

3.4.2 Inecuaciones de grados uno y dos. Sistemas

Supongamos que una inecuación tras transformaciones adecuadas se puede escribir en la forma $f(x) > 0$. Entonces diremos que la inecuación es:

(a) de primer grado en x, si $f(x) = ax + b$ con $a \neq 0$.

(b) de primer grado en x, y, si $f(x) = ax + by + c$, con $a \neq 0, b \neq 0$.

(c) de segundo grado en x, si $f(x) = ax^2 + bx + c$, con $a \neq 0$.

El lector puede imaginar otros tipos de inecuaciones, así como una adecuada denominación. Las denominaciones se mantienen si en la inecuación $f(x) > 0$, se reemplaza el signo $>$ por otra desigualdad.

Cuando se satisfacen simultáneamente un conjunto de inecuaciones del mismo tipo, se tiene un **sistema de inecuaciones** de dicho tipo.

3.4.3 Inecuaciones en valor absoluto

Recordemos que el **valor absoluto** de un número real x, escrito $|x|$, es la magnitud que éste posee prescindiendo de su signo; así, por ejemplo, $|-3| = 3$ y $|5.2| = 5.2$ (véase su definición formal en el Ejercicio 7.12).

Las inecuaciones en las que interviene el valor absoluto de una función son frecuentes en las ciencias. Para su resolución hemos de tener presente que escribir $|f(x)| \leq k$ (con $k > 0$) es equivalente a que se satisfaga al mismo tiempo $-k \leq f(x) \leq k$, lo cual conduce al sistema

$$\begin{cases} f(x) & \leq & k \\ f(x) & \geq & -k \end{cases}$$

Si denominamos A al conjunto solución de $|f(x)| \leq k$ es obvio que $\mathbb{R} - A$ es el conjunto solución de $|f(x)| > k$.

Observación. La inecuación $|f(x)| \geq k$ equivale a escribir $f(x) \geq k$ ó $f(x) \leq -k$ (lo cual no constituye un sistema), por lo que la solución de $|f(x)| \geq k$ es la unión de los conjuntos solución de $f(x) \geq k$ y $f(x) \leq -k$. La situación es similar para las desigualdades estrictas.

3.5   EJERCICIOS

3.1 Resolver la ecuación (polinómica de primer grado) $4x + \dfrac{1}{2} = 2x - \dfrac{7}{2}$.

Solución:

La ecuación $4x + \dfrac{1}{2} = 2x - \dfrac{7}{2}$ es equivalente a $4x - 2x = -\dfrac{7}{2} - \dfrac{1}{2}$. Por tanto,

$2x = -\dfrac{8}{2} = -4$, y en consecuencia $x = -\dfrac{4}{2} = -2$.

3.2 Clasificar y resolver la ecuación polinómica $(x + 1)(x + 2) = x^2 + 7$.

Solución:

La ecuación anterior se puede escribir como $x^2 + 3x + 2 = x^2 + 7$, que simplificada queda $3x = 7 - 2 = 5$. Obviamente, se trata de una ecuación de primer grado, y su solución es $x = \dfrac{5}{3}$.

3.3 Si a la sexta parte de los años que tenía hace dos años le sumo la tercera parte de los que tendré el próximo año, me faltarían 7 para que sumaran mi edad actual. ¿Cuántos años tengo?

Solución:

Designemos por x la edad (en años) que tengo. Atendiendo al enunciado se tiene la ecuación $\dfrac{x - 2}{6} + \dfrac{x + 1}{3} + 7 = x$.

Como el m.c.m$(3, 6) = 6$, entonces multiplicando ambos miembros de la ecuación por 6 se tiene $6(\dfrac{x - 2}{6}) + 6(\dfrac{x + 1}{3}) + 42 = 6x$, es decir, $x - 2 + 2x + 2 + 42 = 6x$.

Simplificando se tiene $-3x = -42$. Por tanto, $x = \dfrac{-42}{-3} = 14$ (años).

3.4 Resolver la ecuación $-2x^3 - 8x^2 - 8x = 0$.

Solución:

Podemos escribir $-2x^3 - 8x^2 - 8x = -2x(x^2 + 4x + 4) = 0$.

Por tanto las soluciones se deducen de $x = 0$ y $x^2 + 4x + 4 = 0$. Como $x^2 + 4x + 4 = (x + 2)^2$, entonces las raíces son $x = 0$ (simple), y $x = -2$ (doble).

3.5 En una granja se sabe que hay conejos y gallinas en igual número. La suma de las patas de todos los animales es igual al producto del número de conejos por el número de gallinas. ¿Cuántos conejos (y gallinas) hay?

Solución:

Sea x = número de conejos = número de gallinas. Atendiendo al enunciado se tiene que $4x + 2x = x \cdot x$, es decir, $x^2 - 6x = 0$. Por tanto $x(x - 6) = 0$. Lo que nos lleva a que la solución es $x = 6$, pues la solución $x = 0$ se desecha por la naturaleza del problema.

3.6 Un proyectil se lanza desde el origen de coordenadas de manera que la altura que alcanza en función del tiempo t en segundos viene dada por $y(t) = 50t - \frac{1}{2}gt^2$, donde tomamos $g = 10$. ¿Cuánto tiempo tarda en caer el proyectil?

Solución:

El proyectil ha caído cuando después de lanzarse su altura es cero. Así pues, $50t - \frac{1}{2}gt^2 = 0$, es decir, $50t - 5t^2 = 0$, o sea, $5t(10 - t) = 0$. Por tanto, la solución es $t = 10$ (segundos). Desechamos $t = 0$, por la naturaleza del problema.

3.7 Resolver las ecuaciones racionales (i) $\dfrac{x^2 - 1}{x^2 + 1} = 0$ (ii) $\dfrac{x^2 - 1}{x - 1} = 0$

Solución:

(i) Para hallar las soluciones de $\dfrac{x^2 - 1}{x^2 + 1} = 0$ hacemos $x^2 - 1 = 0$, cuyas soluciones son $x = 1$, $x = -1$. Ambas son válidas pues no anulan al denominador.

(ii) Observemos que esta ecuación carece de sentido en $x = 1$, pues anula el denominador.

Para hallar las soluciones de $\dfrac{x^2 - 1}{x - 1} = 0$, hacemos de nuevo $x^2 - 1 = 0$. En este caso $x = 1$ no es solución válida. La única solución es $x = -1$. (En este caso se podría haber escrito la ecuación en la forma $\dfrac{(x + 1)(x - 1)}{x - 1} = 0$, que conduce por simplificación a $x + 1 = 0$, y por tanto a la solución $x = -1$).

3.8 Resolver la ecuación racional $\dfrac{x^2 - 2x + 1}{x^2 + 1} = 0$.

Solución:

La ecuación se puede escribir $\dfrac{(x - 1)^2}{x^2 + 1} = 0$, y como el denominador nunca se anula entonces ha de ser $(x - 1)^2 = 0$, por lo que la solución es $x = 1$ (doble).

3.9 Resolver la ecuación racional $\dfrac{1}{x^2 - 1} = 1 - \dfrac{2}{x + 1}$.

Solución:

El m.c.m$(x^2 - 1, x + 1) = x^2 - 1$. Por tanto multiplicando ambos miembros de la ecuación por $x^2 - 1$ se tiene $1 = x^2 - 1 - 2(x - 1)$, es decir, $x^2 - 2x = 0$.

Se puede escribir como $x(x - 2) = 0$, y por tanto, las soluciones son $x = 0$ $x = 2$. (Obsérvese que estas raíces no anulan ninguno de los denominadores.)

3.10 Resolver la ecuación racional $x - 5 = -\dfrac{6}{x}$.

Solución:

La ecuación dada se puede escribir después de multiplicar por x como $x^2 - 5x = -6$, es decir, $x^2 - 5x + 6 = 0$.

Las soluciones de esta última ecuación son $x = 2$ y $x = 3$, que sustituyendo en la ecuación inicial se observa que son válidas.

3.11 Resolver la ecuación racional $\dfrac{2x}{x+1} = \dfrac{4}{x^2-1}$.

Solución:

El m.c.m$(x+1, x^2-1) = x^2-1$. Así pues multiplicando ambos miembros de la ecuación por $x^2 - 1$ (y recordando que $x^2 - 1 = (x+1)(x-1)$) se tiene:

$$2x(x-1) = 4 \text{ es decir } 2x^2 - 2x - 4 = 0, \text{ que equivale a } x^2 - x - 2 = 0$$

Las soluciones de esta última ecuación son $x = -1$ y $x = 2$. La solución $x = 2$ es válida como se observa sustituyendo este valor en la ecuación inicial. La solución $x = -1$ es extraña, dado que no tiene sentido en la ecuación inicial puesto que anula el denominador del primer miembro.

3.12 Resolver la ecuación racional $\dfrac{6x+1}{x^2-4} = \dfrac{x+1}{x+2} + \dfrac{x}{x-2}$.

Solución:

El segundo miembro de la ecuación vale

$$\frac{(x+1)(x-2) + x(x+2)}{(x+2)(x-2)} = \frac{2x^2 + x - 2}{(x+2)(x-2)}.$$

En consecuencia, la ecuación dada se puede escribir

$$\frac{6x+1}{(x+2)(x-2)} = \frac{2x^2 + x - 2}{(x+2)(x-2)},$$

es decir, $6x + 1 = 2x^2 + x - 2$, que conduce a la ecuación $2x^2 - 5x - 3 = 0$, cuyas soluciones son $x = 3, x = -\dfrac{1}{2}$. Se puede verificar que ambas son válidas.

3.13 Resolver la ecuación racional $\dfrac{4x}{x^2-1} - \dfrac{4}{x+1} = \dfrac{25}{x^2-1}$.

Solución:

Como el m.c.m$(x^2-1, x+1) = x^2-1$, entonces multiplicando los dos miembros de la ecuación por $x^2 - 1$ (y recordando que $x^2 - 1 = (x+1)(x-1)$) se tiene:

$$4x - 4(x-1) = 25, \text{ de donde se deduce que } 4 = 25,$$

lo cual es una contradicción, con lo que la ecuación racional no tiene solución.

3.14 Dos caños A y B llenan juntos una piscina P en dos horas. El caño A lo hace por sí solo en tres horas menos que B. ¿Cuántas horas tarda en llenarlo cada uno separadamente?

Solución:

Sea x el número de horas que tarda A en llenar P. Entonces el número de horas que tardará B es de $x + 3$.

En 1 hora A llena $\dfrac{P}{x}$, y B llena $\dfrac{P}{x+3}$.

Como los dos caños juntos tardan dos horas en llenar P ello significa que en una hora llenan la mitad de P, es decir, $\dfrac{P}{2}$.

Así pues se ha de verificar que:

$$\frac{P}{2} = \frac{P}{x} + \frac{P}{x+3}, \text{ es decir, } \frac{1}{2} = \frac{1}{x} + \frac{1}{x+3}.$$

Multiplicando ambos miembros de la última ecuación por m.c.m$(x, x+3) = x(x+3)$, se tiene $\dfrac{x(x+3)}{2} = x+3+x$, o sea, $x^2 - x - 6 = 0$, cuyas raíces son $x = 3, x = -2$. Desechamos $x = -2$ por la naturaleza del problema. Así pues, A tarda 3 horas y B tarda 6 horas.

3.15 Resolver la ecuación irracional $x - 1 = \sqrt{x^2 - 25}$.

Solución:

Elevando al cuadrado ambos miembros de la ecuación se tiene

$$x^2 - 2x + 1 = x^2 - 25 \text{ es decir } -2x = -26 \text{ por tanto } x = 13.$$

Se verifica fácilmente que es una solución válida.

3.16 Resolver la ecuación irracional $\sqrt{2x - 3} + 1 = x$.

Solución:

Reescribiendo la ecuación en la forma $\sqrt{2x - 3} = x - 1$, y elevando al cuadrado ambos miembros se tiene,

$$2x - 3 = x^2 - 2x + 1, \text{ es decir, } x^2 - 4x + 4 = 0$$

cuya solución (doble) es $x = 2$, y se verifica fácilmente que es solución de la ecuación inicial.

3.17 Resolver la ecuación irracional $\sqrt{x + 3} - 1 = x$.

Solución:

Escribiendo la ecuación en la forma $\sqrt{x + 3} = x + 1$, y elevando al cuadrado ambos miembros se tiene,

$$x + 3 = x^2 + 2x + 1, \text{ es decir, } x^2 + x - 2 = 0.$$

Las soluciones de esta última ecuación son $x = 1, x = -2$. La solución $x = 1$ lo es de la ecuación inicial, pues cumple $\sqrt{1 + 3} - 1 = 1$.

Sin embargo $x = -2$ es una solución extraña pues no verifica la ecuación inicial. En efecto, $\sqrt{-2 + 3} - 1 \neq -2$. Así pues la única solución es $x = 1$.

3.18 Resolver la ecuación $\sqrt{2x + 7} - \sqrt{x} = 2$.

Solución:

La ecuación se escribe $\sqrt{2x + 7} = \sqrt{x} + 2$. Elevando al cuadrado ambos miembros se tiene $2x + 7 = x + 4\sqrt{x} + 4$.

Se aísla de nuevo el radical y se escribe la ecuación en la forma $x + 3 = 4\sqrt{x}$. Elevando al cuadrado los dos miembros, queda

$$x^2 + 6x + 9 = 16x, \text{ es decir, } x^2 - 10x + 9 = 0$$

cuyas soluciones son $x = 1, x = 9$. Fácilmente se verifica que ambas son solución de la ecuación.

3.19 Una pluma y dos bolígrafos cuestan 20 euros, mientras que dos plumas y un bolígrafo cuestan 25 euros. Hallar el precio de la pluma y el bolígrafo. Resuelve el sistema correspondiente por (a) *sustitución*, (b) *igualación* y (c) *reducción*.

Solución:

Sea x el precio de la pluma e y el precio del bolígrafo. Por el enunciado se tiene

$$\begin{cases} x + 2y = 20 \\ 2x + y = 25 \end{cases}$$

(a) De la segunda ecuación se tiene $y = 25 - 2x$. Sustituyendo y en la primera ecuación y haciendo cálculos, se tiene sucesivamente,

$$\begin{aligned} x + 2(25 - 2x) &= 20 \\ 50 - 3x &= 20 \\ 3x &= 30, \quad \text{y por tanto, } x = 10. \end{aligned}$$

Finalmente se tiene $y = 25 - 2 \cdot 10 = 5$ euros.

(b) Del sistema inicial se desprende el sistema $\begin{cases} y = \dfrac{20 - x}{2} \\ y = 25 - 2x \end{cases}$.

Igualando los segundos miembros y haciendo cálculos se tiene

$$\frac{20 - x}{2} = 25 - 2x, \text{ es decir, } 20 - x = 50 - 4x, \text{ con lo cual } 3x = 30,$$

y por tanto, $x = 10$ euros. Finalmente $y = 25 - 2 \cdot 10 = 5$ euros.

(c) El sistema inicial equivale al sistema $\begin{cases} -2x - 4y &= -40 \\ 2x + y &= 25 \end{cases}$.

Sumando ambas ecuaciones se obtiene $-3y = -15$, es decir, $y = 5$ euros.

El sistema inicial es también equivalente a $\begin{cases} x + 2y &= 20 \\ -4x - 2y &= -50 \end{cases}$.

Sumando las dos ecuaciones se tiene $-3x = -30$, es decir $x = 10$ euros.

3.20 Clasificar y resolver, en su caso, los sistemas

$$\text{(i)} \begin{cases} x + 2y = 20 \\ 2x + y = 25 \\ 5x + y = 55 \end{cases} \qquad \text{(ii)} \begin{cases} x + 2y = 20 \\ 2x + y = 25 \\ 5x + y = 10 \end{cases}$$

Solución:

En ambos casos las dos primeras ecuaciones constituyen el sistema

$$\begin{cases} x + 2y = 20 \\ 2x + y = 25 \end{cases}$$

cuya solución es, según el ejercicio anterior, $x = 10, y = 5$.

(i) Si sustituimos $x = 10, y = 5$ en la tercera ecuación vemos que ésta se verifica. En efecto, $5 \cdot 10 + 5 = 55$. Así pues, el sistema es compatible y determinado. La solución es $x = 10, y = 5$.

(ii) Al sustituir $x = 10, y = 5$ en la tercera ecuación ésta no se verifica. En efecto, $5 \cdot 10 + 5 \neq 10$. El sistema es por tanto incompatible.

3.21 Hallar el valor de a para que el siguiente sistema sea compatible

$$\left\{\begin{array}{rcrcr} x & + & 2y & = & 20 \\ 2x & + & y & = & 25 \\ -x & + & 2ay & = & -5 \end{array}\right.$$

Solución:

En el Ejercicio 3.19 hemos visto que la solución del sistema dado por $\left\{\begin{array}{l} x+2y=20 \\ 2x+y=25 \end{array}\right.$
es $x=10$ e $y=5$.

Para que el sistema sea compatible estos valores deben satisfacer la última ecuación, es decir, $-10+2a5=-5$, es decir, $10a=5$, y por tanto, $a=\dfrac{1}{2}$.

3.22 Clasificar y resolver el siguiente sistema según los valores del parámetro real a

$$\left\{\begin{array}{rcrcr} 2x & + & 3y & = & a \\ 2x & - & ay & = & 5 \\ x & + & 2y & = & 0 \end{array}\right.$$

Solución:

Para mayor sencillez de los cálculos nombraremos las ecuaciones del sistema como sigue

$$\begin{array}{l} (1^{a}) \\ (2^{a}) \\ (3^{a}) \end{array} \left\{\begin{array}{rcrcr} x & + & 2y & = & 0 \\ 2x & + & 3y & = & a \\ 2x & - & ay & = & 5 \end{array}\right.$$

Por aplicación del método de Gauss se tiene

$$\begin{array}{l} \\ (2^{a})'=(2^{a})-2(1^{a}) \\ (3^{a})'=(3^{a})-2(1^{a}) \end{array} \left\{\begin{array}{rcrcr} x & + & & 2y & = & 0 \\ & & & -y & = & a \\ & & (-a-4)y & = & 5 \end{array}\right.$$

El sistema es compatible si y sólo si en el siguiente paso del proceso de Gauss se llega a la identidad $0=0$ ó, equivalentemente, a que la segunda y tercera ecuación sean *proporcionales*. Evidentemente, escribir esta última condición parece más sencillo, lo que conduce a $\dfrac{-1}{-a-4}=\dfrac{a}{5}$, es decir, $a(a+4)=5$, y por tanto $a^2+4a-5=0$.
Las raíces de esta ecuación son $a=1$, $a=-5$.

Así pues, si $a \neq 1, -5$ el sistema es incompatible.

Para $a=1, -5$ el sistema es de rango dos, y como posee dos incógnitas es compatible y determinado. Veamos en cada uno de estos dos casos la solución.

Para $a=1$ el sistema adopta la forma

$$\left\{\begin{array}{rcrcr} x & + & 2y & = & 0 \\ & & -y & = & 1 \end{array}\right.$$

cuya solución es $y=-1, x=2$.

Para $a=-5$ el sistema adopta la forma

$$\left\{\begin{array}{rcrcr} x & + & 2y & = & 0 \\ & & -y & = & -5 \end{array}\right.$$

cuya solución es $y=5, x=-10$.

3.23 Clasificar y resolver el sistema $\begin{cases} x & + & y & = & 0 \\ x & + & ay & = & 0 \end{cases}$.

Solución:

Por aplicación del método de Gauss, restando ambas ecuaciones, el sistema es equivalente a

$$\begin{cases} x & + & & y & = & 0 \\ & & (a-1)y & = & 0 \end{cases} .$$

Si $a \neq 1$ entonces el sistema es de rango dos, con lo que éste coincide con el número de incógnitas, por tanto la solución única es $x = y = 0$.

Si $a = 1$ la segunda ecuación es en realidad la identidad $0y = 0$ por lo que el sistema dado equivale a $x+y = 0$, y por tanto el rango del sistema es uno. Así pues, el sistema es indeterminado, y posee infinitas soluciones que dependen de una incógnita. En efecto, las soluciones se pueden escribir en la forma $x = -y$, donde $y \in \mathbb{R}$.

3.24 Resolver el sistema lineal siguiente $\begin{cases} x & - & 2y & - & 6z & = & 2 \\ x & + & y & + & z & = & 0 \\ -2x & + & y & + & 3z & = & -4 \end{cases}$.

Solución:

Resolvemos el sistema por el método de Gauss:

$$\begin{array}{l} (1^a) \\ (2^a) \\ (3^a) \end{array} \begin{cases} x & - & 2y & - & 6z & = & 2 \\ x & + & y & + & z & = & 0 \\ -2x & + & y & + & 3z & = & -4 \end{cases}$$

$$\begin{array}{l} \\ (2^a)' = (2^a) - (1^a) \\ (3^a)' = (3^a) + 2(1^a) \end{array} \begin{cases} x & - & 2y & - & 6z & = & 2 \\ & & 3y & + & 7z & = & -2 \\ & & -3y & - & 9z & = & 0 \end{cases}$$

$$\begin{array}{l} \\ (3^a)' + (2^a)' \end{array} \begin{cases} x & - & 2y & - & 6z & = & 2 \\ & & 3y & + & 7z & = & -2 \\ & & & & -2z & = & -2 \end{cases}$$

De la última ecuación se deduce $z = 1$, y por sustitución regresiva, $y = -3, x = 2$.

3.25 Resolver el sistema lineal siguiente, y dar una solución particular.

$$\begin{cases} x & - & y & + & 2z & = & 3 \\ 2x & - & y & + & z & = & 5 \\ x & + & 2y & - & 7z & = & 0 \end{cases}$$

Solución:

Apliquemos el método de Gauss, como el ejercicio anterior:

$$\begin{array}{l} (1^a) \\ (2^a) \\ (3^a) \end{array} \begin{cases} x & - & y & + & 2z & = & 3 \\ 2x & - & y & + & z & = & 5 \\ x & + & 2y & - & 7z & = & 0 \end{cases}$$

$$\begin{array}{l} \\ (2^a)' = (2^a) - 2(1^a) \\ (3^a)' = (3^a) - (1^a) \end{array} \begin{cases} x & - & y & + & 2z & = & 3 \\ & & y & - & 3z & = & -1 \\ & & 3y & - & 9z & = & -3 \end{cases}$$

$$\begin{array}{l} \\ (3^a)' - 3(2^a)' \end{array} \begin{cases} x & - & y & + & z & = & 3 \\ & & y & - & 3z & = & -1 \\ & & & & 0 & = & 0 \end{cases}$$

Por tanto, el sistema inicial es equivalente al sistema de rango dos

$$\left\{ \begin{array}{rcrcrcr} x & - & y & + & 2z & = & 3 \\ & & y & - & 3z & = & -1 \end{array} \right..$$

De la segunda ecuación se obtiene $y = -1 + 3z$ que, sustituyendo en la primera, permite obtener $x = 2 + z$, en donde z puede ser cualquier número real, por lo que el sistema (que resulta compatible e indeterminado) posee infinitas soluciones que dependen de la incógnita z, y se expresan:

$$x = 2 + z, \qquad y = -1 + 3z, \qquad z \in \mathbb{R}$$

(El lector debe saber que ésta es sólo una de las muchas maneras de ofrecer las soluciones). Dando valores a z se obtienen *soluciones particulares*. Así si $z = 1$, una solución particular es

$$x = 3, \ y = 2, \ z = 1$$

3.26 Resolver el siguiente sistema lineal $\left\{ \begin{array}{rcrcrcr} x & - & y & + & z & = & 3 \\ 2x & + & y & - & z & = & 5 \\ x & + & 5y & - & 5z & = & -2 \end{array} \right..$

Solución:

Apliquemos de nuevo el método de Gauss

$$\begin{array}{l} (1^a) \\ (2^a) \\ (3^a) \end{array} \left\{ \begin{array}{rcrcrcr} x & - & y & + & z & = & 3 \\ 2x & + & y & - & z & = & 5 \\ x & + & 5y & - & 5z & = & -2 \end{array} \right.$$

$$\begin{array}{l} \\ (2^a)' = (2^a) - 2(1^a) \\ (3^a)' = (3^a) - (1^a) \end{array} \left\{ \begin{array}{rcrcrcr} x & - & y & + & z & = & 3 \\ & & 3y & - & 3z & = & -1 \\ & & 6y & - & 6z & = & -5 \end{array} \right.$$

$$\begin{array}{l} \\ (3^a)' - 2(2^a)' \end{array} \left\{ \begin{array}{rcrcrcr} x & - & y & + & z & = & 3 \\ & & 3y & - & 3z & = & -1 \\ & & & & 0 & = & -3 \end{array} \right.$$

Se observa que el último sistema es incompatible, es decir, no admite solución.

3.27 Clasificar y resolver el sistema homogéneo siguiente según los valores de $a \in \mathbb{R}$

$$\left\{ \begin{array}{rcrcrcrcr} x & + & y & + & z & & & = & 0 \\ & & y & - & z & + & t & = & 0 \\ -x & + & y & - & 3z & + & at & = & 0 \end{array} \right.$$

Solución:

El sistema es compatible, para cualquier valor de a, por ser homogéneo. Por aplicación del proceso de Gauss se tienen los sistemas equivalentes

$$\begin{array}{l} (1^a) \\ (2^a) \\ (3^a) \end{array} \left\{ \begin{array}{rcrcrcrcr} x & + & y & + & z & & & = & 0 \\ & & y & - & z & + & t & = & 0 \\ -x & + & y & - & 3z & + & at & = & 0 \end{array} \right.$$

$$\begin{array}{l} \\ (3^a)' = (3^a) + (1^a) \end{array} \left\{ \begin{array}{rcrcrcrcr} x & + & y & + & z & & & = & 0 \\ & & y & - & z & + & t & = & 0 \\ & & 2y & - & 2z & + & at & = & 0 \end{array} \right.$$

$$(3^a)'' = (3^a)' - 2(2^a) \begin{cases} x & + & y & + & z & & & = & 0 \\ & & y & - & z & + & t & = & 0 \\ & & & & & (a-2)t & = & 0 \end{cases}$$

Si $a = 2$ entonces el sistema inicial equivale al sistema

$$\begin{cases} x & + & y & + & z & & = & 0 \\ & & y & - & z & + & t & = & 0 \end{cases}$$

que es de rango dos, por lo que existirán infinitas soluciones que dependen de dos incógnitas, como pasamos a ver, escribiendo el sistema en la forma

$$\begin{cases} x & + & y & = & -z \\ & & y & = & z - t \end{cases}.$$

Sustituyendo el valor de y en la primera ecuación se tiene $x = -2z + t$. Así pues las soluciones, para $a = 2$ son

$$x = -2z + t, \qquad y = z - t, \qquad z, t \in \mathbb{R}.$$

Si $a \neq 2$ el rango del sistema es 3, por lo que existirán infinitas soluciones que dependan de una incógnita. En efecto, de la ecuación $(3^a)''$ se deduce que $t = 0$, por lo que en la segunda ecuación se tiene $y - z = 0$, es decir, $y = z$, y sustituyendo este valor en la 1ª ecuación se tiene $x + z + z = 0$ es decir $x = -2z$. Así pues las soluciones para $a \neq 2$, son:

$$x = -2z, \qquad y = z, \qquad t = 0 \text{ con } z, \in \mathbb{R}.$$

Nota. La condición para que el sistema inicial sea de rango dos es que la ecuación $(3^a)''$ sea nula, pero ello equivale a que las ecuaciones (2^a) y $(3^a)'$ sean proporcionales, es decir, que se verifique $\dfrac{1}{2} = \dfrac{-1}{-2} = \dfrac{1}{a}$, lo cual sucede si y sólo si $a = 2$, como ya sabíamos.

3.28 Resolver el sistema no lineal $\begin{cases} \sqrt{xy} & = & x \\ x + y & = & 2 \end{cases}$.

Solución:

Si elevamos los dos miembros de la primera ecuación al cuadrado nos queda que $xy = x^2$, y si dividimos por x se tiene $y = x$. Al sustituir $y = x$ en la segunda ecuación se obtiene $2x = 2$ es decir $x = 1$, y por tanto $y = 1$.

Como se ha dividido por la función $h(x) = x$, hemos de ver, según la Nota 3.1.5, si $x = 0$ (que pertenece al dominio de las funciones que aparecen en el sistema) es solución o no lo es. Obviamente $x = 0$ es solución, pues en la segunda ecuación se debe tener $y = 2$, y sustituidos ambos valores en la primera ecuación se tiene $\sqrt{0 \cdot 2} = 0$, que es una identidad. Así pues la otra solución es $x = 0, y = 2$.

3.29 Resolver (i) $-2x + 1 < 8$ (ii) $-2x + 1 > -8$

Solución:

(i) La inecuación $-2x + 1 < 8$ es equivalente a $-2x < 7$, y por tanto, la solución es $x > -\dfrac{7}{2}$, es decir, el intervalo $]-3.5, +\infty[$.

(ii) La inecuación $-2x + 1 > -8$ es equivalente a $-2x > -9$, y por tanto, la solución es $x < \dfrac{9}{2}$, es decir, el intervalo $]-\infty, 4.5[$.

3.30 Resolver   (i) $x^2 - x - 2 \geq 0$ (ii) $x^2 - x - 2 < 0$

Solución:

Por observación de la gráfica de la parábola $f(x) = x^2 - x - 2$ (ver Ejercicio 2.6), se tiene:

(i) El conjunto solución de la inecuación $f(x) \geq 0$ se corresponde con los puntos donde la gráfica de f está por encima del eje OX, y en los puntos de corte con dicho eje, por lo que la solución es $]-\infty, -1] \cup [2, +\infty[$.

(ii) El conjunto solución de $f(x) < 0$, con un argumento similar al anterior es $]-1, 2[$.

3.31 Resolver analíticamente   (i) $x^2 - 2x > 0$ (ii) $x^2 - 2x < 0$

Solución:

(i) Teniendo en cuenta que $x^2 - 2x = x(x - 2)$, la inecuación se puede escribir $x(x - 2) > 0$. Para que se satisfaga debe suceder que se satisfaga alguno de los dos sistemas siguientes

$$\left\{ \begin{array}{ccc} x & > & 0 \\ x - 2 & > & 0 \end{array} \right. , \qquad \left\{ \begin{array}{ccc} x & < & 0 \\ x - 2 & < & 0 \end{array} \right. .$$

El sistema de la izquieda equivale a $\left\{ \begin{array}{l} x > 0 \\ x > 2 \end{array} \right.$ cuya solución es $x > 2$, es decir, el intervalo $]2, +\infty[$. Análogamente la solución del sistema de la derecha es $]-\infty, 0[$. Por lo tanto la solución de dicha inecuación es $]-\infty, 0[\cup]2, +\infty[$.

(El lector podría haber llegado rápidamente a esa conclusión tras dibujar la parábola $f(x) = x^2 - 2x$. Véase Figura 3.1).

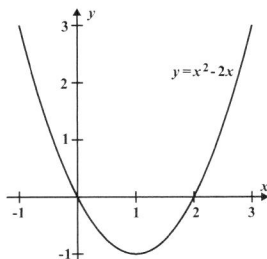

Figura 3.1: Gráfica de la parábola $f(x) = x^2 - 2x$.

(ii) Con un razonamiento similar al anterior se obtiene que el conjunto solución de este caso es $]0, 2[$.

Obsérvese que las raíces de la ecuación $x^2 - 2x = 0$ (que son $x = 0, x = 2$), es decir, los puntos de corte con el eje OX, no pertenecen a la solución de esta inecuación ni tampoco a la del apartado (i).

3.32 Resolver   (i) $2y + x \geq 2x - 3$ (ii) $y - x < x + 3$

Solución:

Ambas inecuaciones son de primer grado en las incógnitas x e y. Les daremos solución gráfica en el plano.

(i) La inecuación puede escribir como $2y \geq x - 3$, es decir, $y \geq \dfrac{x}{2} - \dfrac{3}{2}$, por lo que la solución es el semiplano superior que define la recta $y = \dfrac{x}{2} - \dfrac{3}{2}$, incluyendo ésta.

(ii) La inecuación se puede escribir $y < 2x + 3$, por lo que la solución es el semiplano inferior que define la recta $y = 2x + 3$, sin incluir a ésta.

3.33 Resolver el sistema de inecuaciones de primer grado

$$\begin{cases} 2y & + & x & \geq & 2x & - & 3 \\ y & - & x & < & x & + & 3 \end{cases}$$

Solución:
Atendiendo al ejercicio anterior y al Ejercicio 2.1, la solución es la superficie comprendida entre las rectas $y = \dfrac{x}{2} - \dfrac{3}{2}$ e $y = 2x + 3$ incluyendo sólo la recta primera (ver Figura 3.2).

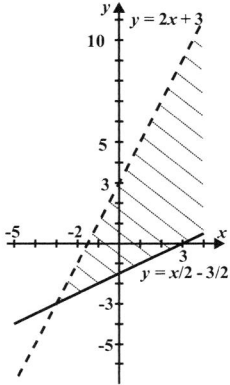

Figura 3.2: Región solución.

3.34 Resolver (i) $|-2x + 1| < 8$ (ii) $|-2x + 1| \geq 8$

Solución:
(i) La inecuación se puede escribir $-8 < -2x + 1 < 8$ lo cual equivale al sistema

$$\begin{cases} -2x + 1 & < & 8 \\ -2x + 1 & > & -8 \end{cases}$$

Del Ejercicio 3.29 se deduce que la solución para cada una de las dos inecuaciones es $]-3.5, +\infty[$, y $]-\infty, 4.5[$, respectivamente, por lo que la solución es el intervalo común $]-3.5, 4.5[$.

(ii) El conjunto solución de la inecuación $|-2x + 1| \geq 8$ es el complementario (respecto de $\mathbb{R}$) del conjunto solución del anterior apartado, es decir, $]-\infty, -3.5] \cup [4.5, +\infty[$.

Capítulo 4

CÓNICAS

En este capítulo se estudian las cónicas en su forma reducida (salvo la parábola vista en el Capítulo 2): la circunferencia, la elipse y la hipérbola.

4.1 CÓNICAS

4.1.1 Distancia entre dos puntos

Se define la **distancia** entre dos puntos del plano $A(a_1, a_2)$ y $B(b_1, b_2)$, denotada $d(A, B)$, como la longitud del segmento AB y que, por aplicación del Teorema de Pitágoras (ver Figura 4.1), es:

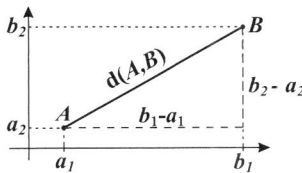

$$d(A, B) = \sqrt{(b_1 - a_1)^2 + (b_2 - a_2)^2} \quad (4.1)$$

Figura 4.1: Distancia entre dos puntos.

4.1.2 Punto medio de un segmento

El **punto medio** $P(p_1, p_2)$ del segmento de extremos $A(a_1, a_2)$ y $B(b_1, b_2)$ es aquél que tiene por coordenadas $p_1 = \dfrac{a_1 + b_1}{2}$ y $p_2 = \dfrac{a_2 + b_2}{2}$. En el Ejercicio 4.1 se justifica su denominación.

4.1.3 Cónicas

Superficie cónica de revolución es la superficie engendrada por una recta llamada generatriz que gira alrededor de otra recta (eje de rotación) a la que corta en un punto llamado vértice.

Cónicas son las curvas resultantes de la intersección de una superficie cónica de revolución con un plano (véase Figura 4.2). Éstas son: circunferencia, elipse, hipérbola y parábola. La parábola fue estudiada en el Capítulo 2. En el presente capítulo estudiaremos las restantes cónicas a través de su definición como lugares geométricos de puntos del plano.

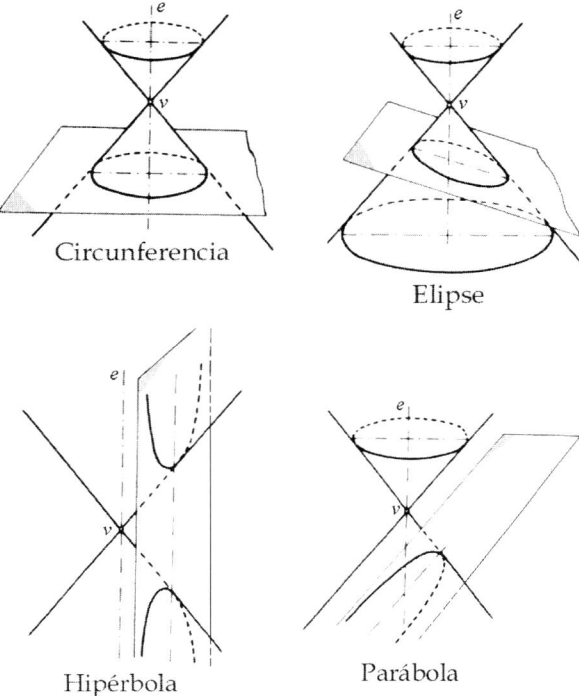

Figura 4.2: Cónicas resultantes de la intersección de una superficie cónica de revolución con un plano.

4.1.4   Descripción de las cónicas

Considérese un plano secante a una superficie cónica:

(a) Si el plano secante es perpendicular al eje de la superficie cónica y no pasa por el vértice, la intersección es una curva cerrada llamada circunferencia.

(b) Si el plano secante es oblicuo al eje de la superficie cónica, que corta a todas sus generatrices y no pasa por el vértice, la intersección es una curva cerrada que se denomina elipse.

(c) Si el plano secante es paralelo al eje de la superficie cónica, la intersección es una curva, que consta de dos partes, llamada hipérbola.

(d) Si el plano secante es oblicuo al eje y paralelo a una generatriz, la intersección es una curva abierta denominada parábola.

4.2   LA CIRCUNFERENCIA

4.2.1   La circunferencia

Circunferencia es el conjunto de puntos del plano que están a igual distancia r de un punto fijo C (ver Figura 4.3).

A C y r se les denomina **centro** y **radio** de la circunferencia, respectivamente.

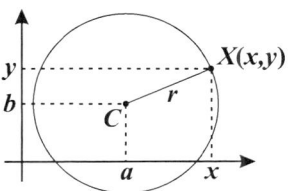

Figura 4.3: Circunferencia con centro C y radio r.

Si $X(x,y)$ es un punto cualquiera de la circunferencia de centro $C(a,b)$ y radio r, verificará $d(X,C) = r$, y del punto 4.1.1, de manera inmediata (como se deduce de la figura adjunta) se obtiene la **ecuación general de la circunferencia** de centro (a,b) y radio r:

$$(x-a)^2 + (y-b)^2 = r^2 \tag{4.2}$$

Esta ecuación se puede escribir, después de desarrollar los cuadrados, en la forma

$$x^2 + y^2 - 2ax - 2by + a^2 + b^2 - r^2 = 0$$

Recíprocamente, por identificación de coeficientes se concluye que una ecuación de la forma

$$Ax^2 + Ay^2 + Bx + Cy + D = 0 \tag{4.3}$$

es una circunferencia de centro $C\left(\dfrac{-B}{2A}, \dfrac{-C}{2A}\right)$ y radio $r = \dfrac{\sqrt{B^2 + C^2 - 4AD}}{2A}$ siempre que $B^2 + C^2 - 4AD > 0$.

4.2.2   Ejemplo

La ecuación de la circunferencia de centro $\left(1, -\dfrac{3}{2}\right)$ y radio 3 es

$$(x-1)^2 + \left(y + \frac{3}{2}\right)^2 = 3^2$$

Desarrollando cuadrados se tiene

$$x^2 - 2x + 1 + y^2 + 3y + \frac{9}{4} = 9$$

que conduce a

$$x^2 + y^2 - 2x + 3y - \frac{23}{4} = 0,$$

o bien, a

$$4x^2 + 4y^2 - 8x + 12y - 23 = 0.$$

4.2.3   Ecuación reducida de la circunferencia

Se denomina **ecuación reducida de la circunferencia** de radio r a aquélla que su centro es el origen $O(0,0)$ y que según (4.2) es

$$x^2 + y^2 = r^2. \tag{4.4}$$

Los puntos de corte de esta circunferencia con el eje OX son $(-r,0)$ y $(r,0)$, y con el eje OY son $(0,r)$ y $(0,-r)$ (ver Ejercicio 4.2).

4.3   LA ELIPSE

4.3.1   La elipse

Elipse es el conjunto de puntos del plano cuya suma de distancias a dos puntos fijos, F y F', (llamados **focos de la elipse**), es una constante, $2a$. Un punto X cualquiera de la elipse verifica en consecuencia

$$d(X, F) + d(X, F') = 2a \tag{4.5}$$

Es muy conocido el procedimiento práctico, utilizado por ejemplo en jardinería, para dibujar elipses: Tomando una cuerda de longitud l, sujeta por sus extremos a los focos F, y F', se va deslizando un instrumento de dibujo, de modo que se mantenga la cuerda tirante; según la definición el dibujo resultante es una elipse (ver Figura 4.4).

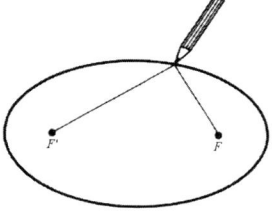

Figura 4.4: Procedimiento práctico para la construcción de una elipse.

Denominaremos **distancia focal**, que denotaremos por $2c$, a la distancia entre los focos. Así pues $d(F, F') = 2c$ (ver Figura 4.5). Obviamente hemos de exigir que $2c < 2a$, es decir $c < a$.

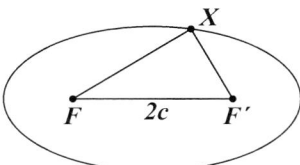

Figura 4.5: Elipse con sus correspondientes focos y distancia focal.

4.3.2 Ejemplo

Consideremos una elipse cuyos focos son $F(0,6)$, y $F'(-6,-6)$, respectivamente, y con $2a = 14$. Según (4.5) cualquier punto $X(x,y)$ de la elipse verificará

$$d((x,y),(0,6)) + d((x,y),(-6,-6)) = 14$$

y aplicando (4.1) la ecuación de dicha elipse es

$$\sqrt{(x-0)^2 + (y-6)^2} + \sqrt{(x+6)^2 + (y+6)^2} = 14$$

que tras laboriosos cálculos, similares a los de la Nota 4.3.4, se puede escribir

$$40x^2 + 13y^2 - 36xy + 240x - 108y + 164 = 0$$

y cuya gráfica puede observarse en la Figura 4.6.

La última ecuación presenta cierta compleji-dad que pretendemos salvar en el siguiente punto.

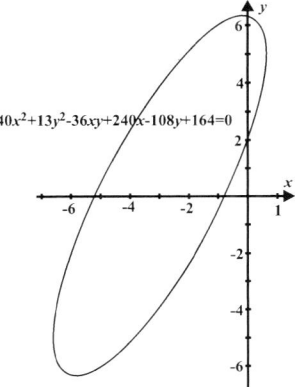

Figura 4.6: Gráfica de la elipse $40x^2 + 13y^2 - 36xy + 240x - 108y + 164 = 0$.

4.3.3 Ecuación reducida de la elipse

Vamos a hacer una selección adecuada del sistema de coordenadas para obtener una expresión sencilla de la ecuación de la elipse.

Consideremos un sistema cartesiano OXY del plano, con ejes perpendic-ulares, y de manera que los focos F y F' de la elipse están sobre el eje OX, y el origen de coordenadas O es el punto medio del segmento FF'. Tal elipse se dice que tiene su **centro** en el origen (véase Figura 4.7 (a)).

Por la elección de ejes, las coordenadas de los focos son $F(-c,0)$ y $F'(c,0)$ y de (4.5) y (4.1) se tiene que un punto $X(x,y)$ cualquiera de la elipse verificará

$$\sqrt{(x+c)^2 + y^2} + \sqrt{(x-c)^2 + y^2} = 2a \qquad (4.6)$$

de la que, tras laborioso cálculo, y denominando $b^2 = a^2 - c^2$ (obsérvese que $b < a$. Ver Ejercicio 4.15) se obtiene

$$\frac{x^2}{a^2} + \frac{y^2}{b^2} = 1 \qquad (4.7)$$

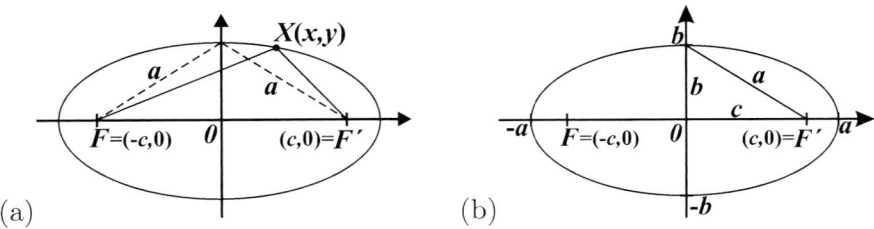

Figura 4.7: Gráfica de una elipse referida a sus ejes en (a), y a partir de su ecuación reducida en (b).

cuya gráfica se muestra en la Figura 4.7 (b).

La anterior expresión (4.7) se conoce como **ecuación reducida de la elipse** de semiejes a y b, pues como se verá en el Ejercicio 4.10 la elipse corta al eje OX en $A(-a,0)$ y $A'(a,0)$, y al eje OY en $B(0,b)$ y $B'(0,-b)$. Los puntos A y A' se llaman **vértices principales**, y los puntos B y B' **vértices secundarios**.

4.3.4   Nota

Para obtener (4.7) a partir de (4.6) puede procederse como sigue:

$$(x+c)^2 + y^2 = \left(2a - \sqrt{(x-c)^2 + y^2}\right)^2$$

Elevando al cuadrado se tiene

$$x^2 + 2xc + c^2 + y^2 = 4a^2 - 4a\sqrt{x^2 - 2xc + c^2 + y^2} + x^2 - 2xc + c^2 + y^2$$

que se escribe

$$x^2 + 2xc + c^2 + y^2 - \left(4a^2 + x^2 - 2xc + c^2 + y^2\right) = -4a\sqrt{x^2 - 2xc + c^2 + y^2}.$$

De manera sucesiva se obtiene:

$$
\begin{aligned}
4xc - 4a^2 &= -4a\sqrt{(x^2 - 2xc + c^2 + y^2)}, \\
\left(4xc - 4a^2\right)^2 &= \left(-4a\sqrt{(x^2 - 2xc + c^2 + y^2)}\right)^2, \\
16x^2c^2 - 32xca^2 + 16a^4 &= 16a^2\left(x^2 - 2xc + c^2 + y^2\right), \\
x^2c^2 - 2xca^2 + a^4 &= a^2\left(x^2 - 2xc + c^2 + y^2\right), \\
x^2c^2 - 2xca^2 + a^4 &= a^2x^2 - 2xca^2 + a^2c^2 + a^2y^2.
\end{aligned}
$$

Sacando factor común x^2 y ordenando las constantes llegamos a que

$$x^2(a^2 - c^2) + a^2y^2 = a^4 - a^2c^2 = a^2\left(a^2 - c^2\right).$$

Si llamamos $b^2 = a^2 - c^2$, se tiene que

$$b^2x^2 + a^2y^2 = a^2b^2,$$

y dividiendo la última igualdad por a^2b^2, llegamos a

$$\frac{x^2}{a^2} + \frac{y^2}{b^2} = 1.$$

4.3.5   Excentricidad de la elipse

Con la terminología del punto anterior se denomina **excentricidad de la elipse** a la razón

$$e = \frac{c}{a}.$$

Como $c < a$ se tiene que $0 \leq e < 1$.

Si $e = 0$ ello significa que $c = \sqrt{a^2 - b^2} = 0$, es decir, $a = b$ y, por tanto, la ecuación (4.7) adopta la forma $\dfrac{x^2}{a^2} + \dfrac{y^2}{a^2} = 1$, es decir, se trata de la circunferencia $x^2 + y^2 = a^2$.

La excentricidad proporciona información sobre la forma de la elipse como muestra la Figura 4.8.

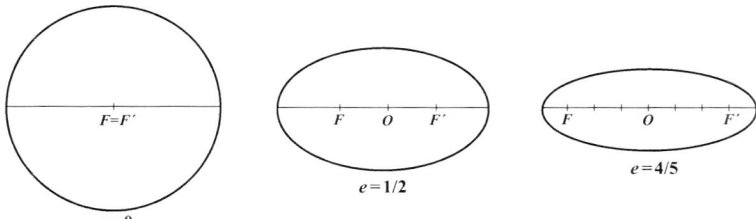

Figura 4.8: Diferentes valores de excentricidad de una elipse.

4.3.6   Ejemplo

Consideremos la elipse de centro el origen y semiejes $a = 2$ y $b = 1$. Su ecuación reducida es $\dfrac{x^2}{4} + \dfrac{y^2}{1} = 1$. Los vértices principales son $A(-2,0)$ y $A'(2,0)$, y los secundarios $B(0,1)$ y $B'(0,-1)$. La semidistancia focal es $c = \sqrt{a^2 - b^2} = \sqrt{4-1} = \sqrt{3}$ y su excentricidad es $e = \dfrac{c}{a} = \dfrac{\sqrt{3}}{2}$.

Los focos están situados en $F(-\sqrt{3},0)$ y $F'(\sqrt{3},0)$ (ver la Figura 4.9).

4.3.7   Nota

Si denominamos E al conjunto de los puntos de la elipse de ecuación $\frac{x^2}{a^2} + \frac{y^2}{b^2} = 1$ es fácil observar que las soluciones de la inecuación $\frac{x^2}{a^2} + \frac{y^2}{b^2} \leq 1$ son los puntos del interior de E, incluyendo los puntos de E. Por otra parte, las soluciones de $\frac{x^2}{a^2} + \frac{y^2}{b^2} \geq 1$ son los puntos del exterior de E, incluyendo los de E. Si las desigualdades son estrictas, nos encontraremos en el primer caso con los puntos del interior de E y en el segundo caso con los del exterior de E.

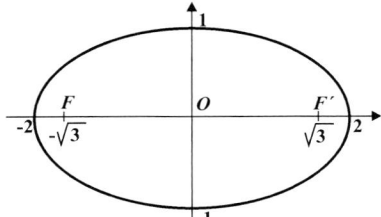

Figura 4.9: Gráfica de la elipse de ecuación reducida $\dfrac{x^2}{4} + \dfrac{y^2}{1} = 1$.

4.4   LA HIPÉRBOLA

4.4.1   La hipérbola

Hipérbola es el conjunto de puntos del plano cuya diferencia de distancias a dos puntos fijos F y F' (llamados **focos de la hipérbola**), es una constante, $2a$.

Un punto X cualquiera de la hipérbola verifica, en consecuencia

$$d(X, F) - d(X, F') = \pm 2a \tag{4.8}$$

o equivalentemente $|d(X, F) - d(X, F')| = 2a$.

Como en el caso de la elipse, denominaremos **distancia focal**, denotada $2c$, a la distancia entre los focos. Así pues $d(F, F') = 2c$. Obviamente, hemos de exigir que $2a < 2c$ es decir $a < c$.

La gráfica de la hipérbola es una figura con dos ramas (ver Figura 4.10).

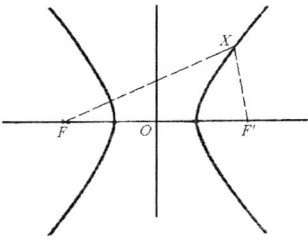

Figura 4.10: Gráfica de una hipérbola.

4.4.2   Ecuación reducida de la hipérbola

Al igual que hicimos en el estudio de la elipse, consideraremos un sistema de referencia cartesiano OXY, con ejes perpendiculares, de manera que los focos F y F' de la hipérbola estén sobre el eje OX y el origen de coordenadas O es el punto medio del segmento FF'. Tal hipérbola se dice que tiene su **centro** en el origen (ver Figura 4.11).

Por la elección de ejes, las coordenadas de los focos son $F(-c,0)$ y $F'(0,c)$, y de (4.8) y (4.1) se tiene que un punto $X(x,y)$ cualquiera de la hipérbola verificará

$$\sqrt{(x+c)^2 + y^2} - \sqrt{(x-c)^2 + y^2} = \pm 2a. \tag{4.9}$$

de lo que, tras laborioso cálculo, similar al de la elipse (Nota 4.3.4) y denominando $b^2 = c^2 - a^2$ se obtiene

$$\frac{x^2}{a^2} - \frac{y^2}{b^2} = 1 \tag{4.10}$$

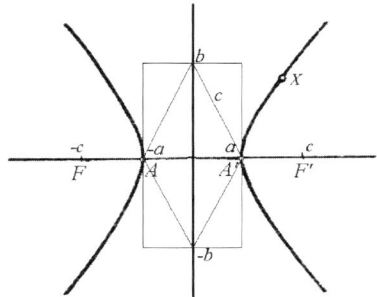

Figura 4.11: Gráfica de una hipérbola a partir de su ecuación reducida.

La anterior ecuación (4.10) se conoce como **ecuación reducida de la hipérbola** de semiejes a y b.

En el Ejercicio 4.19 se verá que la hipérbola corta efectivamente al eje OX en los puntos $A(-a,0)$ y $A'(a,0)$. Los puntos A y A' se llaman **vértices principales**. Por otra parte, a los puntos $B'(0,b)$ y $B(0,-b)$ se les denomina **vértices imaginarios** dado que la hipérbola no corta al eje OY (ver Figura 4.11).

La hipérbola, al igual que la circunferencia y la elipse, presenta una doble simetría: Es simétrica respecto al eje de ordenadas y respecto al eje de abscisas.

4.4.3   Asíntotas de la hipérbola y excentricidad

Se denominan **asíntotas** de la hipérbola de centro el origen y cuya ecuación reducida es $\dfrac{x^2}{a^2} - \dfrac{y^2}{b^2} = 1$ a las rectas que tienen por ecuaciones $y = \dfrac{b}{a}x$, e $y = -\dfrac{b}{a}x$. Su interpretación geométrica se verá en el punto 9.2.3. En el Ejercicio 4.20 se demuestra que estas rectas no cortan a la hipérbola (ver Figura 4.12).

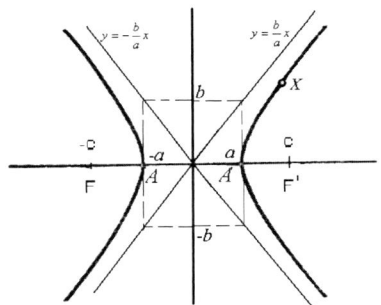

Figura 4.12: Asíntotas de una hipérbola.

Se denomina **excentricidad de la hipérbola** a la razón $e = \dfrac{c}{a}$. Como $a < c$ se tiene que $e > 1$.

La excentricidad de la hipérbola proporciona información sobre la forma de la hipérbola tal y como muestra la Figura 4.13.

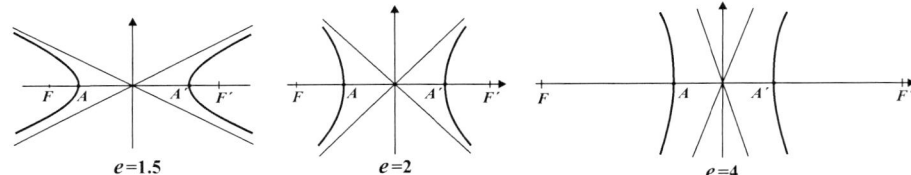

Figura 4.13: Diferentes valores de excentricidad de una hipérbola.

4.4.4   Ejemplo

Consideremos la hipérbola de centro el origen y semiejes $a = 3$ y $b = 2$. Su ecuación reducida es

$$\frac{x^2}{3^2} - \frac{y^2}{2^2} = 1.$$

Los vértices (reales) de la hipérbola son $A(-3,0)$ y $A'(3,0)$ y los imaginarios $B(0,2)$ y $B'(0,-2)$. La semidistancia focal es $c = \sqrt{a^2 + b^2} = \sqrt{9+4} = \sqrt{13}$, y su excentricidad es $e = \dfrac{c}{a} = \dfrac{\sqrt{13}}{3}$. Los focos están situados en $\left(-\sqrt{13},0\right)$ y $\left(\sqrt{13},0\right)$. Las asíntotas son las rectas $y = \dfrac{2}{3}x$, e $y = -\dfrac{2}{3}x$.

4.4.5 La hipérbola equilátera

Hipérbola equilátera es la que tiene sus ejes iguales, es decir $a = b$. Su ecuación reducida es, por tanto, $x^2 - y^2 = a^2$, y cuando se toman como ejes cartesianos sus asíntotas se obtiene su **ecuación asintótica** que es $xy = \dfrac{a^2}{2}$, que de forma general la podemos expresar como $y = \dfrac{k}{x}$, con $k \neq 0$.

4.4.6 Intersección de recta y cónica

Los puntos de intersección de una recta con una cónica son las soluciones del sistema de ecuaciones que definen a la recta y a la cónica. El proceso finaliza siempre obteniendo como (abcisas u ordenadas de los) puntos de intersección, las raíces de una ecuación de segundo grado. Si las dos raíces son reales y distintas, la recta corta (es *secante*) a la cónica en ambos puntos; si hay una sola raíz (doble) real, la recta es *tangente* a la cónica en dicho punto, y si no posee raíces reales la recta no corta (es *exterior*) a la cónica.

4.4.7 Nota

De la ecuación reducida de la circunferencia dada por $x^2 + y^2 = r^2$, se desprende que $y = \pm\sqrt{r^2 - x^2}$, por lo que a cada valor de x le corresponden dos valores y_1 e y_2; en consecuencia la última ecuación (**ecuación explícita de la circunferencia**) no define una función. No obstante, podemos considerar a dicha circunferencia como la "superposición de dos funciones", $y_1 = +\sqrt{r^2 - x^2}$ y $y_2 = -\sqrt{r^2 - x^2}$, ambas definidas en el intervalo $[-r, r]$. Lo mismo puede decirse de la ecuación explícita de la elipse $y = \pm\dfrac{b}{a}\sqrt{a^2 - x^2}$, definida en el intervalo $[-a, a]$, y de la ecuación explícita de la hipérbola $y = \pm\dfrac{b}{a}\sqrt{x^2 - a^2}$ definida para $|x| \geq a$.

4.5 EJERCICIOS

4.1 Demostrar que el punto medio $P(p_1, p_2)$ del segmento de extremos dados por $A(a_1, a_2)$ y $B(b_1, b_2)$ verifica que

(i) $d(A, P) = d(P, B)$

(ii) Pertenece al segmento AB.

Solución:

(i) Para mayor comodidad, demostraremos que $(d(A, P))^2 = (d(P, B))^2$. En efecto: según el punto 4.1.1 se tiene que

$$
\begin{aligned}
(d(A, P))^2 &= \left(a_1 - \frac{a_1 + b_1}{2}\right)^2 + \left(a_2 - \frac{a_2 + b_2}{2}\right)^2 \\
&= \left(\frac{a_1 - b_1}{2}\right)^2 + \left(\frac{a_2 - b_2}{2}\right)^2
\end{aligned}
$$

y, por otra parte,

$$
\begin{aligned}
(d(P,B))^2 &= \left(\frac{a_1+b_1}{2}-b_1\right)^2 + \left(\frac{a_2+b_2}{2}-b_2\right)^2 \\
&= \left(\frac{a_1-b_1}{2}\right)^2 + \left(\frac{a_2-b_2}{2}\right)^2
\end{aligned}
$$

(ii) La ecuación de la recta que pasa por los puntos A y B según el punto 2.1.7 es

$$
\frac{y-a_2}{x-a_1} = \frac{b_2-a_2}{b_1-a_1}
$$

y el punto $P\left(\frac{a_1+b_1}{2},\frac{a_2+b_2}{2}\right)$ satisface dicha ecuación, ya que al sustituir (x,y) por $\left(\frac{a_1+b_1}{2},\frac{a_2+b_2}{2}\right)$ se tiene

$$
\frac{\frac{a_2+b_2}{2}-a_2}{\frac{a_1+b_1}{2}-a_1} = \frac{b_2-a_2}{b_1-a_1}
$$

4.2 Hallar los puntos de corte de la circunferencia de ecuación $x^2+y^2=r^2$ con los ejes.

Solución:

Los puntos de corte de la circunferencia con el eje OX son las soluciones del sistema

$$
\left\{
\begin{array}{l}
x^2+y^2=r^2 \\
y=0
\end{array}
\right.
$$

Obviamente las soluciones son $x=\pm r$, $y=0$, por lo tanto, los puntos de corte con el eje OX son $(-r,0)$ y $(r,0)$.

Análogamente los puntos de corte con el eje OY son las soluciones de

$$
\left\{
\begin{array}{l}
x^2+y^2=r^2 \\
x=0
\end{array}
\right.
$$

y dichos puntos son $(0,r)$ y $(0,-r)$.

4.3 Hallar la ecuación general de la circunferencia de

(i) centro (0,-1) y radio $\frac{1}{2}$.

(ii) centro (1,-2) y radio $\sqrt{3}$.

Solución:

Teniendo en cuenta la expresión (4.2) se tiene

(i) $x^2+(y+1)^2=\frac{1}{4}$

(ii) $(x-1)^2+(y+2)^2=3$

4.4 Hallar la ecuación general de la circunferencia de centro $C(3,1)$ que pasa por el punto $P(4,4)$.

Solución:

El radio de la circunferencia, según se ha visto en (4.1) es $r=d(C,P)=$ $\sqrt{(4-3)^2+(4-1)^2}=\sqrt{10}$. Así pues $r^2=10$ y la ecuación pedida es

$$
(x-3)^2+(y-1)^2=10
$$

4.5 Determinar si $4x^2 + 4y^2 - x - 2y + 6 = 0$ es la ecuación de una circunferencia.

Solución:

Con la terminología de la expresión (4.3) se tiene que $A = 4$, $B = -1$, $C = -2$ y $D = 6$. Por tanto $B^2 + C^2 - 4AD = 1 + 4 - 4 \cdot 4 \cdot 6 = -91 < 0$, y en consecuencia la ecuación dada no define una circunferencia.

4.6 Determinar si $2x^2 + 2y^2 - 4x - 8y + 2 = 0$ es la ecuación de una circunferencia. En caso afirmativo, hallar el centro C y el radio r.

Solución:

Daremos dos soluciones distintas al problema.

(a) Con la terminología de la expresión (4.3) se tiene que $A = 2$, $B = -4$, $C = -8$ y $D = 2$. Por tanto $B^2 + C^2 - 4AD = 16 + 64 - 16 = 64 > 0$, con lo que efectivamente la ecuación anterior corresponde a una circunferencia. El centro $C(a, b)$ se calcula por las expresiones

$$a = -\frac{B}{2A} = 1 \quad \text{y} \quad b = -\frac{C}{2A} = 2.$$

Finalmente, $r = \dfrac{\sqrt{B^2 + C^2 - 4AD}}{2A} = \dfrac{8}{4} = 2$.

(b) Otra manera de resolverlo (completación de cuadrados) consiste en transformar sucesivamente la ecuación dada, de manera que adopte una expresión del tipo (4.2), como sigue:

$$2x^2 + 2y^2 - 4x - 8y + 2 = 0$$
$$x^2 + y^2 - 2x - 4y + 1 = 0$$
$$\left(x^2 - 2x\right) + \left(y^2 - 4y\right) + 1 = 0$$
$$\left((x-1)^2 - 1\right) + \left((y-2)^2 - 4\right) + 1 = 0$$
$$(x-1)^2 + (y-2)^2 - 1 - 4 + 1 = 0$$
$$(x-1)^2 + (y-2)^2 = 4 = 2^2$$

Así pues, se trata de una circunferencia de centro $(1, 2)$ y radio $r = 2$.

4.7 Hallar la ecuación general de la circunferencia en la que los puntos $P(4, 2)$ y $Q(-2, -6)$ son extremos de un diámetro de la misma.

Solución:

El centro $C(a, b)$ de la circunferencia es el punto medio de P y Q; por tanto según el punto 4.1.2 se tiene

$$a = \frac{4 + (-2)}{2} = 1 \text{ y } b = \frac{2 + (-6)}{2} = -2$$

con lo que el centro es $C(1, -2)$. El diámetro de la circunferencia es

$$d(P, Q) = \sqrt{(-2 - 4)^2 + (-6 - 2)^2} = \sqrt{36 + 64} = 10$$

con lo que el radio es $r = 5$. La ecuación pedida es pues: $(x-1)^2 + (y+2)^2 = 5^2$.

4.8 Hallar los puntos de corte de la circunferencia de ecuación $x^2 + y^2 = 1$ con la recta $y = x$.

Solución:

Los puntos buscados son las soluciones del sistema $\begin{cases} x^2 + y^2 = 1 \\ y = x \end{cases}$.

Sustituyendo el valor de y de la segunda ecuación en la primera y haciendo sucesivos cálculos se tiene

$$x^2 + x^2 = 1, \ 2x^2 = 1, \ x^2 = \frac{1}{2}.$$

Por lo tanto $x = \pm\sqrt{\dfrac{1}{2}} = \pm\dfrac{\sqrt{2}}{2}$, y en consecuencia puesto que $y = x$, los puntos de corte son $\left(\dfrac{\sqrt{2}}{2}, \dfrac{\sqrt{2}}{2}\right)$ y $\left(-\dfrac{\sqrt{2}}{2}, -\dfrac{\sqrt{2}}{2}\right)$.

4.9 Posición relativa de la circunferencia $x^2 + y^2 = 1$ y la recta $y = -x + 2$.

Solución:

Trataremos de encontrar puntos comunes a la circunferencia y la recta resolviendo el sistema

$$\begin{cases} x^2 + y^2 = 1 \\ y = -x + 2 \end{cases}$$

Sustituyendo el valor de y de la segunda ecuación en la primera y haciendo sucesivos cálculos se tiene

$$x^2 + (-x+2)^2 = 1, \ x^2 + \left(x^2 - 4x + 4\right) = 1, \ 2x^2 - 4x + 3 = 0$$

El discriminante de la última ecuación de segundo grado es $4^2 - 4 \cdot 2 \cdot 3 = -8 < 0$ por lo que la ecuación última, y por lo tanto el sistema inicial, no admite soluciones reales. Así pues la recta no corta a la circunferencia (recta exterior a la circunferencia).

4.10 Halla los puntos de corte de la elipse $\dfrac{x^2}{a^2} + \dfrac{y^2}{b^2} = 1$ con los ejes.

Solución:

Los puntos de corte de la elipse con el eje OX son solución de $\begin{cases} \dfrac{x^2}{a^2} + \dfrac{y^2}{b^2} = 1 \\ y = 0 \end{cases}$.

Sustituyendo $y = 0$ en la primera ecuación se obtiene sucesivamente

$$\frac{x^2}{a^2} = 1, \ x^2 = a^2$$

y, por tanto, $x = \pm a$. Así pues los puntos son $A\left(-a, 0\right)$ y $A'\left(a, 0\right)$.

Los puntos de corte de la elipse con el eje OY son las soluciones al sistema

$$\begin{cases} \dfrac{x^2}{a^2} + \dfrac{y^2}{b^2} = 1 \\ x = 0 \end{cases}$$

De manera similar se obtienen $B\left(0, b\right)$ y $B'\left(0, -b\right)$.

4.11 Hallar los semiejes a y b, la distancia focal, los focos y la excentricidad de las elipses:

(i) $\dfrac{x^2}{36} + \dfrac{y^2}{25} = 1$.

(ii) $9x^2 + 25y^2 = 225$.

Solución:

(i) La elipse se puede escribir en la forma $\dfrac{x^2}{6^2} + \dfrac{y^2}{5^2} = 1$ de lo que se desprende que $a = 6$ y $b = 5$. La semidistancia focal es $c = \sqrt{a^2 - b^2} = \sqrt{11}$, por lo que los

focos están situados en $\left(-\sqrt{11}, 0\right)$ y $\left(\sqrt{11}, 0\right)$, y la distancia focal es $2c = 2\sqrt{11}$.
Finalmente, la excentricidad es $e = \dfrac{c}{a} = \dfrac{\sqrt{11}}{6}$.

(ii) La elipse se puede escribir en la forma $\dfrac{x^2}{\frac{225}{9}} + \dfrac{y^2}{\frac{225}{25}} = 1$.

Así pues $a^2 = \dfrac{225}{9}$ y $b^2 = \dfrac{225}{25}$, por lo que $a = \sqrt{\dfrac{225}{9}} = 5$ y $b = \sqrt{\dfrac{225}{25}} = 3$.
La semidistancia focal es $c = \sqrt{a^2 - b^2} = \sqrt{25 - 9} = 4$, por lo que los focos están
situados en $(-4, 0)$ y $(4, 0)$, y la distancia focal es $2c = 8$. Finalmente, la excentricidad
es $e = \dfrac{c}{a} = \dfrac{4}{5} = 0.8$.

4.12 Determinar la ecuación reducida de la elipse con centro el origen cuya distancia focal
es 6, y que posee un punto que dista 2 y 8 de ambos focos, respectivamente.

Solución:

Según (4.5) y con la notación del punto 4.3.3 se tiene que $2 + 8 = 2a$, y por
tanto $a = 5$. Como $6 = 2c$ entonces la semidistancia focal es $c = 3$. Por tanto,
$b = \sqrt{a^2 - c^2} = \sqrt{25 - 9} = 4$. La ecuación buscada es, en consecuencia:

$$\frac{x^2}{5^2} + \frac{y^2}{4^2} = 1.$$

4.13 Determinar la ecuación reducida de la elipse con centro el origen cuya distancia focal
es 10 , y que pasa por el punto $(6, 0)$.

Solución:

El punto dado es el corte de la elipse con el eje OX, y por tanto
$a = 6$. Como la semidistancia focal es $c = 5$, entonces
$b = \sqrt{a^2 - c^2} = \sqrt{36 - 25} = \sqrt{11}$. La ecuación buscada es:

$$\frac{x^2}{36} + \frac{y^2}{11} = 1$$

4.14 Verificar que el punto $P(\sqrt{3}, -\dfrac{1}{2})$ pertenece a la elipse de ecuación $x^2 + 4y^2 = 4$ y
hallar la excentricidad de ésta.

Solución:

P pertenece a la elipse pues satisface $\left(\sqrt{3}\right)^2 + 4\left(-\dfrac{1}{2}\right)^2 = 3 + 1 = 4$. La elipse se
puede escribir en la forma

$$\frac{x^2}{2^2} + \frac{y^2}{1^2} = 1$$

con lo que los semiejes son $a = 2$ y $b = 1$. En consecuencia, la semidistancia focal es
$c = \sqrt{a^2 - b^2} = \sqrt{3}$, y por tanto la excentricidad es $e = \dfrac{c}{a} = \dfrac{\sqrt{3}}{2}$.

4.15 ¿Dónde están los focos de la curva de ecuación $\dfrac{x^2}{2^2} + \dfrac{y^2}{3^2} = 1$?

Solución:

Si intercambiamos x por y se tendría la ecuación $\dfrac{x^2}{3^2} + \dfrac{y^2}{2^2} = 1$, que corresponde a
una elipse con centro en el origen y semiejes $a = 3$ y $b = 2$. Según el punto 2.1.1
esta nueva curva es simétrica de la elipse inicial, respecto a la bisectriz del primer

y tercer cuadrante, por tanto la curva del enunciado es una elipse cuyos puntos de corte (vértices) con el eje OX son $(-2, 0)$ y $(2, 0)$, y con el eje OY son $(0, 3)$ y $(0, -3)$. Los focos, obviamente, se encuentran sobre el eje OY, siendo la semidistancia focal $\sqrt{3^2 - 2^2} = \sqrt{5}$. Por tanto, los focos están situados en $(0, \sqrt{5})$ y $(0, -\sqrt{5})$.

4.16 Hallar los puntos de corte Q y R de la recta $x + 2y - 1 = 0$ con la elipse $x^2 + 2y^2 = 3$, y el punto medio $P(p_1, p_2)$ del segmento QR.

Solución:

Los puntos Q y R son las soluciones del sistema

$$\begin{cases} x^2 + 2y^2 = 3 \\ x + 2y - 1 = 0 \end{cases}.$$

De la segunda ecuación se tiene $x = 1 - 2y$ que sustituida en la primera ecuación y haciendo sucesivos cálculos se tienen los siguientes resultados.

$$(1 - 2y)^2 + 2y^2 = 3$$

$$1 + 4y^2 - 4y + 2y^2 = 3$$

$$6y^2 - 4y - 2 = 0$$

$$3y^2 - 2y - 1 = 0$$

Las soluciones de esta última ecuación son $y_1 = -\dfrac{1}{3}$, y $y_2 = 1$. Sustituyendo estos valores en la ecuación $x = 1 - 2y$, se tiene que para $y_1 = -\dfrac{1}{3}$ el valor de la abcisa es $x_1 = \dfrac{5}{3}$, y para $y_2 = 1$ se tiene $x_2 = -1$. Los puntos buscados son pues $Q\left(\dfrac{5}{3}, -\dfrac{1}{3}\right)$ y $R(-1, 1)$. El punto medio P tiene por coordenadas

$$p_1 = \frac{5/3 - 1}{2} = \frac{1}{3}, \ p_2 = \frac{-1/3 + 1}{2} = \frac{1}{3}.$$

4.17 Hallar el valor de b para que la recta $y = x + b$ sea tangente a la elipse $\dfrac{x^2}{2} + y^2 = 1$.

Solución:

Los puntos de corte de la recta con la elipse son las soluciones del sistema

$$\begin{cases} \dfrac{x^2}{2} + y^2 = 1 \\ y = x + b \end{cases}.$$

Sustituyendo el valor de y de la segunda ecuación en la primera y tras sucesivos cálculos se tienen las siguientes ecuaciones.

$$\frac{x^2}{2} + (x + b)^2 = 1$$

$$\frac{x^2}{2} + x^2 + 2bx + b^2 = 1$$

$$\frac{3}{2}x^2 + 2bx + b^2 - 1 = 0$$

Para que la recta sea tangente a la elipse deberá tener un único punto de contacto y por tanto el discriminante de la última ecuación debe ser 0, es decir,

$$(2b)^2 - 4 \cdot \frac{3}{2} \cdot (b^2 - 1) = (2b)^2 - 6(b^2 - 1) = -2b^2 + 6 = 0,$$

de lo que se deduce que $b^2 = 3$, por lo que $b = \pm\sqrt{3}$. Así pues existen dos rectas tangentes: $y = x + \sqrt{3}$, e $y = x - \sqrt{3}$.

4.18 Atendiendo al ejercicio anterior, hallar el punto de tangencia de $y = x + \sqrt{3}$ con la elipse $\dfrac{x^2}{2} + y^2 = 1$.

Solución:

El punto buscado es la solución del sistema

$$\begin{cases} \dfrac{x^2}{2} + y^2 = 1 \\ y = x + \sqrt{3} \end{cases}.$$

Sustituyendo el valor de y de la segunda ecuación en la primera y haciendo sucesivos cálculos se tiene que

$$\frac{x^2}{2} + \left(x + \sqrt{3}\right)^2 = 1,$$

$$\frac{x^2}{2} + x^2 + 2\sqrt{3}x + 3 = 1,$$

$$\frac{3}{2}x^2 + 2\sqrt{3}x + 2 = 0.$$

La última ecuación tiene una única solución $x = -2\dfrac{\sqrt{3}}{3}$. Sustituyendo este valor, por ejemplo, en la ecuación de la recta se obtiene

$$y = -2\frac{\sqrt{3}}{3} + \sqrt{3} = \frac{\sqrt{3}}{3}.$$

Así pues, el punto de tangencia es $\left(-2\dfrac{\sqrt{3}}{3}, \dfrac{\sqrt{3}}{3}\right)$.

En los Ejercicios que siguen se emplea la notación de la Sección 4.4.

4.19 Hallar los puntos de corte de la hipérbola $\dfrac{x^2}{a^2} - \dfrac{y^2}{b^2} = 1$ con los ejes.

Solución:

Los puntos de corte de la hipérbola con el eje OX son las soluciones del sistema

$$\begin{cases} \dfrac{x^2}{a^2} - \dfrac{y^2}{b^2} = 1 \\ y = 0 \end{cases}.$$

Sustituyendo $y = 0$ en la primera ecuación se tiene $x^2 = a^2$, y por tanto $x = \pm a$, con lo que los puntos de corte son $A(-a, 0)$ y $A'(a, 0)$. Los puntos de corte con el eje OY son las soluciones del sistema

$$\begin{cases} \dfrac{x^2}{a^2} - \dfrac{y^2}{b^2} = 1 \\ x = 0 \end{cases}.$$

Sustituyendo $x = 0$ en la primera ecuación se tiene $-y^2 = b^2$, es decir $y^2 = -b^2$, que no posee solución real.

4.20 Demostrar que las asíntotas $y = \dfrac{b}{a}x$, e $y = -\dfrac{b}{a}x$, no cortan a la hipérbola de ecuación

$\dfrac{x^2}{a^2} - \dfrac{y^2}{b^2} = 1$.

Solución:

Los posibles puntos de corte de la asíntota $y = \dfrac{b}{a}x$ con la hipérbola deberían ser soluciones del sistema

$$\left\{\begin{array}{l} \dfrac{x^2}{a^2} - \dfrac{y^2}{b^2} = 1 \\ y = \dfrac{b}{a}x \end{array}\right. .$$

Sustituyendo $y = \dfrac{b}{a}x$ en la primera ecuación se tiene $\dfrac{x^2}{a^2} - \dfrac{b^2}{a^2 b^2}x^2 = 1$ es decir $0 \cdot x^2 = 1$, que no admite solución. Situación análoga se tiene para la asíntota $y = -\dfrac{b}{a}x$.

4.21 Obtener los vértices, focos y excentricidad de la hipérbola $\dfrac{x^2}{25} - \dfrac{y^2}{16} = 1$.

Solución:

La ecuación reducida es $\dfrac{x^2}{5^2} - \dfrac{y^2}{4^2} = 1$, así que los semiejes son $a = 5$ y $b = 4$. Por tanto la semidistancia focal es $c = \sqrt{a^2 + b^2} = \sqrt{41}$. Los vértices reales son $A(-5,0)$ y $A'(5,0)$ (los vértices imaginarios son $(0,4)$ y $(0,-4)$). Los focos son $F(-\sqrt{41},0)$ y $F'(\sqrt{41},0)$, y la excentricidad es $e = \dfrac{c}{a} = \dfrac{\sqrt{41}}{5}$.

4.22 Obtener los vértices, focos y excentricidad de la hipérbola $x^2 - 4y^2 = 4$.

Solución:

Como es fácil deducir, la ecuación reducida de la hipérbola es $\dfrac{x^2}{2^2} - \dfrac{y^2}{1^2} = 1$ por lo que los semiejes son $a = 2$ y $b = 1$, y la semidistancia focal es $c = \sqrt{a^2 + b^2} = \sqrt{5}$. Así pues, los vértices son $A(-2,0)$ y $A'(2,0)$ (los vértices imaginarios son $(0,1)$ y $(0,-1)$). Los focos son $F(-\sqrt{5},0)$ y $F'(\sqrt{5},0)$, y la excentricidad es $e = \dfrac{c}{a} = \dfrac{\sqrt{5}}{2}$.

Capítulo 5

FUNCIONES EXPONENCIALES Y LOGARÍTMICAS

Las funciones polinómicas y las funciones racionales se definen mediante operaciones elementales de cálculo. Existen otras funciones, llamadas **trascendentes**, como la exponencial y la logarítmica, que veremos en este capítulo, cuyo origen se sitúa en operaciones de cálculo más complejo.

En este capítulo se empleará cierta terminología de significado intuitivo; su formalización la verá el lector en capítulos posteriores.

5.1 LA FUNCIÓN EXPONENCIAL

5.1.1 Potencias de exponente racional

Recordemos que para cualquier $a \in \mathbb{R}$ se define, por recurrencia a^n de manera que

$$a^1 = a, \quad a^n = a{\cdot}a{\cdot}a{\cdot} \overset{n \text{ veces}}{\cdots} {\cdot}a.$$

Si $-n$ es un entero negativo se define $a^{-n} = \dfrac{1}{a^n}$.

Por convenio $a^0 = 1$ si $a \neq 0$.

Este convenio, sin llegar a contradicción alguna, favorece los cálculos con potencias.

Si $\dfrac{p}{q}$, es un racional positivo y $a > 0$, se define $a^{\frac{p}{q}} = \sqrt[q]{a^p}$ y si $-\dfrac{p}{q}$ es un racional negativo se define $a^{-\frac{p}{q}} = \dfrac{1}{a^{\frac{p}{q}}} = \dfrac{1}{\sqrt[q]{a^p}} = \sqrt[q]{a^{-p}}$.

Para $a, b \neq 0$ y $r, s \in \mathbb{Q}$ se satisfacen las siguientes propiedades:

$$\text{(a) } a^r{\cdot}a^s = a^{r+s} \qquad \text{(d) } \frac{a^r}{b^r} = \left(\frac{a}{b}\right)^r$$

$$\text{(b)} \frac{a^r}{a^s} = a^{r-s} \qquad \text{(e) } (a^r)^s = a^{r{\cdot}s}$$

$$\text{(c)}(a{\cdot}b)^r = a^r{\cdot}b^r \qquad \text{(f) } 1^r = 1$$

Las anteriores propiedades conducen a las consabidas simplificaciones con radicales y racionalización de los denominadores. En particular de (e) se concluye que la radicación y exponenciación son operaciones *inversas*; en efecto, $\sqrt[r]{a^r} = (a^r)^{\frac{1}{r}} = a^{\frac{r}{r}} = a$.

5.1.2   Ejemplo

(a) $2^{-3} = \dfrac{1}{2^3} = \dfrac{1}{2{\cdot}2{\cdot}2} = \dfrac{1}{8}$

(b) Para obtener que $\sqrt{8} = 2\sqrt{2}$, basta observar que $\sqrt{8} = \sqrt{2^3} = 2^{\frac{3}{2}} = 2{\cdot}2^{\frac{1}{2}} = 2\sqrt{2}$.

(c) $\sqrt[5]{\left(\sqrt{\dfrac{1}{2^5}}\right)^3} = \left(\dfrac{1}{2^{\frac{5}{2}}}\right)^{\frac{3}{5}} = \dfrac{1}{2^{\frac{5}{2}\cdot\frac{3}{5}}} = \dfrac{1}{2^{\frac{3}{2}}} = \dfrac{1}{\sqrt{2^3}} = \dfrac{1}{2\sqrt{2}} = \dfrac{\sqrt{2}}{2{\cdot}2} = \dfrac{\sqrt{2}}{4}$

5.1.3   La función exponencial a^x

En exposiciones avanzadas de matemáticas se demuestra que es posible acercarse *tanto como se desee* a un número real x cualquiera, por medio de sucesiones de números racionales. Este hecho se utiliza, aunque aquí no entraremos en detalles, para definir en $\mathbb{R}$ la función exponencial a^x cuando la **base** a es positiva y $a \neq 1$, como una ampliación de la potenciación de exponente racional, y de manera que verifica las seis propiedades (a)-(f) del punto 5.1.1, siendo ahora $r, s \in \mathbb{R}$.

5.1.4   Gráfica de la función exponencial. Propiedades

El comportamiento gráfico de la función exponencial $f(x) = a^x$ difiere según que $a \in {]}0, 1{[}$ ó que $a > 1$ como se puede observar en los gráficos correspondientes a $\left(\dfrac{1}{2}\right)^x$ y 2^x, que aparecen en la Figura 5.1.

Exponemos a continuación alguna de las propiedades más importantes de la función exponencial, y que pueden corroborarse en los gráficos de la Figura 5.1.

(1) La función exponencial $f(x) = a^x$ se define para cualquier $x \in \mathbb{R}$ y sus imágenes son positivas (i.e. $f : \mathbb{R} \to {]}0, +\infty{[}$).

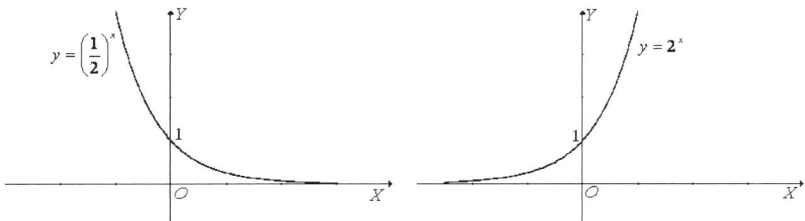

Figura 5.1: Funciones exponenciales.

(2) $f(0) = a^0 = 1$

(3) f se dibuja de un sólo trazo, es decir f es **continua** (esta noción se estudiará en el Capítulo 7) en $\mathbb{R}$.

Para $a \in]0, 1[$ la función exponencial a^x es **estrictamente decreciente** de manera que por la derecha se acerca *indefinidamente* a cero, mientras que por la izquierda se hace *indefinidamente* grande, lo que en matemática se escribe

(4) $\lim\limits_{x \to +\infty} a^x = 0$ y $\lim\limits_{x \to -\infty} a^x = +\infty.$

El caso de a^x cuando $a > 1$ es el contrario y se escribe

(5) $\lim\limits_{x \to +\infty} a^x = +\infty$ y $\lim\limits_{x \to -\infty} a^x = 0.$

Finalmente, por ser a^x estrictamente creciente o decreciente para cualquier $a > 0$ ($a \neq 1$) verifica

(6) $a^x = a^y$ sii $x = y$.

Si el lector encuentra dificultad en comprender la terminología intuitiva del siguiente punto, puede estudiarla en la Sección 7.1.

5.1.5 La exponencial de base e

Se puede demostrar que la *sucesión* de término general $a_n = \left(1 + \frac{1}{n}\right)^n$, $n = 1, 2, 3, \ldots$ es una sucesión creciente y acotada superiormente, por lo que tiene límite (véase Sección 7.1.7) denominado e, que es un número no racional con valor aproximado $2.718\ldots$

Por sus interesantes propiedades y múltiples aplicaciones, la función e^x en el lenguaje científico es conocida como la **función exponencial**. Más información sobre e se da en la observación del punto 8.3.6

5.1.6   Ecuaciones y sistemas exponenciales

Ecuaciones exponenciales son aquéllas en las que la incógnita *aparece* en el exponente de una función exponencial. Varias ecuaciones exponenciales que se verifiquen simultáneamente forman un sistema.

Para casos adecuados podemos considerar tres métodos de resolución:

(a) Cuando ambos miembros de la ecuación se pueden expresar en una sola base, que es la misma, basta igualar los exponentes según (6) del punto 5.1.4.

(b) Cuando al reemplazar a^x por una variable auxiliar, la nueva ecuación es de resolución conocida.

(c) Un tercer método consiste en aplicar **logaritmos** a ambos miembros de la igualdad, concepto que veremos en la próxima sección.

En caso de duda conviene verificar si las soluciones que se obtienen satisfacen la ecuación dada.

5.1.7   Ejemplo

(a) Resolvamos la ecuación $\left(5^{x+1}\right)^x = 15625$, sabiendo que $15625 = 5^6$.

Se tiene que
$$\left(5^{x+1}\right)^x = 5^{(x+1)x} = 5^{x^2+x} = 5^6$$

que equivale a $x^2 + x = 6$, es decir $x^2 + x - 6 = 0$. Las soluciones de la última ecuación son $x_1 = 2$ y $x_2 = -3$ y, como es fácil de verificar, ambas son soluciones de la ecuación inicial.

(b) Resolvamos la ecuación $4^x - 3{\cdot}2^x = 4$.

La ecuación se puede escribir
$$\left(2^2\right)^x - 3{\cdot}2^x = 4,$$

o sea,
$$(2^x)^2 - 3{\cdot}2^x - 4 = 0,$$

y haciendo uso de la incógnita auxiliar $z = 2^x$, la última ecuación se convierte en $z^2 - 3z - 4 = 0$ cuyas soluciones son $z_1 = 4$ y $z_2 = -1$.

De $z_1 = 4 = 2^2 = 2^{x_1}$ obtenemos que $x_1 = 2$ es solución de la ecuación inicial.

De $z_2 = -1 = 2^x$ no es posible obtener solución de la ecuación inicial debido a que 2^x es siempre positivo.

5.2 LA FUNCIÓN LOGARÍTMICA

5.2.1 La función logarítmica

Dado que la función exponencial $y = a^x$, con $a > 1$, es estrictamente creciente, posee inversa denotada $x = \log_a y$ (se lee logaritmo base a de y), que se denomina **función logarítmica** de base a.

De la equivalencia $y = a^x$ sii $x = \log_a y$ se siguen las siguientes dos propiedades que expresan que el cálculo logarítmico y el exponencial son el **inverso** el uno del otro:

(1) $\log_a a^x = x$

(2) $y = a^{\log_a y}$

En particular de (1) se tiene:

(3) $\log_a 1 = 0$

También se tienen las siguientes propiedades (para $u, v > 0$):

(4) $\log_a(u \cdot v) = \log_a(u) + \log_a(v)$

(5) $\log_a(\dfrac{u}{v}) = \log_a(u) - \log_a(v)$

(6) $\log_a(u^v) = v \cdot \log_a(u)$

(7) $u^v = a^{v \log_a u}$

((4) se desprende del hecho de que $a^{\log_a(u \cdot v)} = u \cdot v = a^{\log_a u} \cdot a^{\log_a v} = a^{\log_a u + \log_a v}$. La prueba de (5) es similar a la de (4). (6) se deduce del hecho de que $u^v = \left(a^{\log_a u}\right)^v = a^{v \log_a u}$. Finalmente (7) se deduce de (6) y del hecho de que $\log_a a = 1$.)

5.2.2 Gráfica de la función logarítmica. Propiedades

La gráfica de $y = \log_a x$ es simétrica de la gráfica $y = a^x$, respecto de la bisectriz del primer y tercer cuadrante (ver Figura 5.2 con $a = 2$).

Algunas de las propiedades más importantes de la función logarítmica, de base $a > 1$, que se deducen de su inversa a^x, y que corrobora la Figura 5.2, son las siguientes:

(1) La función $f(x) = \log_a x$ está definida sólo para reales positivos y su imagen es cualquier número real (i.e. $f :]0, +\infty[\to \mathbb{R}$).

(2) $\log_a x$ se dibuja de un sólo trazo, es decir, es continua en $]0, +\infty[$.

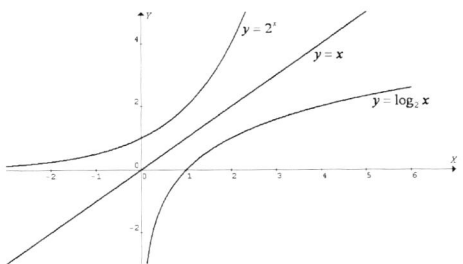

Figura 5.2: Función exponencial y función logarítmica (con base $a = 2$).

(3) $\log_a x$ es estrictamente creciente.

(4) $\lim\limits_{x \to +\infty} \log_a x = +\infty$

(5) $\lim\limits_{x \to 0} \log_a x = -\infty$ (i.e. al *acercarnos* a cero la función se va haciendo *indefinidamente* pequeña).

(6) $\log_a x = \log_a y$ sii $x = y$, (siendo $x, y \in]0, +\infty[$)

5.2.3 Ejemplo

(i) $\log_2 \sqrt{2^{-3}} = \log_2 2^{-\frac{3}{2}} = -\dfrac{3}{2}$

(ii) $\log_{\frac{1}{2}} 4 = \log_{\frac{1}{2}} 2^2 = \log_{\frac{1}{2}} \left(\dfrac{1}{2}\right)^{-2} = -2$

5.2.4 Logaritmos decimales y logaritmos neperianos

Logaritmo decimal (o vulgar) es aquél que tiene base 10, y **logaritmo neperiano** (o natural) es el que tiene base e, y se escribe $\ln x$ en vez de $\log_e x$.

Si se conoce $\log_a x$ para cualquier x, es posible calcular $\log_b x$ para cualquier otra base b distinta pues se verifica:

$$\log_b x = \frac{\log_a x}{\log_a b}$$

(En efecto: sea $y = \log_b x$ lo que equivale a $b^y = x$; tomando en esta expresión logaritmos en base a se tiene $y \log_a b = \log_a x$, y de ahí el resultado buscado.)

En la actualidad, las calculadoras científicas han dejado en desuso el manejo de tablas para el cálculo de logaritmos decimales.

5.2.5 Ejemplo

Veamos cómo calcular $\ln 72$ si disponemos de una tabla de logaritmos decimales. Sabiendo que $\log_{10} 2 \simeq 0.3010$ y $\log_{10} 3 \simeq 0.4771$ hallemos aproximadamente en primer lugar $\log_{10}$ de 72. Se tiene que

$$
\begin{aligned}
\log_{10} 72 &= \log_{10}\left(2^3{\cdot}3^2\right) = \log_{10}\left(2^3\right) + \log_{10}\left(3^2\right) \\
&= 3\log_{10}\left(2\right) + 2\log_{10}\left(3\right) \simeq 3 \cdot 0.301 + 2{\cdot}0.477 = 1.857
\end{aligned}
$$

Podemos ahora calcular $\ln 72$ mediante la expresión del punto 5.2.4 (teniendo en cuenta que $\log_{10} e \simeq 0.434$):

$$
\ln 72 = \frac{\log_{10} 72}{\log_{10} e} \simeq \frac{1.857}{0.434} \simeq 4.2788.
$$

5.2.6 Ecuaciones y sistemas logarítmicos

Ecuaciones logarítmicas son aquéllas en las que la incógnita aparece como argumento de la función logarítmica. Varias ecuaciones logarítmicas que se verifican simultáneamente forman un sistema.

Dos métodos de resolución para casos adecuados son los siguientes:

(a) Cuando ambos miembros de la ecuación se pueden expresar como argumentos de una función logarítmica de igual base, basta igualar los argumentos, según (6) del punto 5.2.2.

(b) En algún caso reemplazar $\log_a x$ por una variable auxiliar puede simplificar la resolución (al menos en cuanto a notación se refiere).

En caso de duda conviene verificar si la solución obtenida es válida.

5.2.7 Ejemplos

(i) Vamos a resolver la ecuación $\log_a\left(x^2 - 2x\right) = \log_a(2x - 3)$.

Necesariamente debe suceder que $x^2 - 2x = 2x - 3$, es decir, $x^2 - 4x + 3 = 0$, cuyas soluciones son $x_1 = 1$ y $x_2 = 3$.

La solución $x_1 = 1$ no es solución de la ecuación inicial pues conduce a $\log_a\left(-1\right)$, en ambos miembros, que carece de significado. La solución $x_2 = 3$ es válida pues convierte en identidad la ecuación inicial.

(ii) Resolvamos el sistema

$$
\left\{
\begin{aligned}
\log_{10} x + 2\log_{10} y &= 3 \\
\log_{10} \frac{x}{y} &= 0
\end{aligned}
\right. .
$$

El sistema se puede escribir en la forma

$$\begin{cases} \log_{10}\left(x\cdot y^2\right) &= \log_{10} 10^3 \\ \log_{10}\dfrac{x}{y} &= \log_{10} 1 \end{cases}.$$

De la segunda ecuación se tiene $x = y$, y sustituyendo este valor en la primera se llega a $x^3 = 10^3$, es decir $x = 10$, y por tanto $y = 10$. (Como es fácil observar, la solución encontrada es válida.)

5.2.8 Sobre notación

Para simplificar notación se dota a la función logarítmica de jerarquía intermedia entre el producto y la suma. Así, las expresiones $\log xy$, $\log \dfrac{x}{y}$ y $\log x^y$ simbolizan $\log(xy)$, $\log \left(\dfrac{x}{y}\right)$ y $\log \left(x^y\right)$, respectivamente.

En cualquier caso, un uso innecesario del paréntesis se justifica por la la elegancia de la escritura o por evitar confusión. Lo mismo será válido para cuantas funciones definamos, en posteriores capítulos, por medio de expresiones literales.

5.2.9 Nota

La expresión $\ln\left(f(x)\right)$ sólo tiene sentido cuando $f(x) > 0$ aunque no se haga mención explícita de ello.

5.3 EJERCICIOS

Los próximos 6 ejercicios constituyen un repaso para el lector del cálculo con potencias de exponente fraccionario.

5.1 Factorizar en potencias de 2 y de 10 con exponente entero:

(i) 80   (ii) 0.08   (iii) 5   (iv) 0.25

Solución:

(i) $80 = 8\cdot 10 = 2^3\cdot 10$

(ii) $0.08 = \dfrac{8}{100} = \dfrac{8}{10^2} = 2^3 \cdot 10^{-2}$

(iii) $5 = \dfrac{10}{2} = 2^{-1}\cdot 10$

(iv) $0.25 = \dfrac{25}{100} = \dfrac{1}{4} = \dfrac{1}{2^2} = 2^{-2}$

5.2 Expresar en potencias, de exponente entero, de 2:

(i) $\sqrt{4^3}$ (ii) $32^{-\frac{2}{5}}$ (iii) $\sqrt[4]{\dfrac{1}{16^5}}$

Solución:

(i) $\sqrt{4^3} = \left(\sqrt{2^2}\right)^3 = 2^3$

(ii) $32^{-\frac{2}{5}} = \left(2^5\right)^{-\frac{2}{5}} = 2^{-2}$

(iii) $\sqrt[4]{\dfrac{1}{16^5}} = \dfrac{1}{\sqrt[4]{(2^4)^5}} = \dfrac{1}{2^5} = 2^{-5}$

5.3 Calcular: (i) $\dfrac{1}{\sqrt{0.04}}$ (ii) $\left(\dfrac{-27}{64}\right)^{\frac{2}{3}}$ (iii) $\dfrac{\sqrt{3^3 \cdot 5^4} \cdot \sqrt[3]{2^3 \ 3}}{\sqrt[6]{3^5}}$

Solución:

(i) $\dfrac{1}{\sqrt{0.2^2}} = \dfrac{1}{0.2} = \dfrac{10}{2} = 5$

(ii) $\left(-\dfrac{27}{64}\right)^{\frac{2}{3}} = \left(\left(-\dfrac{27}{64}\right)^{\frac{1}{3}}\right)^2 = \left(-\dfrac{\sqrt[3]{27}}{\sqrt[3]{64}}\right)^2 = \left(-\dfrac{3}{4}\right)^2 = \dfrac{9}{16}$

(iii) $\dfrac{\sqrt{3^3 \cdot 5^4} \cdot \sqrt[3]{2^3 3}}{\sqrt[6]{3^5}} = \dfrac{3 \cdot 5^2 \cdot \sqrt{3} \cdot 2 \cdot \sqrt[3]{3}}{\sqrt[6]{3^5}} = \dfrac{3 \cdot 5^2 \cdot 3^{\frac{1}{2}} \cdot 2 \cdot 3^{\frac{1}{3}}}{3^{\frac{5}{6}}} = 2 \cdot 5^2 \cdot 3^{1 + \frac{1}{2} + \frac{1}{3} - \frac{5}{6}} = 2 \cdot 5^2 \cdot 3 =$ 150

5.4 Escribir las siguientes expresiones en términos de exponentes positivos:

(i) $y^{-1}\sqrt{x}$ (ii) $2x^{-1}x^{-3}$ (iii) $\left(x^{-2}y^2\right)^{-2}$

Solución:

(i) $y^{-1}\sqrt{x} = \dfrac{x^{\frac{1}{2}}}{y}$.

(ii) $2x^{-1}x^{-3} = 2x^{-4} = \dfrac{2}{x^4}$.

(iii) $\left(x^{-2}y^2\right)^{-2} = \left(x^{-2}\right)^{-2} \cdot \left(y^2\right)^{-2} = x^4 y^{-4} = \dfrac{x^4}{y^4}$.

5.5 Simplificar: (i) $\left(16y^8\right)^{\frac{3}{4}}$ (ii) $\left(\dfrac{27t^3}{8}\right)^{\frac{2}{3}}$

Solución:

(i) $\left(16y^8\right)^{\frac{3}{4}} = \left(\left(16y^8\right)^{\frac{1}{4}}\right)^3 = \left(\sqrt[4]{16 \ y^8}\right)^3 = \left(\sqrt[4]{2^4 \cdot y^8}\right)^3 = \left(2y^2\right)^3 = 8y^6$

(ii) $\left(\dfrac{27t^3}{8}\right)^{\frac{2}{3}} = \left(\left(\dfrac{27t^3}{8}\right)^{\frac{1}{3}}\right)^2 = \left(\dfrac{\sqrt[3]{27 \ t^3}}{\sqrt[3]{8}}\right)^2 = \left(\dfrac{3t}{2}\right)^2 = \dfrac{9t^2}{4}$

5.6 Convertir los siguientes radicales en exponentes fraccionarios y simplificar:

(i) $\sqrt[4]{a} \cdot \sqrt[3]{a} \cdot \sqrt{a\sqrt{a}}$ (ii) $\dfrac{\sqrt{a \cdot b} \cdot a \cdot \sqrt[3]{b}}{\sqrt[4]{a^3} \cdot \sqrt[6]{b^5}}$

(iii) $\dfrac{\sqrt{a} \cdot \sqrt[3]{a^2}}{\sqrt[6]{a} \cdot \sqrt[3]{a \cdot \sqrt{a}}}$ (iv) $\dfrac{\sqrt[3]{a^2} \sqrt[3]{a \sqrt[3]{a}}}{a \cdot \sqrt[3]{a}}$

Solución:

(i) $\sqrt[4]{a} \cdot \sqrt[3]{a} \cdot \sqrt{a\sqrt{a}} = a^{\frac{1}{4}} \cdot a^{\frac{1}{3}} \cdot \left(a \cdot a^{\frac{1}{2}}\right)^{\frac{1}{2}} = a^{\frac{1}{4}} \cdot a^{\frac{1}{3}} \cdot a^{\frac{1}{2}} \cdot a^{\frac{1}{4}} = a^{\frac{1}{4} + \frac{1}{3} + \frac{1}{2} + \frac{1}{4}} = a^{\frac{4}{3}}$

(ii) $\dfrac{\sqrt{a \cdot b} \cdot a \cdot \sqrt[3]{b}}{\sqrt[4]{a^3} \cdot \sqrt[6]{b^5}} = \dfrac{a^{\frac{1}{2}} \cdot b^{\frac{1}{2}} \cdot a \cdot b^{\frac{1}{3}}}{a^{\frac{3}{4}} \cdot b^{\frac{5}{6}}} = \dfrac{a^{\frac{3}{2}} \cdot b^{\frac{5}{6}}}{a^{\frac{3}{4}} \cdot b^{\frac{5}{6}}} = a^{\frac{3}{4}}$

(iii) $\dfrac{\sqrt{a}\cdot\sqrt[3]{a^2}}{\sqrt[6]{a}\cdot\sqrt[3]{a\cdot\sqrt{a}}} = \dfrac{a^{\frac{1}{2}}\cdot a^{\frac{2}{3}}}{a^{\frac{1}{6}}\cdot\left(a\cdot a^{\frac{1}{2}}\right)^{\frac{1}{3}}} = \dfrac{a^{\frac{7}{6}}}{a^{\frac{1}{6}}\cdot a^{\frac{1}{3}}\cdot a^{\frac{1}{6}}} = \dfrac{a^{\frac{7}{6}}}{a^{\frac{4}{6}}} = a^{\frac{3}{6}} = a^{\frac{1}{2}}$

(iv) $\dfrac{\sqrt[3]{a^2}\sqrt[3]{a\sqrt[3]{a}}}{a\cdot\sqrt[3]{a}} = \dfrac{a^{\frac{2}{3}}\cdot\left(a\cdot a^{\frac{1}{3}}\right)^{\frac{1}{3}}}{a\cdot a^{\frac{1}{3}}} = \dfrac{a^{\frac{2}{3}}\cdot a^{\frac{1}{3}}\cdot a^{\frac{1}{9}}}{a^{\frac{4}{3}}} = \dfrac{a^{\frac{10}{9}}}{a^{\frac{4}{3}}} = a^{-\frac{2}{9}}$

5.7 Utilizar sólo la definición de logaritmo para calcular:

(i) $\log_{10} 1000$ (ii) $\log_{10} 0.01$ (iii) $\log_5 125$

(iv) $\log_{\frac{1}{3}} 9$ (v) $\ln \dfrac{1}{e^2}$

Solución:

(i) $\log_{10} 1000 = \log_{10} 10^3 = 3$

(ii) $\log_{10} 0.01 = \log_{10} 10^{-2} = -2$

(iii) $\log_5 125 = \log_5 5^3 = 3$

(iv) $\log_{\frac{1}{3}} 9 = \log_{\frac{1}{3}} 3^2 = \log_{\frac{1}{3}} \left(\frac{1}{3}\right)^{-2} = -2$

(v) $\ln \dfrac{1}{e^2} = \ln e^{-2} = -2$

5.8 Halla los siguientes logaritmos con la ayuda del Ejercicio 5.2:

(i) $\log_2 \sqrt{4^3}$ (ii) $\log_2 32^{-\frac{2}{5}}$ (iii) $\log_{\frac{1}{2}} 32^{-\frac{2}{5}}$ (iv) $\log_2 \sqrt[4]{\frac{1}{16^5}}$

Solución:

(i) $\log_2 \sqrt{4^3} = \log_2 2^3 = 3$

(ii) $\log_2 32^{-\frac{2}{5}} = \log_2 2^{-2} = -2$

(iii) $\log_{\frac{1}{2}} 32^{-\frac{2}{5}} = \log_{\frac{1}{2}} \left(\frac{1}{2}\right)^2 = 2$

(iv) $\log_2 \sqrt[4]{\frac{1}{16^5}} = \log_2 2^{-5} = -5$

5.9 Hallar, aproximadamente, los siguientes logaritmos sabiendo que $\log_{10} 2 \simeq 0.301$ con la ayuda del Ejercicio 5.1:

(i) $\log_{10} 80$ (ii) $\log_{10} 0.08$ (iii) $\log_{10} 5$ (iv) $\log_{10} 0.25$.

Solución:

(i) $\log_{10} 80 = \log_{10} \left(2^3\cdot 10\right) = \log_{10} 2^3 + \log_{10} 10 = (3\log_{10} 2) + 1 \simeq (3\cdot 0.301) + 1 = 1.903$

(ii) $\log_{10} 0.08 = \log_{10} \left(2^3\cdot 10^{-2}\right) = \log_{10} 2^3 + \log_{10} 10^{-2} = 3\log_{10} 2 - 2\log_{10} 10 \simeq 3\cdot 0.301 - 2\cdot 1 = -1.097$

(iii) $\log_{10} 5 = \log_{10} \left(2^{-1}\cdot 10\right) = \log_{10} 2^{-1} + \log_{10} 10 = -(\log_{10} 2) + 1 \simeq -0.301 + 1 = 0.699$

o también

$\log_{10} 5 = \log_{10} \dfrac{10}{2} = \log_{10} 10 - \log_{10} 2 \simeq 1 - 0.301 = 0.699$

(iv) $\log_{10} 0.25 = \log_{10} 2^{-2} = -2\log_{10} 2 \simeq -2\cdot 0.301 = -0.602$

5.10 Sabiendo, además, que $\log_{10} 3 \simeq 0.477$, hallar aproximadamente:

(i) $\log_{10} 6$ (ii) $\log_{10} \dfrac{2}{30}$ (iii) $\log_{10} \sqrt[5]{\frac{2^3}{3^2}}$

Solución:

(i) $\log_{10} 6 = \log_{10}(2 \cdot 3) = \log_{10} 2 + \log_{10} 3 \simeq 0.301 + 0.477 = 0.778$

(ii) $\log_{10} \frac{2}{30} = \log_{10} 2 - \log_{10} 30 = \log_{10} 2 - \log_{10}(3 \cdot 10) = \log_{10} 2 - \log_{10} 3 - \log_{10} 10 \simeq 0.301 - 0.477 - 1 = -1.176$

(iii) $\log_{10} \sqrt[5]{\frac{2^3}{3^2}} = \frac{1}{5} \log_{10} \frac{2^3}{3^2} = \frac{1}{5} \left(\log_{10} 2^3 - \log_{10} 3^2 \right) = \frac{1}{5} (3 \cdot \log_{10} 2 - 2 \cdot \log_{10} 3) \simeq \frac{1}{5} (3 \cdot 0.301 - 2 \cdot 0.477) = \frac{1}{5} (0.903 - 0.954) = 0.2 \cdot (-0.051) = -0.0102$

5.11 Expresar en un sólo logaritmo $4 \log_a x + 2 \log_a y - \log_a z$.

Solución:

Se tiene que: $4 \log_a x + 2 \log_a y - \log_a z = \log_a x^4 + \log_a y^2 - \log_a z = \log_a \left(x^4 y^2 \right) - \log_a z = \log_a \left(\frac{x^4 y^2}{z} \right)$

5.12 Expresar en un sólo logaritmo $3 ((\log_a 5) + 1) - 2 \log_a 2 - \log_a 25$.

Solución:

Se tiene: $3 ((\log_a 5) + 1) - 2 \log_a 2 - \log_a 25 = 3 (\log_a 5 + \log_a a) - \left(\log_a 2^2 + \log_a 5^2 \right) = \log_a (5a)^3 - (\log_a (4 \cdot 25)) = \log_a \frac{(5a)^3}{4 \cdot 5^2} = \log_a \frac{5a^3}{4}$.

5.13 Calcular los siguientes logaritmos teniendo en cuenta el Ejercicio 5.6:

(i) $\log_a \sqrt[4]{a} + \log_a \sqrt[3]{a} + \log_a \sqrt{a\sqrt{a}}$

(ii) $\log_a \sqrt{a \cdot b} + \log_a a \sqrt[3]{b} - \log_a \sqrt[4]{a^3} - \log_a \sqrt[6]{b^5}$

(iii) $\log_{\frac{1}{a}} \sqrt{a} + \log_{\frac{1}{a}} \sqrt[3]{a^2} - \log_{\frac{1}{a}} \sqrt[6]{a} - \log_{\frac{1}{a}} \sqrt[3]{a\sqrt{a}}$

(iv) $\log_{\frac{1}{a}} \sqrt[3]{a^2} + \log_{\frac{1}{a}} \sqrt[3]{a \sqrt[3]{a}} - \log_{\frac{1}{a}} \sqrt[3]{a}$

Solución:

(i) $\log_a \sqrt[4]{a} + \log_a \sqrt[3]{a} + \log_a \sqrt{a\sqrt{a}} = \log_a \left(\sqrt[4]{a} \cdot \sqrt[3]{a} \cdot \sqrt{a\sqrt{a}} \right) = \log_a a^{\frac{4}{3}} = \frac{4}{3}$

(ii) $\log_a \sqrt{a \cdot b} + \log_a a \sqrt[3]{b} - \log_a \sqrt[4]{a^3} - \log_a \sqrt[6]{b^5} = \log_a \sqrt{a \cdot b} + \log_a a \sqrt[3]{b} - \left(\log_a \sqrt[4]{a^3} + \log_a \sqrt[6]{b^5} \right) = \log_a \frac{\sqrt{a \cdot b} \cdot a \cdot \sqrt[3]{b}}{\sqrt[4]{a^3} \cdot \sqrt[6]{b^5}} = \log_a a^{\frac{3}{4}} = \frac{3}{4}$

Análogamente se resuelven los siguientes.

(iii) $\log_{\frac{1}{a}} \sqrt{a} + \log_{\frac{1}{a}} \sqrt[3]{a^2} - \log_{\frac{1}{a}} \sqrt[6]{a} - \log_{\frac{1}{a}} \sqrt[3]{a\sqrt{a}} = \log_{\frac{1}{a}} \frac{\sqrt{a} \cdot \sqrt[3]{a^2}}{\sqrt[6]{a} \cdot \sqrt[3]{a\sqrt{a}}}$

$= \log_{\frac{1}{a}} a^{\frac{1}{2}} = \log_{\frac{1}{a}} \left(\frac{1}{a} \right)^{-\frac{1}{2}} = -\frac{1}{2}$

(iv) $\log_{\frac{1}{a}} \sqrt[3]{a^2} + \log_{\frac{1}{a}} \sqrt[3]{a \sqrt[3]{a}} - \log_{\frac{1}{a}} \sqrt[3]{a} = \log_{\frac{1}{a}} \frac{\sqrt[3]{a^2} \cdot \sqrt[3]{a \sqrt[3]{a}}}{\sqrt[3]{a}} = \log_{\frac{1}{a}} a^{-\frac{2}{9}}$

$= \log_{\frac{1}{a}} \left(\frac{1}{a} \right)^{\frac{2}{9}} = \frac{2}{9}$

5.14 Resolver la ecuación $3^{1-x^2} = \frac{1}{27}$.

Solución:

La ecuación se puede escribir en la forma

$$3^{1-x^2} = 3^{-3}$$

de la que se desprende, igualando los exponentes, que $1 - x^2 = -3$, es decir $x^2 = 4$ cuyas soluciones son $x_1 = 2$ y $x_2 = -2$ (el lector verificará que ambas son válidas).

5.15 Resolver la ecuación $6^x = 10 \cdot 2^{x+1}$, en función de $\log_{10} 2$ y $\log_{10} 3$.

Solución:

La ecuación se puede escribir en la forma

$$(2 \cdot 3)^x = 10 \cdot 2^x \cdot 2, \quad \text{o también,} \quad 2^x \cdot 3^x = 10 \cdot 2^x \cdot 2.$$

Por tanto, $3^x = 2 \cdot 10$. Tomando logaritmos se tiene

$$\log_{10} 3^x = \log_{10}(2 \cdot 10), \quad \text{y por tanto,} \quad x \log_{10} 3 = \log_{10} 2 + \log_{10} 10.$$

Así pues, $x = \dfrac{(\log_{10} 2) + 1}{\log_{10} 3}$.

5.16 Resolver la ecuación $4^{2x+1} = 0.5^{3x+5}$.

Solución:

Puesto que $4 = 2^2$ y $0.5 = 2^{-1}$, la anterior ecuación se escribe

$$\left(2^2\right)^{2x+1} = \left(2^{-1}\right)^{3x+5}, \text{ es decir } (2)^{2(2x+1)} = (2)^{-(3x+5)}$$

de lo que se deduce, igualando exponentes, que

$$4x + 2 = -3x - 5, \text{ es decir } 7x = -7$$

y, en consecuencia, $x = -1$.

5.17 Resolver la ecuación $2^{x-1} + 2^x + 2^{x+1} = 7$.

Solución:

La anterior ecuación se puede escribir en la forma

$$2^x \left(\frac{1}{2} + 1 + 2\right) = 7,$$

es decir, $\dfrac{7}{2} \cdot 2^x = 7$, y por tanto, $2^x = 2$, de lo que se deduce $x = 1$.

5.18 Resolver la ecuación $e^x - 2e^{-x} + 1 = 0$.

Solución:

Si designamos $z = e^x$, entonces $e^{-x} = \dfrac{1}{z}$, y la ecuación dada se transforma en la ecuación racional

$$z - \frac{2}{z} + 1 = 0$$

de la que se obtiene $z^2 - 2 + z = 0$, o también, $z^2 + z - 2 = 0$ cuyas soluciones son $z_1 = 1$ y $z_2 = -2$. De $z_1 = 1 = e^{x_1}$ se deduce $x_1 = 0$.

De $z_2 = -2 = e^x$ no se deduce ninguna solución, pues e^x no puede ser negativo.

5.19 Resolver la ecuación $27^{3x} = \sqrt[3]{9^{2-x}}$.

Solución:

Dado que $27 = 3^3$ y $9 = 3^2$, la ecuación se puede escribir en la forma

$$\left(3^3\right)^{3x} = \left(\left(3^2\right)^{2-x}\right)^{\frac{1}{3}}, \text{ es decir, } 3^{9x} = 3^{\frac{4-2x}{3}}.$$

Por lo tanto, $9x = \dfrac{4 - 2x}{3}$, o lo que es lo mismo, $27x = 4 - 2x$, de donde se deduce $x = \dfrac{4}{29}$.

5.20 Resolver la ecuación $\dfrac{3}{5^{x+2}} = \left(\sqrt{3} \cdot 25^x\right)^2$.

Solución:

Como $25 = 5^2$, el segundo miembro vale $\left(\sqrt{3} \cdot 5^{2x}\right)^2 = 3 \cdot 5^{4x}$, y la ecuación queda en la forma

$$3 \cdot 5^{-x-2} = 3 \cdot 5^{4x},$$

es decir, $-x - 2 = 4x$, de lo que se deduce $x = -\dfrac{2}{5}$.

5.21 Resolver las ecuaciones:

(i) $1 - e^{x^2 - 4} = 0$ (ii) $1 - 10^{x^2 - 4} = 0$

Solución:

(i) La ecuación se puede escribir $e^{x^2-4} = 1 = e^0$.

Por tanto, $x^2 - 4 = 0$, y las soluciones son $x_1 = 2$ y $x_2 = -2$.

(ii) La ecuación se puede escribir $10^{x^2-4} = 1 = 10^0$, y las soluciones son, de nuevo $x_1 = 2$ y $x_2 = -2$.

5.22 Resolver las ecuaciones:

(i) $\dfrac{1}{2} - e^{-2x} = 0$ (ii) $\dfrac{1}{2} - 10^{2x} = 0$

Solución:

(i) La ecuación se puede escribir $e^{-2x} = \dfrac{1}{2}$, y tomando logaritmos, $-2x \ln e = \ln\left(\dfrac{1}{2}\right)$, es decir, $x = \dfrac{\ln\left(\dfrac{1}{2}\right)}{-2} = \dfrac{-\ln 2}{-2} \simeq 0.346573$, con ayuda de la calculadora.

(ii) La ecuación se puede escribir $10^{2x} = \dfrac{1}{2}$, y tomando logaritmos, $2x \log_{10} 10 = \log_{10} \dfrac{1}{2} = -\log_{10} 2$, es decir, $x \simeq \dfrac{-0.301}{2} = -0.1505$.

5.23 Resolver la ecuación $\sqrt[x]{2} = 3$, en función de $\log_{10} 2$ y $\log_{10} 3$.

Solución:

La ecuación se puede escribir en la forma $2^{\frac{1}{x}} = 3$ y tomando logaritmos se tiene $\dfrac{1}{x} \log_{10} 2 = \log_{10} 3$, es decir, $x = \dfrac{\log_{10} 2}{\log_{10} 3}$.

5.24 Numerosos estudios empíricos han determinado que, en condiciones ideales, el número de bacterias en un cultivo crece exponencialmente según la expresión $N(t) = N(0)e^{kt}$ que es función del tiempo medido en minutos. Supongamos que, en un principio, hay 3000 bacterias en un cultivo y que 30 minutos más tarde hay 6500. De seguir este ritmo de crecimiento, ¿cuántas bacterias habrá al cabo de una hora?.

Solución:

Sustituyendo los datos del problema en la expresión $N(t) = N(0)e^{kt}$, se tiene que

$$N(30) = 3000 \cdot e^{k \cdot 30} = 6500,$$

por lo tanto,

$$e^{30k} = \dfrac{6500}{3000} = \dfrac{16}{3}, \quad \text{es decir,} \quad 30k = \ln\left(\dfrac{13}{6}\right)$$

y, en consecuencia, $k = \dfrac{\ln\left(\frac{13}{6}\right)}{30}$.

Al cabo de una hora (60 minutos) se tendrá

$$
\begin{aligned}
N(60) &= 3000{\cdot}e^{k\cdot 60} = 3000{\cdot}e^{\frac{\ln\left(\frac{13}{6}\right)}{30}\cdot 60} = 3000{\cdot}e^{2\cdot\ln\left(\frac{13}{6}\right)} \\
&= 3000{\cdot}\left(e^{\ln\left(\frac{13}{6}\right)}\right)^2 = 3000\cdot\left(\frac{13}{6}\right)^2 = \frac{42250}{3} \\
&\simeq 14083 \text{ bacterias.}
\end{aligned}
$$

5.25 Una empresa dedicada a la comercialización de maquinaria de segunda mano ha investigado cómo se deprecia cierta máquina con el uso. Dicha máquina, después de t años, tendrá un valor $P(t) = P(0)e^{-0.05t}$. Si después de 18 años sabemos que el valor de la máquina, según tasación, es de 10000 euros ¿Cuál era el valor inicial $P(0)$ de la máquina?

Solución:
Sabemos que $P(18) = P(0) \cdot e^{-0.05\cdot 18} = 10000$ y deseamos obtener $P(0)$.
$P(0){\cdot}e^{-0.05\cdot 18} = 10000$, por tanto,

$$
P(0) = e^{0.05\cdot 18}{\cdot}10000 = e^{0.9}{\cdot}10000 \simeq 24596.031
$$

5.26 Las autoridades sanitarias de un país determinaron que, t semanas después del brote de cierta gripe, habrían contraído la enfermedad aproximadamente $N(t)$ personas, donde
$$
N(t) = \frac{18000}{1 + 17e^{-1.4t}}
$$

(i) ¿Cuántas personas contrajeron la enfermedad inicialmente?

(ii) ¿Cuántas personas habrían contraído la enfermedad al final de la segunda semana?

Solución:

(i) $N(0) = \dfrac{18000}{1 + 17e^{-1.4\cdot 0}} = \dfrac{18000}{1 + 17} = \dfrac{18000}{18} = 1000$ personas.

(ii) $N(2) = \dfrac{18000}{1 + 17e^{-1.4\cdot 2}} \simeq 8850$ personas.

5.27 Una substancia radiactiva se desintegra exponencialmente de manera que la cantidad, en gramos, de substancia radiactiva al pasar t años viene dada por la expresión $R(t) = R(0){\cdot}e^{kt}$. Si al comienzo había 600 gramos de substancia y 30 años después hay 450 gramos, ¿cuántos gramos habrá después de 240 años?

Solución:
Por el enunciado sabemos que $R(0) = 600$ y $R(30) = 450$. Así, se tiene que

$$
R(30) = 600{\cdot}e^{30\cdot k} = 450.
$$

Por tanto, $e^{30\cdot k} = \dfrac{450}{600}$, y aplicando logaritmos, $30k = \ln\left(\dfrac{3}{4}\right)$ por lo que $k = \dfrac{\ln\left(\frac{3}{4}\right)}{30}$. Finalmente, $R(240) = 600{\cdot}e^{240\cdot\frac{\ln\left(\frac{3}{4}\right)}{30}} = 600{\cdot}e^{8\cdot\ln\left(\frac{3}{4}\right)} = 600\cdot\left(e^{\ln\left(\frac{3}{4}\right)}\right)^8 = 600{\cdot}\left(\dfrac{3}{4}\right)^8 = \dfrac{492075}{8192} \simeq 60.067749$ gramos.

5.28 Resolver el sistema $\begin{cases} 3^{x+y} & = & 9 \\ 3^{2x-y} & = & 3 \end{cases}$.

Solución:

Como $9 = 3^2$, igualando los respectivos exponentes se tiene $\begin{cases} x & + & y & = & 2 \\ 2x & - & y & = & 1 \end{cases}$ cuya solución es $x = 1$, $y = 1$.

5.29 Resolver el sistema $\begin{cases} 2^x & - & 3^{y-1} & = & 5 \\ 2^{x+1} & + & 8 \cdot 3^y & = & 712 \end{cases}$.

Solución:

El sistema anterior se puede escribir en la forma $\begin{cases} 2^x - \frac{1}{3} \cdot 3^y & = 5 \\ 2 \cdot 2^x + 8 \cdot 3^y & = 712 \end{cases}$.

Si llamamos $X = 2^x$ e $Y = 3^y$ el sistema queda en la forma $\begin{cases} X - \frac{1}{3} \cdot Y & = 5 \\ 2 \cdot X + 8 \cdot Y & = 712 \end{cases}$, cuya solución es $X = 32$ e $Y = 81$. Por tanto de $2^x = 32 = 2^5$ se tiene que $x = 5$ y de $3^y = 81 = 3^4$ se tiene que $y = 4$.

5.30 Resolver el sistema $\begin{cases} 2^x & = & 3^y \\ x - y & = & 0.5 \end{cases}$.

Solución:

De la segunda ecuación se tiene que $y = x - 0.5$. Sustituyendo este valor en la primera ecuación se tiene

$$2^x = 3^{x-0.5}.$$

Tomando logaritmos neperianos, por ejemplo, en ambos miembros se tiene:

$$x \ln 2 = (x - 0.5) \ln 3,$$

de lo que se desprende $x (\ln 2 - \ln 3) = -0.5 \cdot \ln 3$, y por tanto, con ayuda de una calculadora podemos obtener aproximadamente

$$x = -\frac{0.5 \cdot \ln 3}{\ln 2 - \ln 3} \simeq 1.3547556.$$

Finalmente, de $y = x - 0.5$ se deduce $y \simeq 1.3547556 - 0.5 = 0.8547556$.

5.31 Resolver $\log_{10} (x + 3) - \log_{10} x = 2$.

Solución:

La ecuación se puede escribir en la forma $\log_{10} \left(\dfrac{x+3}{x} \right) = \log_{10} 100$. Por tanto, se tiene $\dfrac{x+3}{x} = 100$, de lo que se deduce $x + 3 = 100x$, y finalmente, $x = \dfrac{1}{33}$.

5.32 Resolver la ecuación $\log_a x + \log_a 36 = \log_a 612$.

Solución:

La ecuación se puede escribir en la forma $\log_a (36x) = \log_a 612$. Por tanto, $36x = 612$, y en consecuencia, $x = 17$.

5.33 Resolver la ecuación $\ln (7x) = \ln 37 + 5 \cdot \ln x$.

Solución:

Daremos dos resoluciones al ejercicio.

(a) La ecuación se puede escribir en la forma

$$\ln 7 + \ln x = (\ln 37) + 5 \cdot \ln x, \quad \text{es decir,} \quad (\ln x) - 5 \cdot \ln x = \ln 37 - \ln 7.$$

Por tanto, se tiene $(1-5)\cdot\ln x = \ln 37 - \ln 7$, y con ayuda de calculadora, obtenemos

$$\ln x = \frac{\ln 37 - \ln 7}{-4} \simeq -0.41625194 \,.$$

Por tanto $x = e^{-0.\,41625\,194} \simeq 0.\,65951\,409.$

(b) La ecuación inicial se puede escribir en la forma $\ln(7x) = \ln 37 + \ln x^5 = \ln\left(37\cdot x^5\right).$ Por tanto, $7x = 37x^5$, es decir, $x^4 = \frac{7}{37}$ de lo que se deduce $x = \sqrt[4]{\frac{7}{37}} \simeq 0.65951409.$

5.34 Resolver el sistema $\begin{cases} x - 5y & = & 50 \\ \log_{10} x - \log_{10} y & = & 1 \end{cases}.$

Solución:

La segunda ecuación del sistema se puede escribir en la forma $\log_{10}\frac{x}{y} = \log_{10} 10$ y por tanto $\frac{x}{y} = 10$, es decir, $x = 10\,y.$

Sustituyendo en la primera ecuación se tiene $10y - 5y = 50$, o también, $5y = 50$, con lo que $y = 10$, y por tanto, $x = 10\cdot y = 100.$

5.35 Resolver el sistema $\begin{cases} \ln x - \ln y = 7 \\ \ln x + \ln y = 3 \end{cases}.$

Solución:

Llamemos $X = \ln x$ e $Y = \ln y$. El sistema dado se escribe entonces

$$\begin{cases} X - Y = 7 \\ X + Y = 3 \end{cases}$$

cuya solución es $X = 5$ e $Y = -2$. Así pues $\ln x = 5$ y por tanto $x = e^5 \simeq 148.\,413$ y $\ln y = 2$ con lo que $y = e^{-2} \simeq 0.\,135.$

5.36 Resolver el sistema $\begin{cases} \log_{10} x + 3\log_{10} y & = & 5 \\ \log_{10}\dfrac{x}{y} & = & 3 \end{cases}.$

Solución:

El sistema se puede escribir en la forma $\begin{cases} \log_{10}\left(x\cdot y^3\right) & = & 5 \\ \log_{10}\dfrac{x}{y} & = & 3 \end{cases}.$

De la segunda ecuación obtenemos $x = 10^3 y$. Sustituyendo en la primera queda $y^4 = 10^2$, y por tanto, $y = \sqrt{10}$ con lo que $x = 10^3\sqrt{10}.$

5.37 Resolver el sistema $\begin{cases} \log_a x + \log_a y = \log_a 45 \\ \log_a x - \log_a y = \log_a 5 \end{cases}.$

Solución:

El sistema se puede escribir en la forma $\begin{cases} \log_a(x\cdot y) & = & \log_a 45 \\ \log_a\frac{x}{y} & = & \log_a 5 \end{cases}$, y por tanto, $\begin{cases} x\cdot y & = & 45 \\ \frac{x}{y} & = & 5 \end{cases}$. De la segunda ecuación se deduce $x = 5\cdot y$, que sustituida en la primera ecuación nos da $5y^2 = 45$, es decir $y^2 = 9$, y por tanto, $y = 3$ y $x = 15$ (obsérvese que $y = -3$ no tiene sentido).

Capítulo 6

FUNCIONES CIRCULARES Y TRIGONOMETRÍA

En este capítulo introducimos las razones trigonométricas en un triángulo para definir después las funciones circulares. Abordaremos la resolución de ecuaciones trigonométricas y la resolución de triángulos.

6.1 FUNCIONES CIRCULARES

6.1.1 Medida de arcos y de ángulos

Dado que a cada ángulo central de una circunferencia le corresponde un arco sobre ésta, y recíprocamente, los arcos y ángulos utilizan las mismas unidades de medida (grados °, minutos ' y segundos ") . En el sistema sexagesimal la circunferencia se divide en 360°, cada grado en 60', y cada minuto en 60". Otra unidad de medida, el **radián**, es el arco de circunferencia de longitud igual al radio, por lo que la circunferencia mide 2π radianes. El lector debería familiarizarse con la conversión entre las distintas medidas y en algunas equivalencias; como ejemplo 90° es el arco $\dfrac{\pi}{2}$ (radianes).

6.1.2 Nota

En el sistema centesimal la circunferencia se divide en 400 grados centesimales, cada grado en 100' y cada minuto en 100".

6.1.3 Razones trigonométricas de un triángulo rectángulo

Sean los triángulos rectángulos semejantes de ángulos (vértices) APQ y $AP'Q'$ de la Figura 6.1, donde A es un ángulo agudo.

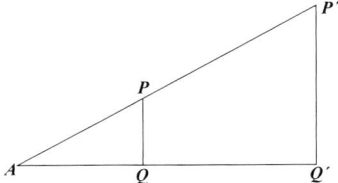

Figura 6.1: Triángulos rectángulos semejantes.

En referencia a cualquiera de los dos triángulos se definen las **razones trigonométricas**

$$\operatorname{sen} A = \frac{\text{cateto opuesto}}{\text{hipotenusa}} \qquad \text{y} \qquad \cos A = \frac{\text{cateto contiguo}}{\text{hipotenusa}}$$

(sen A y cos A se leen seno de A y coseno de A, respectivamente).

Las definiciones están bien dadas pues sólo dependen del ángulo y no del triángulo considerado. En efecto, por semejanza de triángulos se tiene

$$\frac{PQ}{AP} = \frac{P'Q'}{AP'} = \operatorname{sen} A \qquad \text{y} \qquad \frac{AQ}{AP} = \frac{AQ'}{AP'} = \cos A$$

donde PQ, AP, AQ, $P'Q'$, AP' y AQ' son las longitudes de los segmentos que unen dichos puntos.

La razón trigonométrica tangente de A, denotada $\tan A$, se define como $\tan A = \dfrac{\operatorname{sen} A}{\cos A}$, por tanto,

$$\tan A = \frac{\frac{PQ}{AP}}{\frac{AQ}{AP}} = \frac{PQ}{AQ} = \frac{\text{cateto opuesto}}{\text{cateto contiguo}},$$

por lo que fácilmente se concluye que $\tan A$ es la *pendiente* de la recta que pasa por los puntos A y P, cuando están dados en un sistema de ejes cartesianos.

6.1.4   Razones trigonométricas sobre la circunferencia

Llamaremos circunferencia **goniométrica** la que está centrada en el origen de coordenadas cartesiano y tiene radio 1. Los ángulos (arcos) positivos se miden desde el eje OX en sentido contrario al de las agujas de reloj. Desde ahora, salvo mención explícita, las circunferencias que aparecen en los gráficos de este capítulo son goniométricas.

Consideremos un ángulo agudo α ($\alpha \neq 0°$, $90°$) medido desde el semieje OX positivo el cual determina sobre la circunferencia un punto P como muestra la Figura 6.2.

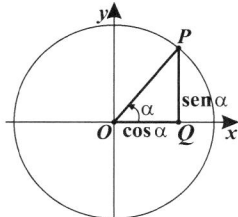

Figura 6.2: Razones trigonométricas sobre la circunferencia goniométrica.

Sea Q el punto de intersección del eje OX con su perpendicular trazada desde P. Entonces OPQ forma un triángulo rectángulo, y como el radio de la circunferencia es 1, entonces sen $\alpha = PQ$ y cos $\alpha = OQ$. Ello nos permite generalizar los conceptos de sen α y cos α a cualquier α ente 0° y 360° en el contexto del párrafo anterior, como sigue:

sen α y cos α son los valores algebraicos de las proyecciones del punto P sobre los ejes OY y OX, respectivamente.

Como se aprecia en la Figura 6.2, por definición, sen 0° = 0, y conforme α va aumentando en el *primer cuadrante,* sen α va creciendo hasta su valor máximo 1 (= sen 90°). A partir de 90°, sen α va decreciendo en el *segundo cuadrante* hasta valer 0 en 180°. En el *tercer cuadrante* sen α es negativo y llega a su valor mínimo -1 en $\alpha = 270°$, y posteriormente al recorrer el *cuarto cuadrante* decrece en tamaño, manteniendo su valor negativo, hasta valer 0 en 360°.

El lector razonará de manera análoga el comportamiento de cos α, para lo que le serán de ayuda las gráficas de la Figura 6.3.

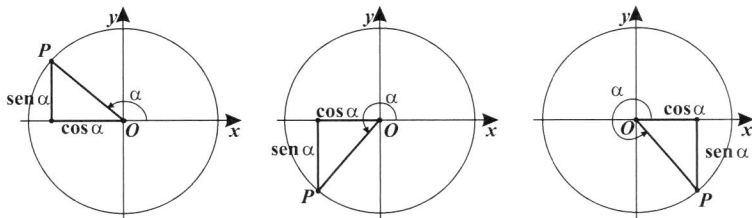

Figura 6.3: Razones trigonométricas de ángulos cualesquiera.

Si a cada arco (ángulo) x medido en radianes le hacemos corresponder el valor sen x se obtiene la función **seno**, denotada sen x de dominio $[0, 2\pi]$ y cuya gráfica se muestra en la Figura 6.4 (a). La figura está bien construida pues la unidad de medida en abscisas y ordenadas es la misma.

Análogamente se define la función **coseno** (cos x) cuya gráfica se muestra en la Figura 6.4 (b).

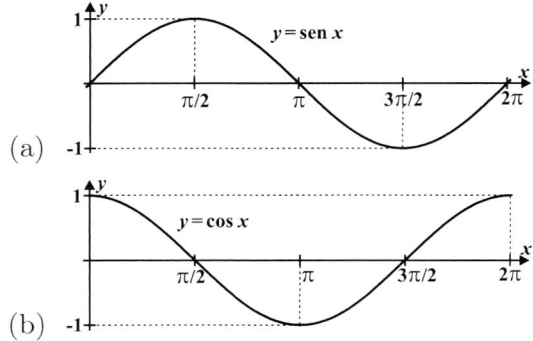

Figura 6.4: Gráficas en $[0, 2\pi]$ de la funciones: (a) sen x y (b) cos x.

6.1.5   Las funciones circulares

Sabemos que a cada ángulo que excede de 360° se le hace corresponder de manera natural un único ángulo entre 0° y 360° que suele llamarse "del primer giro". Ésta es la idea que subyace para extender las anteriores funciones seno y coseno a toda la recta real, que pasamos a ver.

Tomemos en $\mathbb{R}$ como unidad el radián; bajo esta asunción se definen sobre $\mathbb{R}$ las **funciones circulares seno** y **coseno**, denotadas sen x y cos x, respectivamente, como sigue:

Si $x = x' + 2k\pi$, donde $x' \in [0, 2\pi[$ y $k \in \mathbb{Z}$ entonces sen x = sen x' y cos x = cos x'.

Por su propia definición estas funciones son periódicas de periodo 2π, y sus gráficas, denominadas **sinusoide** y **cosinusoide**, respectivamente, se muestran en las Figuras 6.5 (a) y 6.5 (b), respectivamente.

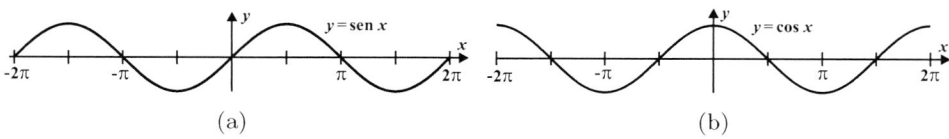

Figura 6.5: Gráficas de las funciones: (a) sen x y (b) cos x.

Acorde con el punto 6.1.3 se define la función **tangente**, denotada tan, de manera que para $x \in \mathbb{R}$, $\tan x = \dfrac{\text{sen } x}{\cos x}$. Su gráfica, denominada **tangentoide**, resulta ser periódica de periodo π, y se muestra en la Figura 6.6.

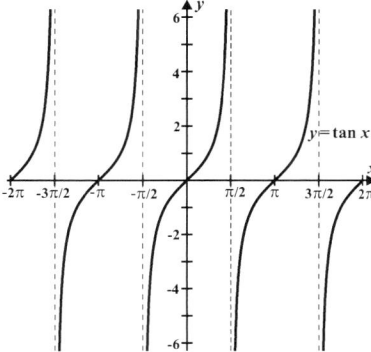

Figura 6.6: Gráfica de $\tan x$.

6.2 RELACIONES ENTRE LAS RAZONES TRI-GONOMÉTRICAS

6.2.1 La relación fundamental

Por simple observación de las gráficas sobre la circunferencia goniométrica del punto 6.1.4 y por aplicación del Teorema de Pitágoras se obtiene de manera inmediata la **relación fundamental de trigonometría**

$$\operatorname{sen}^2 x + \cos^2 x = 1.$$

Dividiendo por $\cos^2 x$ y $\operatorname{sen}^2 x$, respectivamente, se obtienen

$$\tan^2 x + 1 \quad = \quad \frac{1}{\cos^2 x}, \tag{6.1}$$

$$1 + \frac{1}{\tan^2 x} \quad = \quad \frac{1}{\operatorname{sen}^2 x}. \tag{6.2}$$

Si se conoce una razón trigonométrica, con ayuda de las tres relaciones anteriores se pueden calcular las otras dos razones trigonométricas.

6.2.2 Ejemplo

Calcularemos $\cos \alpha$ y $\tan \alpha$ sabiendo que $\operatorname{sen} \alpha = \dfrac{1}{2}$, con $0 < \alpha < 90^0$.
De la relación fundamental se tiene que

$$\cos \alpha = \sqrt{1 - \operatorname{sen}^2 \alpha} = \sqrt{1 - \frac{1}{4}} = \sqrt{\frac{3}{4}} = \pm \frac{\sqrt{3}}{2}.$$

Como el ángulo se encuentra en el primer cuadrante, entonces $\cos \alpha = +\dfrac{\sqrt{3}}{2}$.

Finalmente $\tan \alpha = \dfrac{\operatorname{sen} \alpha}{\cos \alpha} = \dfrac{\frac{1}{2}}{\frac{\sqrt{3}}{2}} = \dfrac{1}{\sqrt{3}} = \dfrac{\sqrt{3}}{3}$.

6.2.3   Relaciones entre razones trigonométricas de ángulos

Las razones trigonométricas de un ángulo se relacionan con las de otros ángulos. Nosotros sólo describiremos algunas de estas relaciones que pueden ser justificadas por las gráficas que adjuntamos. Omitimos el estudio de la tangente, que se reduce a escribir el correspondiente cociente.

(a) Ángulos opuestos:

$$\operatorname{sen}(-\alpha) = -\operatorname{sen}\alpha$$
$$\cos(-\alpha) = \cos\alpha$$

Figura 6.7: Ángulos opuestos.

(b) Ángulos que se diferencian en π radianes (180°):

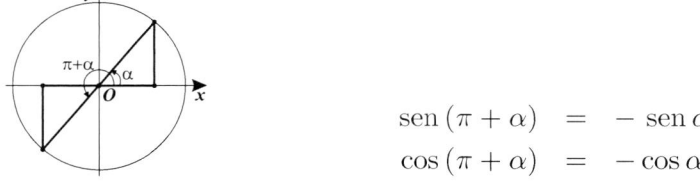

$$\operatorname{sen}(\pi + \alpha) = -\operatorname{sen}\alpha$$
$$\cos(\pi + \alpha) = -\cos\alpha$$

Figura 6.8: Ángulos que se diferencian en π radianes.

(c) Ángulos suplementarios:

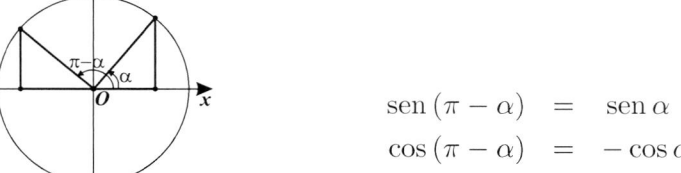

$$\operatorname{sen}(\pi - \alpha) = \operatorname{sen}\alpha$$
$$\cos(\pi - \alpha) = -\cos\alpha$$

Figura 6.9: Ángulos suplementarios.

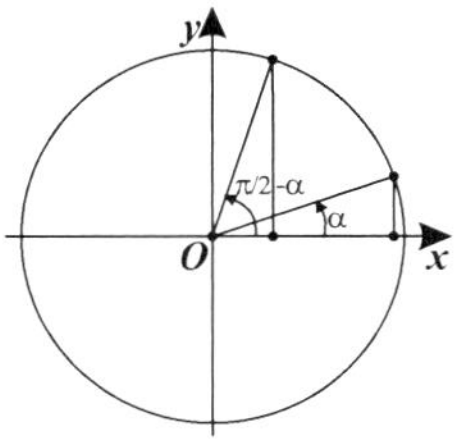

$$\text{sen}\left(\frac{\pi}{2} - \alpha\right) = \cos\alpha$$

$$\cos\left(\frac{\pi}{2} - \alpha\right) = \text{sen}\,\alpha$$

Figura 6.10: Ángulos complementarios.

(d) Ángulos complementarios:

Las relaciones (a) o (b) permiten escribir la razón trigonométrica de un ángulo de los cuadrantes tercero o cuarto en otra del primer o segundo cuadrante.

La relación (c) permite escribir la razón trigonométrica de un ángulo del segundo cuadrante en otra del primero, y finalmente con (d) se puede expresar respecto a un ángulo del *primer octante*, es decir con $\alpha \in \left[0, \dfrac{\pi}{4}\right]$.

6.2.4 Ejemplo

Reduzcamos las razones trigonométricas del ángulo $240°$ al primer octante.

Como $240° = 180° + 60°$ entonces según (b) y (d) se tiene

$$
\begin{aligned}
\text{sen}\,240° &= -\text{sen }60° = -\cos 30°,\\
\cos 240° &= -\cos 60° = -\,\text{sen }30°.
\end{aligned}
$$

Finalmente se tiene $\tan 240° = \frac{\text{sen }240°}{\cos 240°} = \frac{-\cos 30°}{-\,\text{sen }30°} = \frac{1}{\tan 30°}$.

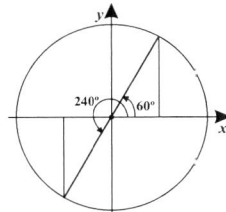

Figura 6.11: Reducción al primer cuadrante del ángulo $240°$.

En el Ejercicio 6.8 se argumentará con otro gráfico, que simplificará la solución.

6.2.5 Razones trigonométricas de los ángulos de $30°$, $45°$ y $60°$

En la argumentación de las gráficas siguientes conviene recordar que la suma de los ángulos de un triángulo es $180°$ y que si un triángulo posee dos ángulos iguales entonces los lados opuestos son iguales, y viceversa.

Si el ángulo central es $60°$, necesariamente el triángulo mayor de la Figura 6.12 es equilátero y por tanto $\cos 60° = \dfrac{1}{2}$, de lo que se deduce, por la relación fundamental, que $\operatorname{sen} 60° = \dfrac{\sqrt{3}}{2}$, y en consecuencia, $\tan 60° = \sqrt{3}$.

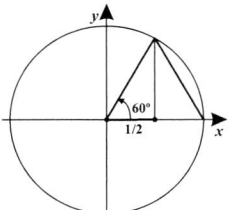

Figura 6.12: Razones trigonométricas del ángulo 60°.

Si el ángulo central de la circunferencia es de 45° entonces por (d) del punto 6.2.3 sabemos que $\operatorname{sen} 45° = \cos 45°$, por lo que teniendo en cuenta la relación fundamental se tiene

$$\operatorname{sen}^2 45° + \cos^2 45° = 1,$$

es decir $2 \cdot \operatorname{sen}^2 45° = 1$, de lo que se concluye $\operatorname{sen} 45° = \dfrac{\sqrt{2}}{2}$ $(= \cos 45°)$. En consecuencia, $\tan 45° = 1$.

Por (d) del punto 6.2.3 se tiene que $\operatorname{sen} 30° = \cos 60° = \dfrac{1}{2}$, y $\cos 30° = \operatorname{sen} 60° = \dfrac{\sqrt{3}}{2}$, por lo que $\tan 30 = \dfrac{\sqrt{3}}{3}$.

En la siguiente tabla se exponen las razones trigonométricas de los ángulos 0°, 30°, 45°, 60° y 90°.

grados	radianes	$\operatorname{sen} x$	$\cos x$	$\tan x$
0°	0	0	1	0
30°	$\dfrac{\pi}{6}$	$\dfrac{1}{2}$	$\dfrac{\sqrt{3}}{2}$	$\dfrac{\sqrt{3}}{3}$
45°	$\dfrac{\pi}{4}$	$\dfrac{\sqrt{2}}{2}$	$\dfrac{\sqrt{2}}{2}$	1
60°	$\dfrac{\pi}{3}$	$\dfrac{\sqrt{3}}{2}$	$\dfrac{1}{2}$	$\sqrt{3}$
90°	$\dfrac{\pi}{2}$	1	0	-

El manejo de tablas con razones trigonométricas ha quedado en desuso desde la aparición de la calculadora.

6.3 TEOREMAS DE ADICIÓN Y CONSECUEN-CIAS

6.3.1 Expresión de $\cos{(x\pm y)}$

Para cualquiera que sean los ángulos x e y se verifica la siguiente relación que no demostraremos

$$\cos{(x-y)} = \cos{x} \cdot \cos{y} + \operatorname{sen}{x} \cdot \operatorname{sen}{y}. \tag{6.3}$$

En consecuencia, como $x + y = x - (-y)$, entonces

$$\begin{aligned} \cos{(x+y)} &= \cos{(x-(-y))} = \\ &= \cos{x} \cdot \cos{(-y)} + \operatorname{sen}{x} \cdot \operatorname{sen}{(-y)}, \end{aligned}$$

y teniendo en cuenta (a) de 6.2.3 se tiene

$$\cos{(x+y)} = \cos{x} \cdot \cos{y} - \operatorname{sen}{x} \cdot \operatorname{sen}{y}. \tag{6.4}$$

6.3.2 Expresión de $\operatorname{sen}{(x\pm y)}$

Dado que, por (d) de 6.2.3, se tiene que $\operatorname{sen}{(x+y)} = \cos{\left(\frac{\pi}{2} - (x+y)\right)} = \cos{\left(\left(\frac{\pi}{2} - x\right) - y\right)}$, entonces de (6.3) se tiene

$$\operatorname{sen}{(x+y)} = \cos{\left(\frac{\pi}{2} - x\right)} \cdot \cos{y} + \operatorname{sen}{\left(\frac{\pi}{2} - x\right)} \cdot \operatorname{sen}{y},$$

y por (d) de 6.2.3 se tiene

$$\operatorname{sen}{(x+y)} = \operatorname{sen}{x} \cdot \cos{y} + \cos{x} \cdot \operatorname{sen}{y}. \tag{6.5}$$

Por otra parte, de esta última expresión se tiene,
$\operatorname{sen}{(x-y)} = \operatorname{sen}{(x+(-y))} = \operatorname{sen}{x} \cdot \cos{(-y)} + \cos{x} \cdot \operatorname{sen}{(-y)}$, por lo que

$$\operatorname{sen}{(x-y)} = \operatorname{sen}{x} \cdot \cos{y} - \cos{x} \cdot \operatorname{sen}{y}. \tag{6.6}$$

6.3.3 Expresión de $\tan{(x\pm y)}$

De (6.6) y (6.3) se obtiene

$$\tan{(x-y)} = \frac{\tan{x} - \tan{y}}{1 + \tan{x} \cdot \tan{y}}. \tag{6.7}$$

De (6.5) y (6.4) se tiene

$$\tan{(x+y)} = \frac{\tan{x} + \tan{y}}{1 - \tan{x} \cdot \tan{y}}. \tag{6.8}$$

6.3.4   Fórmula del ángulo doble

De (6.5) y (6.4) se obtiene

$$\operatorname{sen} 2x \;=\; 2 \operatorname{sen} x \cdot \cos x, \tag{6.9}$$

$$\cos 2x \;=\; \cos^2 x - \operatorname{sen}^2 x. \tag{6.10}$$

Si a (6.10) le aplicamos la relación fundamental se obtiene

$$\cos^2 x = \frac{1 + \cos 2x}{2} \tag{6.11}$$

y, en consecuencia,

$$\operatorname{sen}^2 x = \frac{1 - \cos 2x}{2}. \tag{6.12}$$

El lector puede razonar otras muchas relaciones trigonométricas (por ejemplo referentes a la tangente). Nosotros proseguimos mostrando algunas otras relaciones, que le pueden ser de interés, en el siguiente punto.

6.3.5   Relaciones trigonométricas entre sumas y productos

$$\operatorname{sen} x + \operatorname{sen} y \;=\; 2 \cdot \operatorname{sen}\left(\frac{x+y}{2}\right) \cdot \cos\left(\frac{x-y}{2}\right) \tag{6.13}$$

$$\operatorname{sen} x - \operatorname{sen} y \;=\; 2 \cdot \cos\left(\frac{x+y}{2}\right) \cdot \operatorname{sen}\left(\frac{x-y}{2}\right) \tag{6.14}$$

$$\cos x + \cos y \;=\; 2 \cdot \cos\left(\frac{x+y}{2}\right) \cdot \cos\left(\frac{x-y}{2}\right) \tag{6.15}$$

$$\cos x - \cos y \;=\; -2 \cdot \operatorname{sen}\left(\frac{x+y}{2}\right) \cdot \operatorname{sen}\left(\frac{x-y}{2}\right) \tag{6.16}$$

$$\operatorname{sen} u \cdot \cos v \;=\; \frac{\operatorname{sen}(u+v) + \operatorname{sen}(u-v)}{2} \tag{6.17}$$

$$\cos u \cdot \cos v \;=\; \frac{\cos(u+v) + \cos(u-v)}{2} \tag{6.18}$$

$$\operatorname{sen} u \cdot \operatorname{sen} v \;=\; \frac{\cos(u-v) - \cos(u+v)}{2} \tag{6.19}$$

A modo de ejemplo, veamos cómo se obtienen (6.17) y (6.13):

Sumando miembro a miembro las expresiones

$$\operatorname{sen}(u+v) \;=\; \operatorname{sen} u \cdot \cos v + \cos u \cdot \operatorname{sen} v$$
$$\operatorname{sen}(u-v) \;=\; \operatorname{sen} u \cdot \cos v - \cos u \cdot \operatorname{sen} v$$

se obtiene $\operatorname{sen}(u+v) + \operatorname{sen}(u-v) \;=\; 2 \cdot \operatorname{sen} u \cdot \cos v$

de donde $\operatorname{sen} u \cdot \cos v \;=\; \dfrac{\operatorname{sen}(u+v) + \operatorname{sen}(u-v)}{2}.$

Si ahora suponemos $x = u + v$, $y = u - v$, o equivalentemente $u = \dfrac{x + y}{2}$, $v = \dfrac{x - y}{2}$, entonces sustituyendo estos valores en la última expresión obtenida se tiene

$$\operatorname{sen}\left(\frac{x + y}{2}\right) \cdot \cos\left(\frac{x - y}{2}\right) = \frac{\operatorname{sen} x + \operatorname{sen} y}{2},$$

es decir,

$$\operatorname{sen} x + \operatorname{sen} y = 2 \cdot \operatorname{sen}\left(\frac{x + y}{2}\right) \cdot \cos\left(\frac{x - y}{2}\right).$$

6.3.6 Ejemplo

(i) Hallemos $\operatorname{sen} 75°$ mediante la expresión (6.5), teniendo en cuenta que $75° = 45° + 30°$.

Se tiene que

$$\operatorname{sen} 75° = \operatorname{sen}(45° + 30°) = \operatorname{sen} 45 \cdot \cos 30 + \cos 45 \cdot \operatorname{sen} 30$$

$$= \frac{\sqrt{2}}{2} \cdot \frac{\sqrt{3}}{2} + \frac{\sqrt{2}}{2} \cdot \frac{1}{2} = \frac{\sqrt{2}}{2}\left(\frac{\sqrt{3}}{2} + \frac{1}{2}\right) = \frac{\sqrt{2}}{4}\left(\sqrt{3} + 1\right).$$

(ii) Hallemos $\operatorname{sen} 15° \cdot \cos 15°$ mediante la expresión (6.17).

Se tiene que

$$\operatorname{sen} 15° \cdot \cos 15° = \frac{1}{2}\left(\operatorname{sen} 30° + \operatorname{sen} 0°\right) = \frac{1}{2} \cdot \frac{1}{2} = \frac{1}{4}.$$

6.3.7 Otras funciones circulares

En los dominios que tienen sentido se definen las funciones **cosecante**, **secante** y **cotangente** de $x \in \mathbb{R}$, de la siguiente manera

$$\operatorname{cosec} x = \frac{1}{\operatorname{sen} x}, \qquad \sec x = \frac{1}{\cos x} \qquad \text{y} \qquad \operatorname{cotan} x = \frac{1}{\tan x},$$

respectivamente. Su periodicidad es la misma que la de la función de la que proceden.

6.3.8 Ángulo que forman dos rectas

Dos rectas, $y = mx + n$ e $y = m'x + n'$, que se cortan, determinan siempre dos ángulos γ y δ que son suplementarios (ver la Figura 6.13), y por tanto de (c) del punto 6.2.3, se deduce que $\tan \gamma = -\tan \delta$.

Si designamos por α y β los ángulos que forma el eje OX con las rectas dadas, medido en sentido contrario al de las agujas del reloj, sabemos que

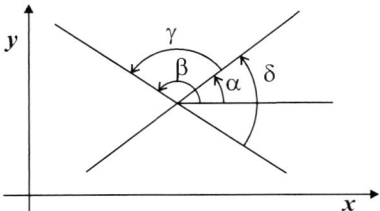

Figura 6.13: Ángulo entre rectas secantes.

$m = \tan \alpha$ y $m' = \tan \beta$, por lo que según (6.7), se tiene que la tangente trigonométrica del ángulo γ, diferencia de ambos, vale

$$\tan \gamma = \frac{\tan \beta - \tan \alpha}{1 + \tan \beta \cdot \tan \alpha} = \frac{m' - m}{1 + m \cdot m'}, \text{ si } m \cdot m' \neq -1.$$

Si tomamos el valor absoluto del anterior resultado, tendremos la tangente del ángulo más pequeño que forman las rectas.

Si $m \cdot m' = 1$ entonces $\tan \gamma$ no existe, es decir $\gamma = 90°$, y por tanto, ambas rectas son perpendiculares, lo que sucede si y sólo si $m' = \dfrac{-1}{m}$.

6.4   ECUACIONES TRIGONOMÉTRICAS

6.4.1   Funciones circulares inversas

Debido a la periodicidad de la función sen, si sen $x = c$ entonces se tiene que sen $(x + 2k\pi) = c$ con $k \in \mathbb{Z}$. Por tanto la correspondencia inversa denominada **arco seno** , y denotada arc sen, está definida entre los conjuntos

$$\text{arc sen} : [-1, 1] \to \mathbb{R}$$

En algunos contextos matemáticos se requiere imagen única en $[-\frac{\pi}{2}, \frac{\pi}{2}]$ (u otro intervalo desplazado $k\pi$ radianes), es decir, se considera

$$\text{arc sen} : [-1, 1] \to [-\frac{\pi}{2}, \frac{\pi}{2}]$$

y se trata por tanto de la función inversa de sen.

El anterior argumento se repite con las restantes funciones circulares y sus inversas **arco coseno** y **arco tangente** (fáciles de identificar por su denominación) que son:

$$\text{arc cos} : [-1, 1] \to [0, \pi]$$
$$\text{arc tan} : \mathbb{R} \to] -\frac{\pi}{2}, \frac{\pi}{2}[$$

Las gráficas de estas funciones se muestran en la Figura 6.14.

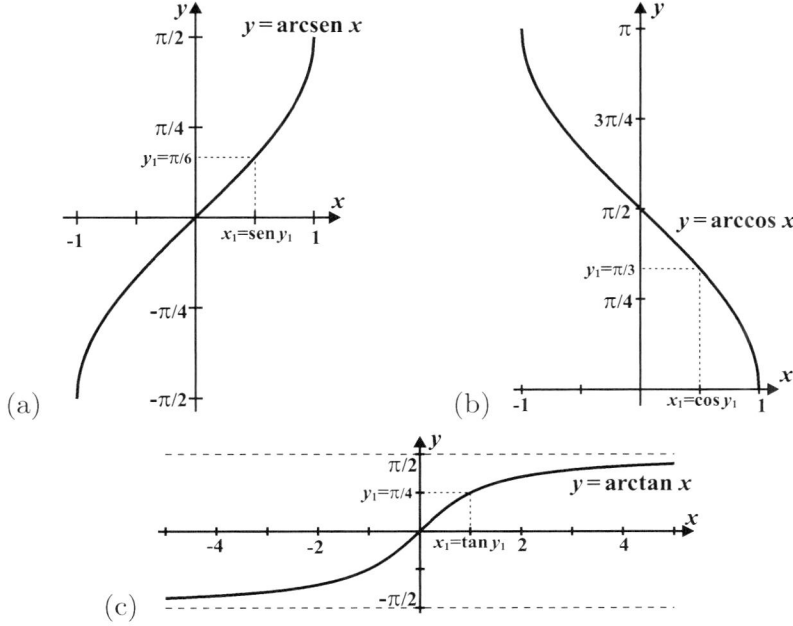

Figura 6.14: Gráficas de las funciones: (a) arcsen x; (b) arccos x y (c) arctan x.

6.4.2 Ecuaciones y sistemas trigonométricos

Llamamos ecuaciones trigonométricas a las ecuaciones en las que la incógnita aparece como argumento de una función trigonométrica. Varias ecuaciones trigonométricas que se verifiquen simultáneamente forman un sistema.

Algunos métodos que se utilizan para su resolución se basan en:

(1) Expresar las funciones trigonométricas en función de una sola.

(2) Factorizar la ecuación trigonométrica.

6.4.3 Ejemplo

Vamos a resolver la ecuación $\cos x = \cos (2x + \pi)$.

Según (6.4) $\cos(2x + \pi) = \cos 2x \cdot \cos \pi - \operatorname{sen} 2x \cdot \operatorname{sen} \pi$, y según (6.10) $\cos 2x = \cos^2 x - \operatorname{sen}^2 x$. Como $\cos \pi = -1$, y $\operatorname{sen} \pi = 0$, la ecuación, tras las sustituciones pertinentes, quedará

$$\cos x = (\cos^2 x - \operatorname{sen}^2 x) \cdot (-1) = \operatorname{sen}^2 x - \cos^2 x.$$

Teniendo en cuenta que $\operatorname{sen}^2 x = 1 - \cos^2 x$, se tendrá que

$$\cos x = 1 - \cos^2 x - \cos^2 x = 1 - 2\cos^2 x$$

o, lo que es lo mismo,

$$2\cos^2 x + \cos x - 1 = 0$$

que es una ecuación de segundo grado en $\cos x$. Las soluciones de ésta son
$\cos x = \dfrac{-1 \pm \sqrt{1+8}}{4} = \dfrac{-1 \pm 3}{4}$ es decir, $\cos x = -1$ y $\cos x = \dfrac{1}{2}$.
Tratemos de obtener en primer lugar las soluciones en el primer giro.

- De $\cos x = -1$ se deduce que $x = \pi$.

- De $\cos x = \frac{1}{2}$ se deduce que $x = \frac{\pi}{3}$ ó $x = 2\pi - \frac{\pi}{3} = 5\frac{\pi}{3}$.

En la Figura 6.15 se observa la resolución gráfica,

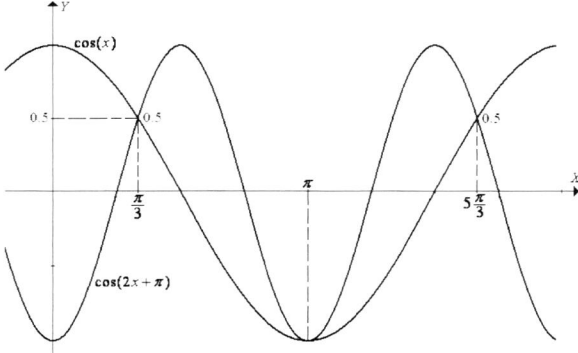

Figura 6.15: Resolución gráfica de la ecuación $\cos x = \cos(2x + \pi)$.

Por tanto, las soluciones son

$$x = (2k+1)\pi, \quad x = \frac{\pi}{3} + 2k\pi, \quad x = 5\frac{\pi}{3} + 2k\pi, \quad k \in \mathbb{Z}.$$

6.4.4   Nota

La formulación de ecuaciones con razones trigonométricas y con funciones circulares, no se distingue en la práctica salvo que la naturaleza del problema requiera que la solución venga dada de una manera determinada.

6.5 RESOLUCIÓN DE TRIÁNGULOS

6.5.1 Resolución de un triángulo

Resolver un triángulo quiere decir encontrar los tres ángulos y los tres lados, a partir de ciertos datos.

Para resolver un triángulo son suficientes tres datos *independientes* (con referencia a lados y ángulos) en los que al menos uno de los tres ha de ser la medida de un lado. Es obvio que tres ángulos dados no caracterizan un triángulo pues todos los triángulos semejantes entre sí, tienen los ángulos iguales, como muestra la Figura 6.16.

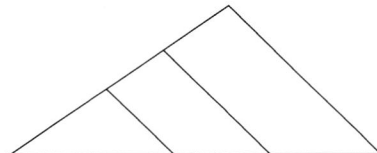

Figura 6.16: Triángulos semejantes

6.5.2 Resolución de triángulos rectángulos

Dado que en un triángulo rectángulo se sabe que un ángulo es de 90°, con sólo dos datos más podemos resolver el triángulo, si al menos uno es un lado. Hay pues dos posibilidades:

(a) Se conocen dos lados.

(b) Se conoce un ángulo (no recto) o razón trigonométrica y un lado.

6.5.3 Ejemplo

Resolvamos el triángulo rectángulo de la Figura 6.17 donde un ángulo mide 15° y la hipotenusa mide 2 (unidades), con ayuda de una calculadora.

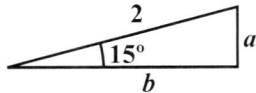

Figura 6.17: Ilustración del ejemplo.

El ángulo que queda por conocer es, obviamente, de 75°.

De sen $15° = \frac{a}{2}$ deducimos que $a = 2 \cdot$ sen $15° \simeq 0.518$. De $\cos 15° = \frac{b}{2}$ deducimos que $b = 2 \cdot \cos 15° \simeq 1.932$. (Compárese esta resolución con la del Ejercicio 6.23).

Los dos siguientes teoremas, que no demostraremos, son útiles cuando se desea resolver un triángulo no necesariamente rectángulo.

6.5.4   Teorema de los senos y teorema del coseno

Si designamos, como es habitual, a los ángulos de un triángulo por A, B, C, y a sus correspondientes lados opuestos por a, b, c, (ver Figura 6.18), se tiene (**teorema de los senos**) que

$$\frac{\text{sen } A}{a} = \frac{\text{sen } B}{b} = \frac{\text{sen } C}{c}.$$

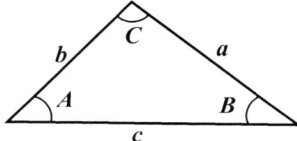

Figura 6.18: Disposición de los elementos de un triángulo.

De este teorema se concluye que a lados mayores se oponen ángulos más grandes.

También se verifica (**teorema del coseno**):

$$a^2 = b^2 + c^2 - 2 \cdot b \cdot c \cdot \cos A.$$

Obsérvese que si $A = 90°$ la anterior expresión no es más que el Teorema de Pitágoras.

6.5.5   Ejemplo

Resolvamos el triángulo de la Figura 6.19 con ayuda de una calculadora, sabiendo que B es menor que $90°$.

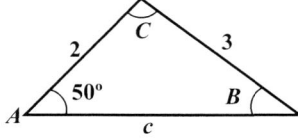

Figura 6.19: Ilustración del ejemplo.

Por el teorema de los senos se tiene $\frac{\text{sen}\,50°}{3} = \frac{\text{sen}\,B}{2}$ de donde se deduce $\text{sen}\,B = 2 \cdot \frac{\text{sen}\,50°}{3} \simeq \frac{2}{3} \cdot 0.766 = 0.510$, de lo que se obtiene $B \simeq (30.71)°$, es decir, $B \simeq 30°\ 42'$, y en consecuencia $C \simeq 99°\ 18'$.

Finalmente, por el teorema del coseno, se tiene

$$\begin{aligned} c^2 &= 2^2 + 3^2 - 2\cdot2\cdot3\cdot\cos\left(99°\ 18'\right) \simeq 13 - 12\cdot(-0.161) \\ &= 13 + 1.932 = 14.1932 \end{aligned}$$

luego $c = \sqrt{14.1932} \simeq 3.76$.

6.5.6 Nota

Si los datos que se dan para la resolución de un triángulo son incompatibles, el teorema de los senos lo pone de manifiesto porque aparece una expresión que no tiene sentido (ver Ejercicio 6.28).

Notemos que el teorema de los senos no ofrece ángulo solución, sino el valor del seno del ángulo solución, por lo que éste puede ser agudo o su suplementario que es obtuso, dado que ambos, según (c) del punto 6.2.3, poseen el mismo seno. Si la figura no nos ayuda en la elección, como en el ejemplo anterior, debemos estudiar de manera exhaustiva todas las posibilidades (ver Ejercicio 6.28) o tener presente la observación referente al teorema de los senos (ver la Nota del Ejercicio 6.28).

6.6 EJERCICIOS

6.1 Escribir en unidades positivas del sistema sexagesimal los ángulos siguientes.

(i) -30°   (ii) 15.2°   (iii) $\frac{3}{5}\pi$ radianes

Solución:

(i) Para expresar en unidades positivas $-30°$ basta calcular $360° - 30° = 330°$, que obviamente representa el mismo punto sobre la circunferencia.

(ii) Obviamente $0.2°$ son $0.2\cdot60' = 12'$, por lo que $15.2°$ son $15°\ 12'$.

(iii) Dado que π son $180°$ entonces $\frac{3}{5}\pi$ son $\frac{3}{5}\cdot180° = 108°$.

6.2 Escribir en radianes positivos los siguientes ángulos medidos en el sistema sexagesimal.

(i) $-120°$ (ii) $135°$ (iii) $50°\ 40'$

Solución:

(i) Como $-120°$ representa el mismo punto sobre la circunferencia que $360° - 120° = 240°$, entonces los radianes buscados son $240\cdot\frac{\pi}{180} = \frac{4}{3}\pi$.

(ii) Dado que $135° = 90° + 45°$ entonces $135°$ son $\frac{\pi}{2} + \frac{\pi}{4} = \frac{3}{4}\pi$ radianes.

(iii) Dado que $40'$ son $\left(\frac{40}{60}\right)° = \left(\frac{2}{3}\right)°$, entonces $50°\ 40'$ son $\left(50 + \frac{2}{3}\right)° = \left(\frac{152}{3}\right)°$.

En consecuencia, $50°\ 40'$ son $\frac{152}{3}\cdot\frac{\pi}{180} = \frac{38}{135}\pi$ radianes.

6.3 Hallar las razones trigonométricas del ángulo A del triángulo rectángulo de la Figura 6.20 (a).

Solución:

sen $A = \frac{3}{5}$, cos $A = \frac{4}{5}$, tan $A = \frac{3}{4}$.

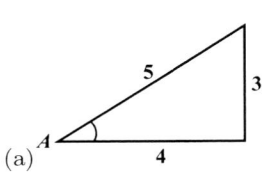
(a)

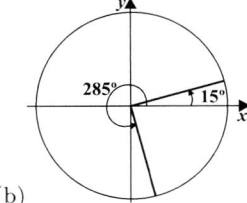
(b)

Figura 6.20:   Hallar las razones trigonométricas del ángulo A en (a) y razones trigonométricas del ángulo 285° en (b).

6.4 Hallar sen α y cos α sabiendo que $\alpha \in \left[\frac{\pi}{2}, \pi\right]$ y que tan $\alpha = -2$.

Solución:

De (6.1) se tiene que $(-2)^2 + 1 = \frac{1}{\cos^2 \alpha}$, de lo que se deduce que $\cos^2 \alpha = \frac{1}{5}$, y por tanto, $\cos \alpha = \pm\frac{1}{\sqrt{5}} = \pm\frac{\sqrt{5}}{5}$. Como $\alpha \in \left[\frac{\pi}{2}, \pi\right]$ entonces $\cos \alpha = -\frac{\sqrt{5}}{5}$.

De la relación fundamental se deduce sen$^2\alpha = 1 - \cos^2 \alpha = 1 - \frac{1}{5} = \frac{4}{5}$. Por tanto, sen $\alpha = \pm\frac{2\sqrt{5}}{5}$. Como $\alpha \in \left[\frac{\pi}{2}, \pi\right]$ entonces sen $\alpha = \frac{2\sqrt{5}}{5}$.

6.5 Expresar las razones trigonométricas del ángulo 285° con referencia a un ángulo del primer octante.

Solución:

Observando la Figura 6.20 (b) se observa fácilmente que sen 285° $= -\cos 15°$, que cos 285° $=$ sen 15°, y que tan 285° $= \frac{\text{sen } 285°}{\cos 285°} = \frac{-\cos 15°}{\text{sen } 15°} = -\frac{1}{\tan 15°}$.

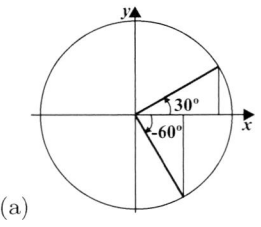
(a)

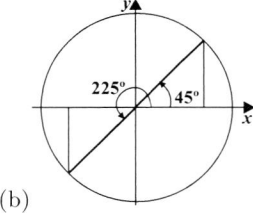
(b)

Figura 6.21: Reducción al primer octante de los ángulos −60° (a) y 225° (b).

6.6 Expresar las razones trigonométricas del ángulo $-\frac{7}{3}\pi$ (radianes) con referencia a un ángulo del primer octante expresado en radianes.

Solución:

Se tiene que $-\frac{7}{3}\pi + 2\pi = -\frac{\pi}{3}$, por lo que las razones trigonométricas de $-\frac{7}{3}\pi$ son las de $-\frac{\pi}{3}$ ó sea las de −60° (ver Figura 6.21 (a)).

Por otra parte, sen $(-60°) = -$sen $60°$ y cos $(-60°) = \cos 60°$, según (a) de 6.2.3. Además, por (d) de 6.2.3, $-$ sen $60° = -\cos 30°$ y $\cos 60° =$ sen $30°$.

Así pues, sen $\left(-\dfrac{7}{3}\pi\right) = -\cos 30° = -\cos\frac{\pi}{6}$, y cos $\left(-\dfrac{7}{3}\pi\right) =$ sen $30° =$ sen $\frac{\pi}{6}$. Por tanto, tan $\left(-\dfrac{7}{3}\pi\right) = \frac{-\cos(\pi/6)}{\text{sen}(\pi/6)} = -\frac{1}{\tan(\pi/6)}$.

6.7 Hallar las razones trigonométricas del ángulo $225°$.

Solución:

Por observación de la Figura 6.21 (b) podemos escribir sen $225° = -$ sen $45° = -\frac{\sqrt{2}}{2}$, cos $225° = -\cos 45° = -\frac{\sqrt{2}}{2}$, tan $225° = \frac{\text{sen } 225°}{\cos 225°} = 1$.

6.8 Hallar las razones trigonométricas del ángulo de $240°$.

Solución:

Por observación de la Figura 6.22 (a) podemos escribir sen $240° = -\cos 30° = -\frac{\sqrt{3}}{2}$, y cos $240° = -$ sen $30° = -\frac{1}{2}$. Por tanto, tan $240° = \frac{-\frac{\sqrt{3}}{2}}{-\frac{1}{2}} = \sqrt{3}$.

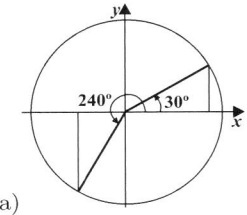
(a)

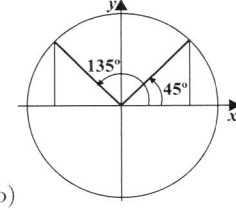
(b)

Figura 6.22: Reducción al primer octante del ángulo $240°$ (a) y $135°$ (b).

6.9 Hallar las razones trigonométricas del ángulo $\dfrac{3}{4}\pi$ (radianes).

Solución:

El ángulo $\dfrac{3}{4}\pi$ es el ángulo $135°$ $(= 90° + 45°)$. Evidentemente (ver Figura 6.22 (b)), sen $135° =$ sen $45° = \dfrac{\sqrt{2}}{2}$ y cos $135° = -\cos 45° = -\dfrac{\sqrt{2}}{2}$. Por tanto tan $135° = -1$.

6.10 Hallar cos $15°$.

Solución:

Como $15° = 45° - 30°$, aplicando (6.3) se tiene:
$$\cos 15° = \cos\left(45° - 30°\right) = \cos 45° \cdot \cos 30° + \text{sen } 45° \cdot \text{sen } 30°$$
$$= \tfrac{\sqrt{2}}{2} \cdot \tfrac{\sqrt{3}}{2} + \tfrac{\sqrt{2}}{2} \cdot \tfrac{1}{2} = \tfrac{\sqrt{2}}{2}\left(\tfrac{\sqrt{3}}{2} + \tfrac{1}{2}\right) = \tfrac{\sqrt{2}}{4}\left(\sqrt{3} + 1\right)$$
que coincide con sen $75°$ calculado en el Ejemplo 6.3.6.

6.11 Hallar sen $\left(3\pi + \dfrac{\pi}{4}\right)$.

Solución:

Sabemos, por la periodicidad del seno, que sen$(3\pi + \frac{\pi}{4}) =$ sen$(\pi + \frac{\pi}{4})$. Como $\pi + \frac{\pi}{4}$ (radianes) es el ángulo $180° + 45°$, entonces por la expresión (6.5) se tiene que sen $\left(180° + 45°\right) =$ sen $\left(180°\right) \cdot \cos 45° + \cos\left(180°\right) \cdot$ sen $45° = -$ sen $45° = -\frac{\sqrt{2}}{2}$. (Comparar con el Ejercicio 6.7).

6.12 Deducir $\cos 30°$ a partir de $\cos^2 15° = \dfrac{1 + \frac{\sqrt{3}}{2}}{2}$.

Solución:

Por la expresión (6.10) se tiene que $\cos 30° = \cos(2 \cdot 15°) = \cos^2 15° - \text{sen}^2 15° = \cos^2 15° - (1 - \cos^2 15°) = 2 \cdot \cos^2 15° - 1 = 2 \cdot \left(\dfrac{1 + \frac{\sqrt{3}}{2}}{2} \right) - 1 = \dfrac{\sqrt{3}}{2}$.

6.13 Hallar $\operatorname{cosec} x$ y $\cotan x$ sabiendo que $\sec x = 3$, y que $x \in \left[0, \dfrac{\pi}{2} \right]$.

Solución:

$\sec x = 3 = \frac{1}{\cos x}$, luego $\cos x = \frac{1}{3}$.

En consecuencia, $\cos^2 x = \frac{1}{9}$, y por tanto, de la relación fundamental, se tiene que $\text{sen}^2 x = 1 - \frac{1}{9} = \frac{8}{9}$. Así pues $\text{sen} \, x = \frac{2\sqrt{2}}{3}$, y por definición, $\operatorname{cosec} x = \frac{3}{2\sqrt{2}}$.

Finalmente, como $\tan x = \dfrac{\text{sen} \, x}{\cos x} = \dfrac{\frac{2\sqrt{2}}{3}}{\frac{1}{3}} = 2\sqrt{2}$, entonces, $\cotan x = \dfrac{1}{2\sqrt{2}} = \dfrac{\sqrt{2}}{4}$.

6.14 Hallar el menor ángulo que forman las rectas $y = 2x + 1$, e $y = -x + 3$.

Solución:

Llamemos $m = 2$ y $m' = -1$. Entonces, según el punto 6.3.8, si llamamos γ a uno de los dos ángulos que forman las rectas se tiene $\tan \gamma = \frac{2 - (-1)}{1 + 2 \cdot (-1)} = \frac{3}{-1} = -3$.

Por tanto, el menor ángulo corresponde a $\arctan 3 \simeq 71° \, 33'$.

6.15 Resolver las ecuaciones:

(i) $2 \cdot \cos x = 1$ (ii) $\cos x = 0$

Solución:

(i) De $2 \cdot \cos x = 1$ se tiene $\cos x = \frac{1}{2}$ (o equivalentemente $x = \operatorname{arc cos} \frac{1}{2}$) y las soluciones de esta ecuación en el primer giro son $x_1 = \frac{\pi}{3}$, y $x_2 = \frac{5}{3}\pi$.

En consecuencia, las soluciones buscadas son $x = \frac{\pi}{3} + 2k\pi$, y $x = \frac{5}{3}\pi + 2k\pi$, $k \in \mathbb{Z}$.

(ii) Las soluciones de $\cos x = 0$ (o equivalentemente $x = \operatorname{arc cos} 0$) en el primer giro son $x_1 = \frac{\pi}{2}$, y $x_2 = \frac{3}{2}\pi$.

Dado que la diferencia entre ambas soluciones es de π radianes el conjunto de soluciones puede simplificarse en la expresión $x = \dfrac{\pi}{2} + k\pi$, $k \in \mathbb{Z}$.

6.16 Resolver la ecuación $\cos 4x + \cos 2x = 0$ usando la expresión (6.15).

Solución:

Mediante (6.15) la ecuación queda $\cos 4x + \cos 2x = 2 \cdot \cos 3x \cdot \cos x = 0$ cuyas soluciones se obtienen de $\cos 3x = 0$ y $\cos x = 0$.

Las soluciones de $\cos 3x = 0$ (o equivalentemente $3x = \arccos 0$) en el primer giro se deducen de $3 \cdot x_1 = \dfrac{\pi}{2}$ y $3 \cdot x_2 = \dfrac{3}{2}\pi$, con lo que el conjunto de soluciones es $3 \cdot x = \frac{\pi}{2} + k\pi$, $k \in \mathbb{Z}$, es decir, $x = \frac{\pi}{6} + \frac{k}{3}\pi$, $k \in \mathbb{Z}$.

Las soluciones de $\cos x = 0$, según (ii) del Ejercicio 6.15, son $x = \frac{\pi}{2} + k\pi$, $k \in \mathbb{Z}$.

6.17 Resolver la ecuación $\text{sen} \, x = \text{sen} \, 2x$.

Solución:

Dado que $\text{sen} \, 2x = 2 \cdot \text{sen} \, x \cdot \cos x$, se tiene que

$$\text{sen} \, x = 2 \cdot \text{sen} \, x \cdot \cos x, \quad \text{es decir,} \quad \text{sen} \, x - 2 \cdot \text{sen} \, x \cdot \cos x = 0.$$

En consecuencia, $(1 - 2\cos x)\,\operatorname{sen} x = 0$, y por tanto, las soluciones se pueden cbtener anulando cada uno de los factores.

De $\operatorname{sen} x = 0$ se tiene en el primer giro que $x = 0$ ó $x = \pi$ por lo que $x = k\pi$, $k \in \mathbb{Z}$.

De $1 - 2\cos x = 0$ deducimos $\cos x = \dfrac{1}{2}$, y por tanto, en el primer giro $x = \dfrac{\pi}{3}$ ó $x = 2\pi - \dfrac{\pi}{3} = \dfrac{5\pi}{3}$. Así pues, el conjunto de soluciones viene formado por

$$x = \frac{\pi}{3} + 2k\pi, \ k \in \mathbb{Z}, \qquad x = \frac{5\pi}{3} + 2k\pi, \ k \in \mathbb{Z}.$$

En la Figura 6.23 se observa la resolución gráfica, representando sobre los mismos ejes las funciones $y = \operatorname{sen} x$, $y = \operatorname{sen} 2x$, $x \in [0, 2\pi[$

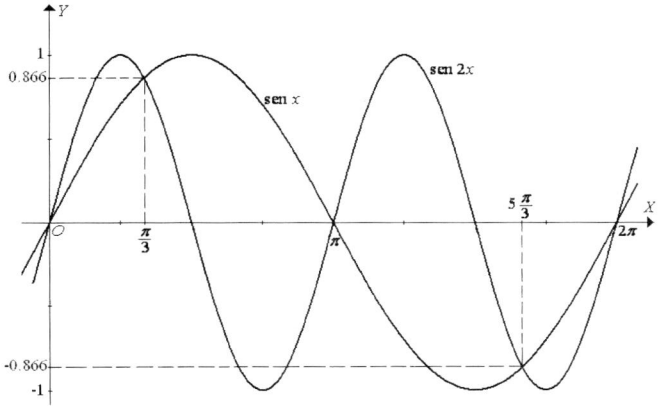

Figura 6.23: Resolución gráfica de la ecuación $\operatorname{sen} x = \operatorname{sen} 2x$.

6.18 Resolver la ecuación: $(\cos 2x) + 1 = \cos x$.

Solución:

Teniendo en cuenta (6.10) la ecuación queda en la forma

$$\cos^2 x - \operatorname{sen}^2 x + 1 = \cos x.$$

Por la relación fundamental se tiene $\cos^2 x - \left(1 - \cos^2 x\right) + 1 = \cos x$, que lleva a la ecuación $2 \cdot \cos^2 x = \cos x$, es decir, $2 \cdot \cos^2 x - \cos x = 0$, y por tanto, se tiene que $\cos x \cdot (-1 + 2 \cdot \cos x) = 0$, de lo que se desprende $\cos x = 0$ y $(-1 + 2 \cdot \cos x) = 0$.

De $\cos x = 0$ deducimos (ver (ii) del Ejercicio 6.15) $x = \frac{\pi}{2} + k\pi$, $k \in \mathbb{Z}$.

De $-1 + 2 \cdot \cos x = 0$ se tiene $\cos x = \frac{1}{2}$ y por tanto, $x = \frac{\pi}{3} + 2k\pi$, $k \in \mathbb{Z}$.

6.19 Resolver el sistema $\begin{cases} \tan x + \tan y &= 1 + \sqrt{3} \\ \cotan x \cdot \tan y &= \sqrt{3} \end{cases}$.

Solución:

Para mayor sencillez en la escritura hagamos $m = \tan x$, y $n = \tan y$ y el sistema quedará en la forma $\begin{cases} m + n &= 1 + \sqrt{3} \\ \frac{1}{m} \cdot n &= \sqrt{3} \end{cases}$.

De la segunda ecuación se deduce $n = m \cdot \sqrt{3}$ que, sustituida en la primera, se tiene $m + m \cdot \sqrt{3} = 1 + \sqrt{3}$, es decir, $m\left(1 + \sqrt{3}\right) = 1 + \sqrt{3}$, y por tanto, $m = 1$, y consecuentemente, $n = \sqrt{3}$.

De $m = 1 = \tan x$ se tiene $x = \arctan 1 = \dfrac{\pi}{4} + k\pi, \ k \in \mathbb{Z}$.

De $n = \sqrt{3} = \tan y$ se tiene $y = \arctan \sqrt{3} = \dfrac{\pi}{3} + k\pi, \ k \in \mathbb{Z}$.

6.20 Resolver la ecuación $3 \cdot \operatorname{sen} x - \cos^2 x = 1 + \cos^2 x$, donde $x \in \left[0, \dfrac{\pi}{2}\right]$, con ayuda de una calculadora.

Solución:

La ecuación se puede escribir $3 \cdot \operatorname{sen} x - 2\cos^2 x - 1 = 0$, y por la relación fundamental, $3 \cdot \operatorname{sen} x - 2\left(1 - \operatorname{sen}^2 x\right) - 1 = 0$, con lo que la ecuación queda en la forma

$$2 \cdot \operatorname{sen}^2 x + 3 \cdot \operatorname{sen} x - 3 = 0.$$

Para simplificar se toma $z = \operatorname{sen} x$, y la ecuación quedará $2 \cdot z^2 + 3 \cdot z - 3 = 0$ cuyas soluciones son

$$z = \frac{-3 \pm \sqrt{9 - 4 \cdot 2 \cdot (-3)}}{4}, \quad \text{es decir,} \quad z_1 = \frac{-3 + \sqrt{33}}{4}, \quad z_2 = \frac{-3 - \sqrt{33}}{4}.$$

La segunda solución no es válida pues $z_2 \notin [-1, 1]$. Así que la única solución se obtiene de $z_1 = \operatorname{sen} x = \frac{-3 + \sqrt{33}}{4}$, con lo que $x = \operatorname{arcsen}\left(\frac{-3 + \sqrt{33}}{4}\right) \simeq \operatorname{arcsen} 0.686$, de lo que se deduce $x \simeq 43° \ 19' \ 31''$.

6.21 Resolver en $\left[0, \dfrac{\pi}{2}\right]$ el sistema $\begin{cases} \operatorname{sen} x + \operatorname{sen} y = \dfrac{3}{2} \\ \operatorname{sen} x - \operatorname{sen} y = -\dfrac{1}{2} \end{cases}$.

Solución:

Sumando miembro a miembro las dos ecuaciones obtenemos $2 \cdot \operatorname{sen} x = 1$, es decir $\operatorname{sen} x = \frac{1}{2}$, y por tanto, $x = \frac{\pi}{6}$. Sustituyendo $\operatorname{sen} x = \frac{1}{2}$ en una de las dos ecuaciones se obtiene $\operatorname{sen} y = 1$, y por tanto, $y = \frac{\pi}{2}$.

6.22 Resolver en $\left[0, \dfrac{\pi}{2}\right]$ el sistema $\begin{cases} \operatorname{sen} 2x = \cos y \\ \cos 2y = \operatorname{sen} x \end{cases}$ teniendo en cuenta (d) del punto 6.2.3.

Solución:

El sistema es equivalente a $\begin{cases} 2x = \frac{\pi}{2} - y \\ 2y = \frac{\pi}{2} - x \end{cases}$ o, lo que es lo mismo, $\begin{cases} 2x + y = \frac{\pi}{2} \\ 2y + x = \frac{\pi}{2} \end{cases}$.

De la primera ecuación se tiene $y = \frac{\pi}{2} - 2x$ que, sustituida en la segunda, nos da $2\left(\frac{\pi}{2} - 2x\right) + x = \frac{\pi}{2}$, de lo que se deduce $-3x = -\frac{\pi}{2}$. En consecuencia, $x = \frac{\pi}{6}$ que, sustituyendo en $y = \frac{\pi}{2} - 2x$, nos da $y = \frac{\pi}{6}$.

6.23 Resolver el triángulo rectángulo en el que un ángulo mide $15°$ y la hipotenusa mide 2 unidades (ver Figura 6.24).

Solución:

(Comparar con el Ejemplo 6.5.3)

Obviamente, el otro ángulo agudo mide $75°$. De (6.11) se tiene que $\cos^2 15° = \frac{1 + \cos 30°}{2} = \frac{1 + \frac{\sqrt{3}}{2}}{2} = \frac{1}{2} + \frac{\sqrt{3}}{4}$, y en consecuencia, $\operatorname{sen}^2 15° = 1 - \cos^2 15° = 1 - \left(\frac{1}{2} + \frac{\sqrt{3}}{4}\right) = \frac{1}{2} - \frac{\sqrt{3}}{4}$.

El lado b se deduce de $\cos 15° = \frac{b}{2}$, y se tiene $b = 2 \cdot \cos 15° = 2\sqrt{\frac{2+\sqrt{3}}{4}} = \sqrt{2+\sqrt{3}}$.

El lado a se deduce de $\operatorname{sen} 15° = \frac{a}{2}$, y se tiene $a = 2 \cdot \operatorname{sen} 15° = 2\sqrt{\frac{2-\sqrt{3}}{4}} = \sqrt{2-\sqrt{3}}$.

(Por supuesto a se puede obtener por aplicación del Teorema de Pitágoras).

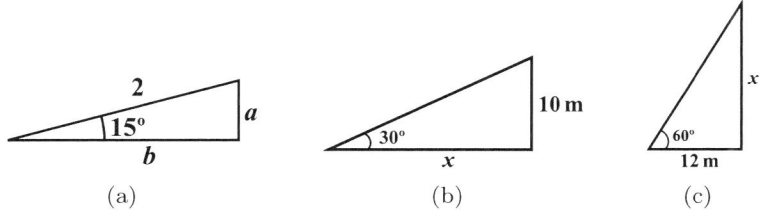

(a)   (b)   (c)

Figura 6.24: Representación gráfica del Ejercicio 6.23 (a), del 6.24 (b) y del 6.25 (c).

6.24 Hallar la longitud de la sombra proyectada por un árbol de $10\,m$. de altura cuando la inclinación de los rayos del sol, medida desde el suelo, es de $30°$.

Solución:

La Figura 6.24 será de ayuda para plantear la resolución del problema pedido. Si x es la longitud en metros solicitada se verificará que $\tan 30° = \frac{10}{x}$, y por tanto,

$$x = \frac{10}{\tan 30°} = \frac{10}{\frac{\sqrt{3}}{3}} = 10\sqrt{3}\ m.$$

6.25 Hallar la altura de un árbol sabiendo que la sombra proyectada por éste es de $12\,m$. cuando la inclinación de los rayos del sol (medida desde el suelo) es de $60°$.

Solución:

La Figura 6.24 (c) será de ayuda para plantear la resolución del problema pedido. Si x es la altura en metros solicitada se verificará que $\tan 60° = \frac{x}{12}$, y por tanto $x = 12 \cdot \tan 60° = 12\sqrt{3}\ m.$

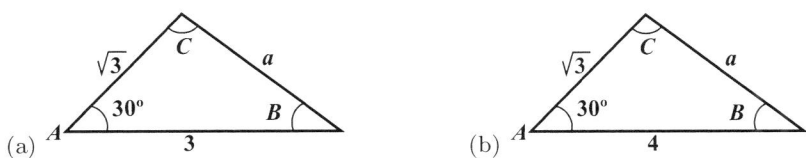

(a)   (b)

Figura 6.25: Representación gráfica del Ejercicio 6.26 (a) y del 6.27 (b).

6.26 Resolver el triángulo de la Figura 6.25 (a) en el que $A = 30°$, $b = \sqrt{3}$, y $c = 3$.

Solución:

Por el teorema del coseno se tiene $a^2 = \left(\sqrt{3}\right)^2 + 3^2 - 2 \cdot \sqrt{3} \cdot 3 \cdot \cos 30° = 3 + 9 - 2 \cdot \sqrt{3} \cdot 3 \cdot \frac{\sqrt{3}}{2} = 12 - 9 = 3$.

Así pues, $a = \sqrt{3}$ y, por tanto, el triángulo de la figura es isósceles, con lo que necesariamente $B = 30°$ y $C = 120°$.

6.27 Resolver, con ayuda de la calculadora, el triángulo de la Figura 6.25 (b) en el que $A = 30°$, $b = \sqrt{3}$, y $c = 4$, sabiendo que C es un ángulo obtuso.

Solución:

Por el teorema del coseno se tiene $a^2 = \left(\sqrt{3}\right)^2 + 4^2 - 2 \cdot \sqrt{3} \cdot 4 \cdot \cos 30° = 3 + 16 - 2 \cdot \sqrt{3} \cdot 4 \cdot \frac{\sqrt{3}}{2} = 19 - 12 = 7$, por lo que $a = \sqrt{7}$.

Por aplicación del teorema de los senos se tiene $\frac{\operatorname{sen} 30°}{\sqrt{7}} = \frac{\operatorname{sen} C}{4}$ de lo que se sigue que $\operatorname{sen} C = 4 \cdot \frac{\operatorname{sen} 30°}{\sqrt{7}} = 4 \cdot \frac{\frac{1}{2}}{\sqrt{7}} = 2 \cdot \frac{\sqrt{7}}{7} \simeq 0.75592$. Por tanto, con ayuda de calculadora descubrimos que un valor posible para C es $\operatorname{arcsen} 0.7559 \simeq 49° \ 6'$. En nuestro caso, por el enunciado, ha de ser $C = 180° - 49° \ 6' = 130° \ 54'$. Finalmente, $B = 180° - (30° + 130° \ 54') = 19° \ 6'$.

6.28 Resolver el triángulo del ejercicio anterior, sin saber que C es obtuso.

Solución:

Por la resolución del ejercicio anterior sabemos que $C = 49° \ 6'$, ó $C = 130° \ 54'$. Por aplicación del teorema de los senos se obtiene que $\frac{\operatorname{sen} 30°}{\sqrt{7}} = \frac{\operatorname{sen} B}{\sqrt{3}}$.

De ahí se sigue que $\operatorname{sen} B = \sqrt{3} \cdot \frac{\operatorname{sen} 30°}{\sqrt{7}} = \sqrt{3} \cdot \frac{1/2}{\sqrt{7}} = \frac{\sqrt{21}}{14} \simeq 0.32732$.

Con la ayuda de la calculadora, un valor posible para B es $B = \operatorname{arcsen} 0.32732 \simeq 19° \ 6'$, y por tanto, el otro posible es $B \simeq 180° - 19° \ 6' = 160° \ 54'$.

Dado que $A = 30°$, entonces ha de ser $B + C = 150°$, por lo que la única posibilidad, atendiendo a los valores posibles de C y de B es $C = 130° \ 54'$ y $B = 19° \ 6'$.

Nota: El problema no requería de más cálculos una vez sabido que $C = 49° \ 6'$ ó que $C = 130° \ 54'$, dado que la posibilidad $C = 49° \ 6'$ no puede darse. En efecto, si $C = 49° \ 6'$ entonces necesariamente ha de suceder que $B = 100° \ 54'$ lo cual es absurdo, pues siendo B un ángulo mayor que $30°$, debería de oponerse a un lado mayor que $a = \sqrt{7}$, lo cual no se cumple pues $b = \sqrt{3} < \sqrt{7} = a$.

6.29 Resolver, si es posible, el siguiente triángulo en el que $A = 30°$, $b = 5$, y $a = 2$.

Solución:

Por el teorema de los senos debería tenerse $\frac{\operatorname{sen} B}{5} = \frac{\operatorname{sen} 30°}{2}$ de donde se sigue que $\operatorname{sen} B = 5 \cdot \frac{\operatorname{sen} 30°}{2} = 5 \cdot \frac{1/2}{2} = \frac{5}{4} > 1$, lo cual es imposible.

6.30 Hallar la altura h del extremo de una antena inaccesible sabiendo que a cierta distancia se le ve desde el suelo con un ángulo de $30°$ y si nos acercamos 10 m más, se ve desde un ángulo de $35°$.

Solución:

Observando la Figura 6.26, se tiene que $\alpha = 5°$. Por el teorema de los senos se tiene $\frac{\operatorname{sen} 5°}{10} = \frac{\operatorname{sen} 30°}{a}$ de lo que se sigue $a = 10 \cdot \frac{\operatorname{sen} 30°}{\operatorname{sen} 5°} \simeq 10 \cdot \frac{1/2}{0.0871557} = 57.36859$.

Finalmente de $\operatorname{sen} 35° = \frac{h}{a}$ se deduce que $h \simeq 57.36859 \cdot 0.57358 = 32.9 \ m$.

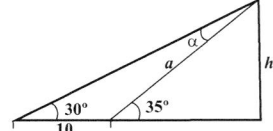

Figura 6.26: Representación gráfica del problema.

Capítulo 7

CONTINUIDAD

En este capítulo, la noción de límite de una sucesión nos permitirá definir y estudiar el concepto de función continua que es aquella que, sin excesivo rigor, se reconoce porque al dibujarla no es necesario levantar el lápiz del papel.

Las funciones f, g, ... de este capítulo son reales y están definidas en un intervalo I, que puede ser el propio $\mathbb{R}$ y, salvo mención explícita, x_0 será un punto del interior de I. En ocasiones requeriremos del conocimiento de gráficas de funciones sencillas. Se realizará un estudio detallado de gráficas en el Capítulo 9.

7.1   SUCESIONES

7.1.1   Definición de sucesión

Se llama **sucesión** (de números reales) a toda aplicación $f : \mathbb{N} \to \mathbb{R}$. Si $f(n) = a_n$, $n \in \mathbb{N}$, decimos que a_n es el término general de la sucesión, la cual se representa por $a_1, a_2, \ldots, a_n, \ldots$ o abreviadamente $\{a_n\}$.

Si $\{a_n\}$ y $\{b_n\}$ son dos sucesiones, entonces de manera obvia se define la suma de sucesiones $\{a_n + b_n\}$ y el producto de sucesiones $\{a_n \cdot b_n\}$; también el cociente $\{\frac{a_n}{b_n}\}$ si $b_n \neq 0$. Además, si $k \in \mathbb{R}$, entonces se define la sucesión $\{k \cdot a_n\}$.

7.1.2   Ejemplo

(i) $\{\frac{1}{n^2}\}$ es la sucesión $1, \frac{1}{4}, \frac{1}{9}, \frac{1}{16}, \ldots$ definida por $f(n) = \frac{1}{n^2}$.

(ii) $2, 4, 6, \ldots$ es la sucesión de término general $2n$.

Es habitual (pero poco riguroso) definir sucesiones *sencillas* por medio de unos pocos términos como el caso anterior.

7.1.3   Progresión aritmética

Se denomina **progresión aritmética** a aquella sucesión $\{a_n\}$ en la que la diferencia entre dos términos consecutivos cualesquiera es una constante, digamos d, denominada **diferencia** de la progresión. En tal caso se tiene que $a_2 = a_1 + d$, $a_3 = a_2 + d = a_1 + 2d$, ..., y en general $a_n = a_1 + (n-1)d$, o también $a_n = a_s + (n-s)d$.

En una progresión aritmética se cumple que $a_1 + a_n = a_2 + a_{n-1} = a_3 + a_{n-2} = \ldots$, de lo que se desprende fácilmente que la suma S_n de los n primeros términos de dicha progresión es:

$$S_n = a_1 + a_2 + \cdots + a_n = \frac{a_1 + a_n}{2} \cdot n$$

7.1.4   Ejemplo

La sucesión 3, 5, 7, 9, 11, ... constituye una progresión aritmética con $a_1 = 3$ y $d = 2$. En consecuencia, el término general es $a_n = 3 + (n-1) \cdot 2$. En particular, $a_6 = 3 + 5 \cdot 2 = 13$.

La suma $a_1 + a_2 + a_3 + a_4 + a_5 + a_6$ es $S_6 = \dfrac{3 + 13}{2} \cdot 6 = 48$.

7.1.5   Progresión geométrica

Se denomina **progresión geométrica** a aquella sucesión $\{a_n\}$ en la que el cociente entre dos términos consecutivos cualesquiera es una constante, digamos r, denominada **razón** de la progresión. En tal caso se tiene que $a_2 = a_1 \cdot r$, $a_3 = a_2 \cdot r = a_1 \cdot r^2$, ..., y en general $a_n = a_1 \cdot r^{n-1}$, o también $a_n = a_s \cdot r^{n-s}$.

La suma S_n de los n primeros términos de una progresión geométrica cuando $r \neq 1$ viene dada por:

$$S_n = \frac{a_1 - a_n \cdot r}{1 - r} = \frac{a_1 - a_1 \cdot r^n}{1 - r}.$$

7.1.6   Ejemplo

La sucesión 4, 2, 1, $\frac{1}{2}$, $\frac{1}{4}$, ... constituye una progresión geométrica con $a_1 = 4$ y $r = \frac{1}{2}$. En consecuencia, el término general es $a_n = 4 \cdot \left(\frac{1}{2}\right)^{n-1}$. En particular $a_6 = a_1 \cdot r^5 = 4 \cdot \frac{1}{2^5} = \frac{1}{8}$.

La suma de los 6 primeros términos de dicha progresión es

$$S_6 = \frac{a_1 - a_6 \cdot r}{1 - r} = \frac{4 - \frac{1}{8} \cdot \frac{1}{2}}{1 - \frac{1}{2}} = \frac{\frac{63}{16}}{\frac{1}{2}} = \frac{63}{8}.$$

7.1.7 Convergencia

Se dice que la **sucesión** $\{a_n\}$ **converge** al número real a, o que el límite de a_n es a, y se escribe $\lim_{n \to \infty} a_n = a$, si cualquier intervalo abierto que contiene a a incluye todos los términos de la sucesión excepto, a lo sumo, un número finito.

El límite de la sucesión, cuando existe, es único.

Las sucesiones crecientes (decrecientes) y acotadas superiormente (inferiormente) convergen a su supremo (ínfimo).

Si $\{a_n\}$ y $\{b_n\}$ son dos sucesiones que convergen a a y b, respectivamente, entonces $\lim_{n \to \infty} (a_n \pm b_n) = a \pm b$, $\lim_{n \to \infty} (a_n \cdot b_n) = a \cdot b$, $\lim_{n \to \infty} \frac{a_n}{b_n} = \frac{a}{b}$ si $b \neq 0$ y, además, si $k \in \mathbb{R}$ entonces $\lim_{n \to \infty} (k \cdot a_n) = k \cdot a$.

7.1.8 Ejemplo

La sucesión $\left\{\frac{1}{n}\right\}$ converge a cero. En efecto, si $]-\delta, \delta[$ es un entorno de 0, basta elegir n_0 de manera que $\frac{1}{n_0} < \delta$, y obviamente, todos los términos de la sucesión $\left\{\frac{1}{n}\right\}$ a partir de a_{n_0} se encuentran en $]-\delta, \delta[$.

7.1.9 Nota

Omitimos el cálculo de límite de sucesiones, que es muy similar al cálculo del límite de funciones $f(x)$ cuando x tiende a infinito, que se estudia en el resto del capítulo. No obstante deseamos hacer énfasis en el siguiente resultado que el lector dará por obvio después de leer el punto 8.3.7.

7.1.10 Progresión geométrica con $|r| < 1$

Sea $\{a_n\}$ una progresión geométrica con $|r| < 1$. La *suma* de los infinitos términos $a_1 + a_2 + \cdots$ es el límite, $\lim_{n \to \infty} S_n = \lim_{n \to \infty} (a_1 + \cdots + a_n)$, que vale

$$\lim_{n \to \infty} \frac{a_1 - a_1 \cdot r^n}{1 - r} = \frac{a_1}{1 - r}.$$

7.1.11   Producto de n términos de una progresión geométrica

En una progresión geométrica $\{a_n\}$ se verifica que $a_1\,a_n = a_2\,a_{n-1} = a_3\,a_{n-2} = \ldots$ y por tanto, es fácil deducir que el producto de los n primeros términos de dicha progresión geométrica es

$$P_n = \prod_{i=1}^{n} a_i = \sqrt{(a_1\,a_n)^n}.$$

Así, el producto de los seis primeros términos de la sucesión 1/4, 1/2, 1, 2, 4, 8, ... es

$$\sqrt{\left(\frac{1}{4}\cdot 8\right)^6} = 8.$$

7.2   LÍMITE DE FUNCIONES

Se define **entorno** de un punto $a \in \mathbb{R}$ a todo intervalo abierto que lo contenga.

7.2.1   Límite de una función en un punto

Se dice que el **límite** de $f(x)$ cuando x tiende a x_0 es L ($\in \mathbb{R}$), y se escribe $\lim\limits_{x \to x_0} f(x) = L$, si para cualquier sucesión $\{x_n\}$, con $x_n \neq x_0$ para $n \in \mathbb{N}$, que converja a x_0, se verifica que la sucesión $\{\,f(x_n)\,\}$ converge a L; o, equivalentemente, si prefijado un entorno $V =\,]L - \varepsilon,\, L + \varepsilon[$ de L se puede encontrar un entorno $E =\,]x_0 - \delta,\, x_0 + \delta[$ de x_0 de manera que si $x \in E$, $x \neq x_0$, entonces $f(x) \in V$.

A partir de ahora tomaremos la siguiente expresión intuitiva (pero menos precisa) como equivalente para este concepto, y otros análogos a lo largo del capítulo:

$\lim\limits_{x \to x_0} = L$ si al acercarse x *indefinidamente* (tanto como se desee) a x_0, con $x \neq x_0$, las correspondientes imágenes $f(x)$ se acercan *indefinidamente* (tanto como se desee) a L.

El límite, cuando existe, es obviamente único.

7.2.2   Nota

La anterior definición de límite equivale a que, dado $\varepsilon > 0$, se puede encontrar $\delta > 0$ de forma que $|x - x_0| < \delta$, con $x \neq x_0$, implica que $|f(x) - L| < \varepsilon$.

7.2.3   Nota

Obsérvese que en la definición de límite no se tiene en cuenta el valor de $f(x_0)$ que puede, incluso, no existir.

7.2.4   Ejemplo

Consideremos la función polinómica $f(x) = x^2$ (ver Figura 7.1).

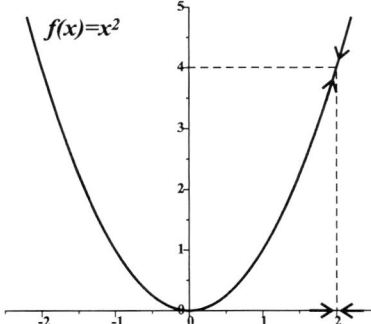

Figura 7.1: Gráfica de $f(x) = x^2$.

Si hallamos las imágenes de las sucesiones $1.9, 1.99, 1.999, \ldots$, y $2.1, 2.01,$ $2.001, \ldots$ que convergen a $x_0 = 2$, observamos que las tablas adjuntas consti-tuyen sendas sucesiones que convergen a $L = 4$. Se puede demostrar que esto mismo acontece para cualquier sucesión que converja a 2, por lo que podemos afirmar que $\lim\limits_{x \to 2} x^2 = 4$.

x	$f(x)$	x	$f(x)$
1.9	3.61	2.1	4.41
1.99	3.9601	2.01	4.0401
1.999	3.996001	2.001	4.004001
⋮	⋮	⋮	⋮

7.2.5   Límite de funciones conocidas

Hemos visto en el ejemplo anterior que para $f(x) = x^2$ se tiene que $\lim\limits_{x \to 2} f(x) = 4 = f(2)$. Este resultado no es casual si observamos la gráfica de la función $f(x) = x^2$. De hecho, las funciones que nos son más conocidas (polinómicas, racionales, exponenciales, circulares) y sus inversas, así como las que derivan del cálculo elemental entre ellas, satisfacen que $\lim\limits_{x \to x_0} f(x) = f(x_0)$, siempre que exista f (que es una función cualquiera de las mencionadas) en x_0. En particular, si $f(x) = k$ para cada $x \in I$, es decir, f es constante, entonces $\lim\limits_{x \to x_0} f(x) = k$ cualquiera que sea x_0 del interior de I.

7.2.6   Propiedades de los límites

Sean $\lambda, a, b \in \mathbb{R}$ y supongamos que $\lim\limits_{x \to x_0} f(x) = a$, y $\lim\limits_{x \to x_0} g(x) = b$. Se tiene que:

(1) $\lim\limits_{x \to x_0} (f(x) + g(x)) = a + b$

(2) $\lim\limits_{x \to x_0} (f(x) \cdot g(x)) = a \cdot b$

(3) $(\lambda \cdot f(x)) = \lambda \cdot a$

(4) $\lim\limits_{x \to x_0} \dfrac{f(x)}{g(x)} = \dfrac{a}{b}$ si $b \neq 0$.

(5) $\lim\limits_{x \to x_0} g(f(x)) = g\left(\lim\limits_{x \to x_0} f(x)\right)$ si existe $\lim\limits_{f(x) \to a} g(f(x))$.

En particular podemos indicar de (5), a modo de ejemplo (el lector debería imaginar alguna más):

(5.1) $\lim\limits_{x \to x_0} |f(x)| = |a|$

(5.2) $\lim\limits_{x \to x_0} \sqrt[p]{f(x)} = \sqrt[p]{a}$ si existe $\sqrt[p]{f(x)}$ en un *entorno* de x_0.

7.2.7   Ejemplo

Atendiendo los puntos anteriores podemos afirmar que:

(i) $\lim\limits_{x \to 2} \dfrac{x^2 + x}{x - 3} = \dfrac{2^2 + 2}{2 - 3} = -6$

(ii) $\lim\limits_{x \to 0} (e^x + 2\cos x) = e^0 + 2 \cdot \cos 0 = 1 + 2 = 3$

7.2.8   Límites laterales

A la vista del punto 7.2.1 el lector podrá formalizar las siguientes definiciones.

Se dice que el **límite** de $f(x)$ cuando x tiende **por la izquierda** a x_0 es L_1, y se denota $\lim\limits_{x \to x_0^-} f(x) = L_1$, si al acercarse x indefinidamente a x_0, con $x < x_0$, las correspondientes imágenes se acercan indefinidamente a L_1.

Análogamente se define el **límite por la derecha**, que se denota $\lim\limits_{x \to x_0^+} f(x)$, cuando x se acerca indefinidamente a x_0 con $x_0 < x$.

Es obvio que existe $\lim\limits_{x \to x_0} f(x) = L$ sii $\lim\limits_{x \to x_0^-} f(x) = \lim\limits_{x \to x_0^+} f(x) = L$.

7.2.9   Ejemplo

Observemos en la Figura 7.2 la gráfica de la función *parte entera* de x, denotada $E[x]$.

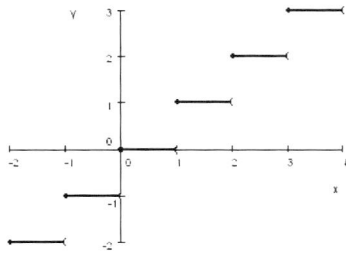

Figura 7.2: Función parte entera.

Si $x_0 \in \mathbb{Z}$ se verifica que $\displaystyle\lim_{x \to x_0^-} E[x] = x_0 - 1$, y $\displaystyle\lim_{x \to x_0^+} E[x] = x_0$, por lo que no existe $\displaystyle\lim_{x \to x_0} E[x]$.

Si $x_0 \in \mathbb{R} - \mathbb{Z}$ entonces existe $\displaystyle\lim_{x \to x_0} E[x] = E[x_0]$.

7.3   INFINITOS Y LÍMITES

7.3.1   El símbolo ∞ (infinito)

Fijado un número real k, la sucesión $1, 2, \ldots, n, \ldots$ tiene la propiedad de que, a partir de un cierto término, todos los elementos de la sucesión superan a k. Esto se expresa diciendo que la sucesión $\{n\}$ tiende a $+\infty$, y se denota $n \to +\infty$. Este concepto se generaliza a cualquier sucesión, o variable real x, en cuyo caso decimos (continuando con nuestro lenguaje intuitivo del punto 7.2.1) que x *se hace indefinidamente grande*, y se denotará $x \to +\infty$.

De forma análoga se define $x \to -\infty$, que se lee x tiende a $-\infty$.

Finalmente, si $|x| \to +\infty$, se dice que x tiende a ∞, y se denota $x \to \infty$. La notación $x \to \infty$ también se emplea cuando no se desea diferenciar entre $+\infty$ o $-\infty$.

Por ejemplo, $-1, -2, \ldots, -n, \ldots$ tiende a $-\infty$. Sin embargo, la sucesión $-1, 2, -3, 4, -5, 6, \ldots$ (a pesar de que crece en tamaño) no tiende a $+\infty$ ni a $-\infty$, pero obviamente tiende a ∞.

Finalmente podemos decir que las sucesiones $1, 2, \ldots$, y $-1, -2, \ldots$ tienden a ∞, pero ello ofrece menos información de la que poseemos.

7.3.2   Nota

En los próximos puntos se hablará de funciones con límite infinito, entendiendo que esto define un comportamiento de la función. En tales casos, y en sentido estricto, la función no posee límite por no ser ∞ un número real.

7.3.3   Límite infinito en un número real

Si $f(x)$, con $x \neq x_0$, supera cualquier valor real prefijado al acercarse x *indefinidamente* a x_0, se dice que el límite de $f(x)$, en x_0, es $+\infty$ y se denota $\lim\limits_{x \to x_0} f(x) = +\infty$. De forma análoga se define $\lim\limits_{x \to x_0} f(x) = -\infty$.

Si sucede que $\lim\limits_{x \to x_0} |f(x)| = +\infty$, diremos que $\lim\limits_{x \to x_0} f(x) = \infty$. La notación $\lim\limits_{x \to x_0} f(x) = \infty$ también se utiliza cuando no se desea diferenciar entre $+\infty$ ó $-\infty$.

El concepto de límite lateral del punto 7.2.8, es también de aplicación en este punto, y que el lector puede establecer.

Los siguientes ejemplos aclaran estos conceptos y muestran notaciones habituales de interpretación sencilla, a la vista de las gráficas.

7.3.4   Ejemplo

Observemos en la Figura 7.3 las gráficas de las funciones $\dfrac{1}{x^2}, -\dfrac{1}{x^2}, \dfrac{1}{x}$, y $\left|\dfrac{1}{x}\right|$.

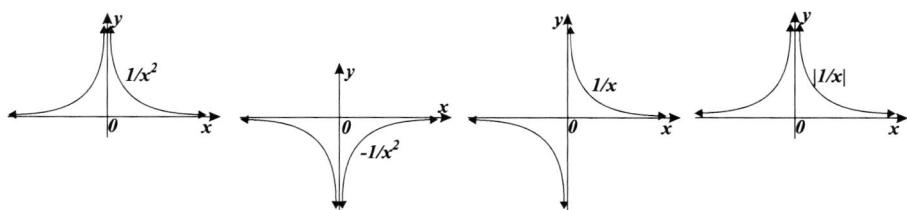

Figura 7.3: Gráficas de las funciones $\dfrac{1}{x^2}, -\dfrac{1}{x^2}, \dfrac{1}{x}$, y $\left|\dfrac{1}{x}\right|$.

Se tiene que:

(i) $\lim\limits_{x \to 0} \dfrac{1}{x^2} = +\infty$

(ii) $\lim\limits_{x \to 0} -\dfrac{1}{x^2} = -\infty$

(iii) $\lim\limits_{x\to 0^-} \dfrac{1}{x} = -\infty$, $\quad \lim\limits_{x\to 0^+} \dfrac{1}{x} = +\infty$.

De la gráfica de $\left|\frac{1}{x}\right|$ se deduce que $\lim\limits_{x\to 0} \left|\dfrac{1}{x}\right| = +\infty$. En consecuencia,

podemos escribir $\lim\limits_{x\to 0} \dfrac{1}{x} = \infty$.

En los apartados (i)-(ii) se podría haber escrito de forma más genérica que $\lim\limits_{x\to 0} \dfrac{1}{x^2} = \infty$, y que $\lim\limits_{x\to 0} \dfrac{-1}{x^2} = \infty$, pero la información es, innecesariamente ambigua.

7.3.5   Nota

En general se verifica que si $k \neq 0$ y $n \in N^*$ entonces $\lim\limits_{x\to 0} \dfrac{k}{x^n} = \infty$. Para más concreción es necesario conocer el signo de k y la paridad del exponente n de x, como se ha puesto de manifiesto en el Ejemplo 7.3.4.

7.3.6   Límite infinito en el infinito

Se dice que el límite de $f(x)$, cuando $x \to +\infty$, es $+\infty$, y se denota $\lim\limits_{x\to +\infty} f(x) = +\infty$, si $f(x)$ supera cualquier real prefijado a partir de un cierto valor de x, en adelante.

De forma análoga se definen los conceptos que dan lugar a las siguientes notaciones:

$$\lim\limits_{x\to +\infty} f(x) = -\infty, \qquad \lim\limits_{x\to -\infty} f(x) = +\infty, \qquad \lim\limits_{x\to -\infty} f(x) = -\infty.$$

Si $\lim\limits_{x\to +\infty} |f(x)| = +\infty$ decimos que $\lim\limits_{x\to +\infty} f(x) = \infty$. Esta notación también se usa cuando no se desea diferenciar entre $+\infty$ ó $-\infty$.

Se usa una terminología análoga en casos semejantes como muestra el siguiente ejemplo.

7.3.7   Ejemplo

Observando en la Figura 7.4 las gráficas de x^2, $-x^2$, y x^3 se tiene que:

(i) $\lim\limits_{x\to +\infty} x^2 = \lim\limits_{x\to -\infty} x^2 = +\infty$. Ambas expresiones se pueden representar por $\lim\limits_{x\to \pm\infty} x^2 = +\infty$, ó por $\lim\limits_{x\to \infty} x^2 = +\infty$.

(ii) $\lim\limits_{x\to +\infty} -x^2 = \lim\limits_{x\to -\infty} -x^2 = -\infty$. Ambas expresiones se pueden representar por $\lim\limits_{x\to \pm\infty} -x^2 = -\infty$ ó por $\lim\limits_{x\to \infty} -x^2 = -\infty$.

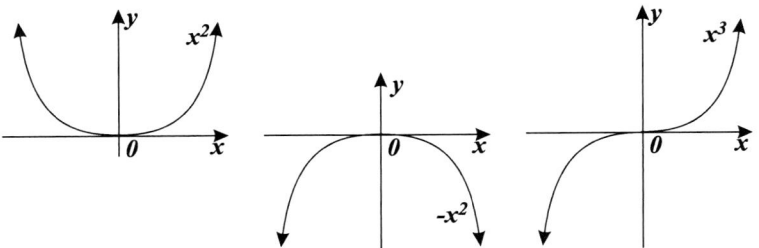

Figura 7.4: Gráficas de x^2, $-x^2$, y x^3.

(iii) $\displaystyle\lim_{x\to+\infty} x^3 = +\infty$, $\displaystyle\lim_{x\to-\infty} x^3 = -\infty$. La expresión $\displaystyle\lim_{x\to\pm\infty} x^3 = \infty$ es cierta, pero ambigua.

En los apartados (i)-(ii) se podría haber escrito que $\displaystyle\lim_{x\to\pm\infty} x^2 = \infty$ y que $\displaystyle\lim_{x\to\pm\infty} -x^2 = \infty$, pero la información es innecesariamente ambigua.

7.3.8 Nota

En general se verifica que si $k \neq 0$ y $n \in \mathbb{N}^*$, entonces $\displaystyle\lim_{x\to\infty} k\,x^n = \infty$. Para más concreción es necesario conocer el signo de k y la paridad del exponente n de x, como se ha puesto de manifiesto en el Ejemplo 7.3.7.

7.3.9 Límite real en el infinito

Se dice que el límite de $f(x)$ cuando x tiende a $+\infty$ es $L(\in \mathbb{R})$, y se denota $\displaystyle\lim_{x\to+\infty} f(x) = L$ si a partir de un cierto valor de x en adelante todas las correspondientes imágenes $f(x)$ se *acercan indefinidamente* a L (el lector debería intentar formalizar este concepto, a tenor del punto 7.2.1).

De manera análoga se define $\displaystyle\lim_{x\to-\infty} f(x) = L$.

Decimos que $\displaystyle\lim_{x\to\infty} f(x) = L$ si $\displaystyle\lim_{x\to+\infty} f(x) = \lim_{x\to-\infty} f(x) = L$.

7.3.10 Ejemplo

Observando de nuevo la gráfica de $1/x$ en el Ejemplo 7.3.4 se tiene que:
$\displaystyle\lim_{x\to+\infty} \frac{1}{x} = \lim_{x\to-\infty} \frac{1}{x} = 0$, por lo que podemos escribir $\displaystyle\lim_{x\to\infty} \frac{1}{x} = 0$.

7.3.11 Nota

En general se verifica que si $k \in \mathbb{R}$ y $n \in \mathbb{N}^*$ entonces $\displaystyle\lim_{x\to\infty} \frac{k}{x^n} = 0$.

7.3.12 Álgebra de los límites infinitos

Aunque ∞ es sólo un símbolo que denota el comportamiento de una función, en el contexto de los límites pueden darse algunas reglas de su uso correcto que amplían las posibilidades de cálculo del punto 7.2.6. Para ello, imaginemos que las siguientes expresiones son simbólicas y representan límites que, en cierto contexto, valen k ($\in \mathbb{R}$), 0, ó ∞, según su propia notación indica. La expresión $k - \infty$ hay que entenderla en su manera obvia como $k - (+\infty)$, y lo mismo vale para situaciones similares. Se tienen entonces las siguientes igualdades (que pueden probarse con métodos de análisis matemático):

$$
\begin{aligned}
+\infty + k &= +\infty, & -\infty + k &= -\infty, \\
+\infty + \infty &= +\infty, & -\infty - \infty &= -\infty, \\
\frac{k}{\infty} &= 0, & \frac{k}{0} &= \infty \ \ (\text{si } k \neq 0), \\
\frac{\infty}{k} &= \infty, & k \cdot \infty &= \infty \ \ (\text{si } k \neq 0).
\end{aligned}
$$

En los productos y cocientes se puede concretar el signo $+$ ó $-$, en atención a las reglas algebraicas que lo rigen.

También se verifica que

$$
\sqrt[n]{\infty} = \infty \ \ (\text{si existe la raíz } n\text{-ésima}), \qquad |\infty| = +\infty.
$$

7.3.13 Indeterminaciones

En ocasiones a ciertas descomposiciones de una función no le son aplicables los resultados sobre límites de este capítulo porque no cumple las condiciones exigidas. Dichas expresiones reciben el nombre de **indeterminaciones**. Éstas, en el contexto del punto anterior son:

$$
+\infty - \infty, \qquad -\infty + \infty, \qquad 0 \cdot \infty, \qquad \frac{\infty}{\infty}, \qquad \frac{0}{0}.
$$

Para probar la existencia o no (y en su caso el cálculo) del correspondiente límite debe recurrirse a otras descomposiciones, algunas de las cuales estudiaremos en este capítulo (véanse los Ejercicios 7.22 y 7.23 cuando no se trata de cocientes).

En la Sección 8.3 veremos nuevos métodos para la resolución de estas indeterminaciones y otras que estudiaremos.

7.3.14   Ejemplo

Sabemos que la función $f(x) = \frac{x}{x}$ no está definida en $x = 0$. Si tratamos de calcular $\lim\limits_{x \to 0} f(x)$ como si se tratara de un cociente (ver (4) del punto 7.2.6) llegaríamos a la expresión simbólica:

$$\lim_{x \to 0} \frac{x}{x} = \frac{\lim\limits_{x \to 0} x}{\lim\limits_{x \to 0} x} = \frac{0}{0}$$

que es una indeterminación.

Ahora bien, si procedemos a simplificar la expresión $\frac{x}{x}$, es inmediato observar que $f(x) = 1$ cuando $x \neq 0$ (véase la Figura 7.5), y, por tanto, $\lim\limits_{x \to 0} \frac{x}{x} = \lim\limits_{x \to 0} 1 = 1$, si tenemos en cuenta la Nota 7.2.3.

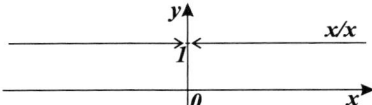

Figura 7.5: Representación gráfica del Ejemplo 7.3.14.

7.3.15   Límite y simplificación de funciones

La relevancia del sencillo ejemplo anterior estriba en mostrar que algunos límites indeterminados en forma de cociente se pueden conocer simplificando la expresión racional.

7.3.16   Límite de las funciones polinómicas en el infinito

Si $f(x) = a_n x^n + \cdots + a_1 x + a_0$ es una función polinómica con $a_n \neq 0$, entonces (ver el Ejercicio 7.16):

$$\lim_{x \to \infty} f(x) = \lim_{x \to \infty} a_n x^n.$$

7.3.17   Límite de funciones racionales en el infinito

Sea $f(x) = \dfrac{P(x)}{Q(x)} = \dfrac{a_n x^n + \cdots + a_1 x + a_0}{b_m x^m + \cdots + b_1 x + b_0}$ donde $P(x)$ y $Q(x)$ son funciones polinómicas de grados n y m respectivamente (con $n, m \geq 1$). Se tiene entonces:

$$\lim_{x \to \infty} f(x) = \begin{cases} \infty & \text{si } n > m \\ 0 & \text{si } n < m \\ \frac{a_n}{b_m} & \text{si } n = m \end{cases}$$

En efecto, si se verifica que $n > m$, al dividir P y Q por x^m resulta

$$\frac{P(x)}{Q(x)} = \frac{a_n x^{n-m} + \cdots + \frac{a_0}{x^m}}{b_m + \frac{b_{m-1}}{x} + \cdots + \frac{b_0}{x^m}}.$$

Según la Nota 7.3.11 y la Sección 7.3.16 el límite del numerador es ∞ y el del denominador es b_m, por lo que el límite es ∞.

La prueba para $n < m$ es similar. La prueba para $n = m$ se da en el Ejercicio 7.19.

7.4   CONTINUIDAD

7.4.1   Continuidad en un punto y en un intervalo

Se dice que f es **continua** en $x_0 \in \mathbb{R}$ si existen $\lim\limits_{x \to x_0} f(x)$ y $f(x_0)$ y además $\lim\limits_{x \to x_0} f(x) = f(x_0)$.

Si f es continua en todo punto de un conjunto A de reales, se dice que f es continua en A.

La gráfica (si existe) de una función continua en un intervalo se dibuja de un sólo trazo, lo que es una forma geométrica de reconocer la continuidad.

Com mayor precisión, el **teorema de Weierstrass**, que no demostraremos, establece que toda función continua f definida en un intervalo cerrado y acotado I, toma su valor máximo y su valor mínimo en algún punto de I, y también todos los valores intermedios. Como consecuencia de ello, si una función continua f toma valores reales de distinto signo en un intervalo I, entonces toma en algún punto el valor 0, es decir, f posee una raíz en I (**Teoema de Bolzano**).

7.4.2   Continuidad de funciones conocidas

Acorde con el punto 7.2.5 podemos afirmar que las funciones más conocidas, allí relacionadas, son continuas donde existen.

7.4.3   Propiedades de las funciones continuas

Sean $f(x)$ y $g(x)$ funciones continuas en x_0, entonces se verifican las siguientes propiedades:

(a) $f(x) + g(x)$ es continua en x_0.

(b) $\lambda f(x)$ es continua en x_0 con $\lambda \in \mathbb{R}$.

(c) $f(x) \cdot g(x)$ es continua en x_0.

(d) $\dfrac{f(x)}{g(x)}$ es continua en x_0 si $g(x_0) \neq 0$.

(e) Si $h(x)$ es continua en $y_0 = f(x_0)$, entonces $h(f(x)) = (h \circ f)(x)$ es continua en x_0.

7.5   DISCONTINUIDAD

7.5.1   Discontinuidad

Si f no es continua en x_0 se dice que es **discontinua** en x_0. La función f puede ser discontinua en x_0 por alguna de las siguientes razones:

(a) f no está definida en x_0.

(b) No existe $\lim\limits_{x \to x_0} f(x)$.

(c) $\lim\limits_{x \to x_0} f(x) \neq f(x_0)$.

En los siguientes puntos abordaremos los casos (a) y (b) de discontinuidad. En el Ejercicio 7.28 se presenta el caso (c).

7.5.2   Discontinuidad evitable

Cuando $f(x)$ no está definida en x_0 pero existe $\lim\limits_{x \to x_0} f(x)$, podemos extender la función f y definir una nueva función F de manera que $F(x) = f(x)$ para $x \neq x_0$, y $F(x_0) = \lim\limits_{x \to x_0} f(x)$. Evidentemente F es continua en x_0, y se dice que x_0 es una **discontinuidad evitable** de f.

7.5.3   Ejemplo

La función $f(x) = \frac{x}{x}$ no está definida en $x_0 = 0$. sin embargo, por el Ejemplo 7.3.14 sabemos que $\lim\limits_{x \to 0} f(x) = 1$.

Definimos $F(x) = f(x)$ para $x \neq 0$, y $F(0) = 1$ (o, lo que es lo mismo, $F(x) = 1$ para cualquier x), con lo que F es continua en 0. La discontinuidad de f en 0 es evitable.

(El lector observará, a partir de la figura del Ejemplo 7.3.14, que extender f al punto $x_0 = 0$ no es más que añadir el punto que necesita la gráfica para dibujarse de un sólo trazo.)

7.5.4   Saltos de discontinuidad

Si los límites laterales de f en x_0 son dos números reales L_1 y L_2 que no coinciden, se dice que f presenta una **discontinuidad de salto finito** en x_0 (de *amplitud* $|L_1 - L_2|$).

Si algún límite lateral de f en x_0 es ∞, se dice que f presenta una **discontinuidad de salto infinito**.

7.5.5   Ejemplo

(i) Como se deduce del Ejemplo 7.2.9, la función parte entera de x, $E[x]$, presenta discontinuidad de salto finito (de amplitud 1) en cualquier punto de $\mathbb{Z}$, y es continua en $\mathbb{R} - \mathbb{Z}$.

(ii) Como se deduce de (iii) del Ejemplo 7.3.4, la función $\frac{1}{x}$ presenta una discontinuidad de salto infinito en 0. En los demás puntos es continua.

7.5.6   Continuidad lateral

La función f se dice **continua por la derecha** en x_0 si $\lim\limits_{x \to x_0^+} f(x) = f(x_0)$, y **continua por la izquierda** si $\lim\limits_{x \to x_0^-} f(x) = f(x_0)$.

Obviamente f es continua en x_0 sii f es continua por la derecha y por la izquierda en x_0.

El concepto de continuidad lateral en x_0 cobra especial interés cuando I es un intervalo cerrado y x_0 es un extremo de éste.

7.5.7   Ejemplo

Como se deduce del Ejemplo 7.2.9, la función $E[x]$ es continua por la derecha en los puntos de $\mathbb{Z}$, pero no lo es por la izquierda.

7.6   EJERCICIOS

7.1 Un rico y un pobre llegan al siguiente acuerdo: el rico dará al pobre un euro el primer día del mes, 2 euros el segundo día, 4 euros el tercer día, 8 el cuarto día, y así sucesivamente hasta el día 30 del mes. El pobre dará al rico 100 euros el primer día, 200 euros el segundo, 300 euros el tercero, 400 euros el cuarto, y así hasta el día 30. ¿Qué recibirá cada uno al final del mes?

Solución:

Los términos 1, 2, 4, 8, 16, ... constituyen una progresión geométrica $\{a_n\}$ de razón $r = 2$, con $a_1 = 1$. Así pues $a_{30} = 1 \cdot 2^{29} = 2^{29}$ con lo que el pobre recibirá al final del mes la suma

$$\frac{a_1 - a_{30} \cdot r}{1 - r} = \frac{1 - 2^{29} \cdot 2}{1 - 2} = 2^{30} - 1 = 1073741824 \text{ euros.}$$

Los términos 100, 200, 300, 400, ... constituyen una progresión aritmética $\{b_n\}$ de diferencia $d = 100$, con $b_1 = 100$. Así pues, $b_{30} = 100 + 29 \cdot 100 = 3000$, con lo que el rico sólo recibirá al final del mes la suma

$$\frac{b_1 + b_{30}}{2} \cdot 30 = \frac{100 + 3000}{2} \cdot 30 = 46500 \text{ euros.}$$

7.2 Halla el primer término de una progresión aritmética y la diferencia, sabiendo que
$a_4 = -11/6$, y $a_7 = -10/3$.

Solución:

Como $a_7 = a_4 + (7 - 4)d$ se tiene que la diferencia es $d = (-10/3 + 11/6)/3 = -1/2$.
De $a_4 = a_1 + (4 - 1)d$ se llega a que el primer término es
$$a_1 = a_4 - 3d = -11/6 - 3(-1/2) = -1/3.$$

7.3 En una sala de cine la primera fila de butacas dista de la pantalla 86 decímetros, y
la sexta 134. ¿En qué fila estará una persona si su distancia a la pantalla es de 230
decímetros?

Solución:

Sea a_i la distancia de la fila i a la pantalla. Por construcción de un cine, las distancias
a_i están en *progresión aritmética* y, en nuestro caso particular, $a_1 = 86$ y $a_6 = 134$.
Como $a_6 = a_1 + (6 - 1)d$ se obtiene que $d = (134 - 86)/5 = 9.6$. La fila n-ésima
que debemos hallar está a 230 dm, es decir, $a_n = 230 = 86 + (n - 1)d$, de donde se
deduce $n = 16$.

7.4 Dado un cuadrado de 1 metro, unimos dos a dos los puntos medios de sus lados
obteniendo un nuevo cuadrado, en el que volvemos a efectuar la misma operación,
y así sucesivamente como muestra la figura. Halla la suma de las infinitas áreas así
obtenidas.

Solución:

Sea $l_1 = 1$ el lado del primer cuadrado, y l_i el lado
cuadrado i-ésimo construido. En la figura adjunta se muestran los cuatro cuadrados primeros. Es obvio que el área
a_i del cuadrado i-ésimo es $a_i = l_i^2$, y que la relación entre
l_i y l_{i-1} es $l_i = \sqrt{(l_{i-1}/2)^2 + (l_{i-1}/2)^2} = l_{i-1}/\sqrt{2}$, por lo
que

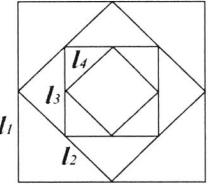

$a_i = (l_{i-1}/\sqrt{2})^2 = l_{i-1}^2/2 = a_{i-1}/2$. En consecuencia, $\{a_i\}$ constituye una progresión
geométrica con $a_1 = l_1^2 = 1$, y razón $r = 1/2$. Por tanto, según la Sección 7.1.10, la
suma de las áreas de todos los cuadrados es
$$a_1 + a_2 + a_3 + \cdots = 1 + \frac{1}{2} + \frac{1}{2^2} + \frac{1}{2^3} + \cdots = \frac{1}{1 - \frac{1}{2}} = 2$$
puesto que $|r| = 1/2 < 1$.

7.5 Disponemos de un capital inicial C y lo depositamos en un banco a un interés nominal
anual del $i\%$. Calcular el capital disponible al cabo de n años optando por la capitalización anual (interés compuesto) o no (interés simple) de los intereses. Aplicarlo
al caso de $C = 6000$ euros, $i = 4\%$, $n = 3$.

Solución:

Si no se opta por la capitalización anual de los intereses, el interés generado cada
año es el $i\%$ del capital inicial C. En este caso, el capital disponible al final de
cada año es: $C_1 = C + C(i/100) = C(1 + i/100)$, $C_2 = C_1 + C(i/100) = C(1 +
2i/100)$, $C_3 = C_2 + C(i/100) = C(1 + 3i/100)$,… Por inducción se demuestra que
$C_n = C(1 + n\,i/100)$ que es la fórmula del interés simple.

Si se opta por la capitalización anual de los intereses, el interés generado cada año
es el $i\%$ del capital del año anterior. En este caso, el capital disponible al final de
cada año es: $C_1 = C + C(i/100) = C(1 + i/100)$, $C_2 = C_1 + C_1(i/100) = C(1 +
i/100)^2$, $C_3 = C_2 + C_2(i/100) = C(1 + i/100)^3$,… Por inducción se demuestra que
$C_n = C(1 + i/100)^n$ que es la fórmula del interés compuesto.

En el caso en que $C = 6000$, $i = 4$ y $n = 3$ se tiene que,
$\quad C_3 = 6000\,(1 + 3\,(4/100)) = 6720$ euros en interés simple,
$\quad C_3 = 6000\,(1 + 4/100)^3 = 6749,18$ euros en interés compuesto.

7.6 (*Interpolación*) (i) Encontrar a_2, a_3, a_4 de manera que $2, a_2, a_3, a_4, 8$ estén en progresión aritmética.

(ii) Encontrar b_2, b_3, b_4 de modo que $2, b_2, b_3, b_4, 8$ estén en progresión geométrica.

Solución:

(i) Para atender al enunciado se ha de tener $a_1 = 2$ y $a_5 = 8$. Entonces la diferencia d de dicha progresión aritmética ha de satisfacer $8 = 2 + 4d$, y por tanto, $d = \frac{3}{2}$.

Así pues, los términos buscados (**medios diferenciales**) son $a_2 = 2 + \frac{3}{2} = \frac{7}{2}$, $a_3 = \frac{7}{2} + \frac{3}{2} = 5$, $a_4 = 5 + \frac{3}{2} = \frac{13}{2}$.

(ii) De manera análoga se ha de tener $b_1 = 2$ y $b_5 = 8$, y además $8 = 2 \cdot r^4$, de lo que se deduce que la razón de dicha progresión geométrica es $r = \sqrt{2}$.

En consecuencia, los términos buscados (**medios proporcionales**) son $b_2 = 2\sqrt{2}$, $b_3 = 2\sqrt{2} \cdot \sqrt{2} = 4$, $b_4 = 4\sqrt{2}$.

7.7 ¿Qué fracción representa el número decimal $0.\overset{\frown}{3}$?

Solución:

El número $0.\overset{\frown}{3}$ representa la *suma infinita* $0.3 + 0.03 + 0.003 + \cdots$ Como los términos $0.3, 0.03, 0.003, \cdots$ constituyen una progresión geométrica $\{a_n\}$ con $a_1 = 0.3$ y $r = 0.1$, menor que 1 en valor absoluto, entonces según el punto 7.1.10 esta suma vale

$$\frac{0.3}{1 - 0.1} = \frac{0.3}{0.9} = \frac{1}{3}.$$

7.8 Hallar $\lim\limits_{x \to 3}(x^2 + x - 3)$. Corroborar la conclusión calculando las imágenes de $\{x_n\} = \{3 + 10^{-n}\}$ (que se van acercando a 3).

Solución:

$\lim\limits_{x \to 3}(x^2 + x - 3) = 3^2 + 3 - 3 = 9$. En la tabla adjunta se observa que las imágenes de los términos de la sucesión se van acercando a 9.

x	$f(x)$
3.1	9.71
3.01	9.0701
3.001	9.0070
3.0001	9.0007

7.9 Hallar:

(i) $\lim\limits_{x \to 1/2} e^{4x-1}$

(ii) $\lim\limits_{x \to 1/2} \cos(2x - 1)$

(iii) $\lim\limits_{x \to 1/2} \left(5\,e^{4x-1}\,2\cos(2x - 1)\right)$

(iv) $\lim\limits_{x \to 1/2} \dfrac{-2\cos(2x - 1)}{3\,e^{4x-1}}$

Solución:

(i) $\lim\limits_{x \to 1/2} e^{4x-1} = e^{4\frac{1}{2}-1} = e$.

(ii) $\lim\limits_{x \to 1/2} \cos(2x - 1) = \cos(2\frac{1}{2} - 1) = \cos 0 = 1$.

(iii) $\lim\limits_{x \to 1/2} \left(5\,e^{4x-1}\,2\cos(2x - 1)\right) = 5\,\lim\limits_{x \to 1/2} e^{4x-1}\cdot 2\,\lim\limits_{x \to 1/2}\cos(2x - 1) = 5\cdot e\cdot 2\cdot 1 = 10\,e.$

(iv) $\lim\limits_{x \to 1/2} \dfrac{-2\cos(2x - 1)}{3\,e^{4x-1}} = \dfrac{-2\,\lim\limits_{x \to 1/2}\cos(2x - 1)}{3\,\lim\limits_{x \to 1/2} e^{4x-1}} = \dfrac{-2\cdot 1}{3\cdot e} = \dfrac{-2}{3\,e}.$

7.10 Hallar (i) $\lim\limits_{x\to 3} \sqrt{x^2 + x - 3}$,   (ii) $\lim\limits_{x\to 0} \cos(\operatorname{sen} x)$.

Solución:

(i) $\lim\limits_{x\to 3} \sqrt{x^2 + x - 3} = \sqrt{\lim\limits_{x\to 3}(x^2 + x - 3)} = \sqrt{9} = 3$

(ii) $\lim\limits_{x\to 0} \cos(\operatorname{sen} x) = \cos\left(\lim\limits_{x\to 0} \operatorname{sen} x\right) = \cos(\operatorname{sen} 0) = \cos 0 = 1.$

7.11 Sea $f(x) = \begin{cases} x^2 & \text{si } x < 1 \\ 0 & \text{si } x \geq 1 \end{cases}$. Hallar los límites laterales de f en $x_0 = 1$. ¿Posee límite $f(x)$ en $x_0 = 1$? (Hágase la gráfica de f).

Solución:

La gráfica de f es la que se adjunta.
Se tiene que:

$$\lim\limits_{x\to 1^-} f(x) = \lim\limits_{x\to 1^-} x^2 = 1$$

$$\lim\limits_{x\to 1^+} f(x) = \lim\limits_{x\to 1^+} 0 = 0$$

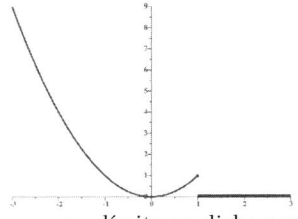

Como no coinciden los límites laterales de f en 1, f no posee límite en dicho punto.

7.12 Hallar: (i) $\lim\limits_{x\to -1} |x|$, (ii) $\lim\limits_{x\to -1} \left|\dfrac{1}{x}\right|$, (iii) $\lim\limits_{x\to 0} \left|\dfrac{1}{x}\right|$ (Ayudarse de las gráficas de $|x|$ y $\left|\frac{1}{x}\right|$).

Solución:

(i) Se tiene que $|x| = \begin{cases} -x & \text{si } x < 0 \\ x & \text{si } x \geq 0 \end{cases}$

La gráfica de $|x|$ es la que se adjunta (compare el lector la gráfica de $|x|$ con la de la recta $f(x) = x$). Por tanto, $\lim\limits_{x\to -1} |x| = \lim\limits_{x\to -1} (-x) = 1$.

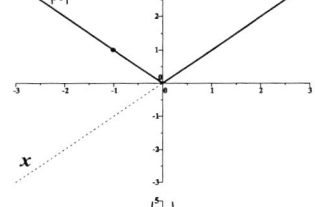

(ii) Se tiene que la función $\left|\dfrac{1}{x}\right|$ $=$

$\begin{cases} -1/x & \text{si } x < 0 \\ 1/x & \text{si } x > 0 \end{cases}$. La gráfica de $\left|\dfrac{1}{x}\right|$ es la que

se adjunta. Por tanto, $\lim\limits_{x\to -1} \left|\dfrac{1}{x}\right| = \lim\limits_{x\to -1} \dfrac{-1}{x} = 1$.

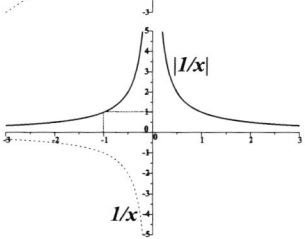

(iii) En el apartado (iii) del Ejemplo 7.3.4 vimos que $\lim\limits_{x\to 0^+} \dfrac{1}{x} = +\infty$. Como $\lim\limits_{x\to 0^-} \left|\dfrac{1}{x}\right|$

$= \lim\limits_{x\to 0^-} \dfrac{-1}{x} = +\infty$, entonces $\lim\limits_{x\to 0} \left|\dfrac{1}{x}\right| = +\infty$.

7.13 Hallar (i) $\lim\limits_{x\to 2} \dfrac{1}{x - 2}$,   (ii) $\lim\limits_{x\to 2} \dfrac{-1}{x - 2}$.

Solución:

(i) Como el denominador tiene límite cero cuando x tiende a 2, se tiene que $\lim\limits_{x\to 2} \dfrac{1}{x - 2}$ $= \infty$. Podemos precisar los límites laterales si observamos que para $x > 2$ se tiene que $\frac{1}{x-2} > 0$, y para $x < 2$ se tiene que $\frac{1}{x-2} < 0$. Así pues,

$$\lim\limits_{x\to 2^+} \dfrac{1}{x - 2} = +\infty, \quad \text{y} \quad \lim\limits_{x\to 2^-} \dfrac{1}{x - 2} = -\infty.$$

(ii) Razonando como en el apartado (i), se tiene:

$$\lim_{x \to 2^+} \frac{-1}{x-2} = -\infty, \quad \text{y} \quad \lim_{x \to 2^-} \frac{-1}{x-2} = +\infty.$$

7.14 Averiguar los límites laterales de las siguientes funciones, en los puntos que se indican

(i) $f(x) = \begin{cases} -x^2 + 2x - 1, & x < 0 \\ (x-1)^2 + 2, & x \geq 0 \end{cases}$ en $x = 0$ y $x = 3$.

(ii) $g(x) = \dfrac{x^3 - x^2 - 2x}{x^2 - 4x + 4}$, en $x = 2$.

Solución:

(i) $\displaystyle\lim_{x \to 0^+} f(x) = \lim_{x \to 0^+} (x-1)^2 + 2 = (0-1)^2 + 2 = 3$

$\displaystyle\lim_{x \to 0^-} f(x) = \lim_{x \to 0^-} -x^2 + 2x - 1 = -0^2 + 2 \cdot 0 - 1 = -1$

Por tanto, los límites laterales de f en $x = 0$ no coinciden.

En $x = 3$ la función f es el mismo polinomio tanto por la derecha como por la izquierda, en consecuencia, los límites laterales coinciden en $x = 3$ puesto que los polinomios son funciones continuas. Se tiene

$$\lim_{x \to 3^+} f(x) = \lim_{x \to 3^+} (x-1)^2 + 2 = (3-1)^2 + 2 = 6 = \lim_{x \to 3^-} f(x).$$

(ii) $g(2) = \dfrac{2^3 - 2^2 - 2 \cdot 2}{2^2 - 4 \cdot 2 + 4}$ que conduce a una indeterminación con límites de la forma $\frac{0}{0}$. Ahora bien, como el numerador y el denominador se anulan al evaluarse en el punto 2, ello indica que 2 es raíz tanto del numerador como del denominador, es decir, que el monomio $(x - 2)$ divide a ambos y, en consecuencia, la fracción polinómica se puede simplificar como sigue:

$$\frac{x^3 - x^2 - 2x}{x^2 - 4x + 4} = \frac{x(x+1)(x-2)}{(x-2)^2} = \frac{x(x+1)}{x-2}.$$

Por tanto, $\displaystyle\lim_{x \to 2} g(x) = \infty$.

Ahora bien, en la expresión de $\displaystyle\lim_{x \to 2^+} g(x)$ se observa que el numerador es positivo y tiende a 6, mientras que el denominador es positivo y tiende a 0, y en consecuencia, $\displaystyle\lim_{x \to 2^+} g(x) = +\infty$. Por otro lado, en $\displaystyle\lim_{x \to 2^-} g(x)$ el numerador es positivo mientras que el denominador es negativo y tiende a cero, y en consecuencia, $\displaystyle\lim_{x \to 2^-} g(x) = -\infty$.

7.15 Hallar $\displaystyle\lim_{x \to 2} \frac{x-1}{x^2 - 3x + 2}$.

Solución:

Como $\displaystyle\lim_{x \to 2}(x-1) = 1$, y $\displaystyle\lim_{x \to 2}(x^2 - 3x + 2) = 0$, entonces $\displaystyle\lim_{x \to 2} \frac{x-1}{x^2 - 3x + 2} = \infty$.

Si el lector desea precisar los límites laterales puede llamar $f(x) = \frac{x-1}{x^2-3x+2}$ y calcular $f(2.1)$ y $f(1.9)$. Como $f(2.1) > 0$ y $f(1.9) < 0$, es intuitivo pensar que se tiene $\displaystyle\lim_{x \to 2^+} f(x) = +\infty$, y $\displaystyle\lim_{x \to 2^-} f(x) = -\infty$. (Existen métodos para calcular los límites laterales que no emplearemos). En el Ejercicio 7.27 se puede verificar que los límites laterales deducidos son correctos.

7.16 Demostrar que si $f(x) = a_n x^n + \cdots + a_1 x + a_0$ es una función polinómica con $a_n \neq 0$, entonces $\lim\limits_{x \to \infty} f(x) = \lim\limits_{x \to \infty} a_n x^n$.

Solución:

Se tiene que

$$
\begin{aligned}
\lim_{x \to \infty} f(x) &= \lim_{x \to \infty} \left(a_n x^n \left(1 + \frac{a_{n-1}}{a_n x} + \cdots + \frac{a_1}{a_n x^{n-1}} + \frac{a_0}{a_n x^n} \right) \right) \\
&= \lim_{x \to \infty} a_n x^n \cdot \lim_{x \to \infty} \left(1 + \frac{a_{n-1}}{a_n x} + \cdots + \frac{a_1}{a_n x^{n-1}} + \frac{a_0}{a_n x^n} \right) \\
&= \lim_{x \to \infty} a_n x^n,
\end{aligned}
$$

pues el segundo límite, según la Nota 7.3.11, vale 1.

7.17 Hallar (i) $\lim\limits_{x \to \pm\infty} (-2x^3 + x^2)$,   (ii) $\lim\limits_{x \to \pm\infty} (2x^6 - x)$.

Solución:

Atendiendo al punto 7.3.16 (o al ejercicio anterior) se tiene:

(i) $\lim\limits_{x \to +\infty} (-2x^3 + x^2) = \lim\limits_{x \to +\infty} (-2x^3) = -\infty$.

$\lim\limits_{x \to -\infty} (-2x^3 + x^2) = \lim\limits_{x \to -\infty} (-2x^3) = +\infty$.

(ii) En este caso expondremos los dos límites en una sola expresión como sigue:
$\lim\limits_{x \to \pm\infty} (2x^6 - x) = \lim\limits_{x \to \pm\infty} 2x^6 = +\infty$.

7.18 Resolver los siguientes límites sin hacer uso del punto 7.3.17:

(i) $\lim\limits_{x \to \infty} \dfrac{2x^6 - x}{-2x^3 + x^2}$,   (ii) $\lim\limits_{x \to \infty} \dfrac{-2x^3 + x^2}{2x^6 - x}$,   (iii) $\lim\limits_{x \to \infty} \dfrac{-2x^4 + x^2 + 1}{5x^4 - 3x}$.

Solución:

Según el Ejercicio 7.17 los apartados (i)-(ii) son indeterminaciones de la forma $\frac{\infty}{\infty}$, y análogamente lo es (iii). Para resolver las indeterminaciones dividiremos numerador y denominador por x^s, siendo s el grado del polinomio más pequeño de entre el numerador y denominador de cada fracción.

(i) $\lim\limits_{x \to \infty} \dfrac{2x^6 - x}{-2x^3 + x^2} = \lim\limits_{x \to \infty} \dfrac{2x^3 - \frac{1}{x^2}}{-2 + \frac{1}{x}} = \infty$ pues, atendiendo a las notas 7.3.8 y 7.3.11, el numerador de la última fracción tiene límite ∞, y el denominador -2.

Si el lector desea precisar el signo del resultado final tiene dos opciones:

(a) Cuando $x \to \pm\infty$ el denominador de la última fracción siempre vale -2, sin embargo, el numerador tiene los siguientes límites:

$\lim\limits_{x \to +\infty} \left(2x^3 - \dfrac{1}{x^2} \right) = +\infty$ y $\lim\limits_{x \to -\infty} \left(2x^3 - \dfrac{1}{x^2} \right) = -\infty$.

Así pues, atendiendo a la regla algebraica de signos del cociente se tiene que

$\lim\limits_{x \to +\infty} \dfrac{2x^6 - x}{-2x^3 + x^2} = -\infty$, $\lim\limits_{x \to -\infty} \dfrac{2x^6 - x}{-2x^3 + x^2} = +\infty$.

(b) Teniendo en cuenta el Ejercicio 7.17 se tiene que

$\lim\limits_{x \to +\infty} \dfrac{2x^6 - x}{-2x^3 + x^2} = \lim\limits_{x \to +\infty} \dfrac{2x^6}{-2x^3} = \lim\limits_{x \to +\infty} \dfrac{x^3}{-1}$. En consecuencia,

$\lim\limits_{x \to +\infty} \dfrac{2x^6 - x}{-2x^3 + x^2} = -\infty$, y $\lim\limits_{x \to -\infty} \dfrac{2x^6 - x}{-2x^3 + x^2} = +\infty$.

Los resultados de los siguientes apartados también se apoyan en las notas 7.3.8 y 7.3.11.

(ii) $\lim\limits_{x\to\infty} \dfrac{-2x^3 + x^2}{2x^6 - x} = \lim\limits_{x\to\infty} \dfrac{-2 + \frac{1}{x}}{2x^3 - \frac{1}{x^2}} = 0$, puesto que el numerador tiene límite 2 y el denominador ∞.

(iii) $\lim\limits_{x\to\infty} \dfrac{-2x^4 + x^2 + 1}{5x^4 - 3x} = \lim\limits_{x\to\infty} \dfrac{-2 + \frac{1}{x^2} + \frac{1}{x^4}}{5 - \frac{3}{x^3}} = -\dfrac{2}{5}$, puesto que el numerador tiene límite -2, y el denominador 5.

7.19 Sea $f(x) = \dfrac{a_n x^n + \cdots + a_1 x + a_0}{b_n x^n + \cdots + b_1 x + b_0}$ con $a_n, b_n \neq 0$. Demostrar que $\lim\limits_{x\to\infty} f(x) = \dfrac{a_n}{b_n}$.

Solución:

Se tiene que $\lim\limits_{x\to\infty} f(x) = \lim\limits_{x\to\infty} \dfrac{a_n + \frac{a_{n-1}}{x} + \cdots + \frac{a_1}{x^{n-1}} + \frac{a_0}{x^n}}{b_n + \frac{b_{n-1}}{x} + \cdots + \frac{b_1}{x^{n-1}} + \frac{b_0}{x^n}} = \dfrac{a_n}{b_n}$ teniendo en cuenta que, según la Nota 7.3.11, el límite del numerador es a_n y el del denominador es b_n.

7.20 Resolver el Ejercicio 7.18 aplicando los resultados del punto 7.3.17.

Solución:

Designemos por n y m los grados del numerador y denominador respectivamente de cada función racional.

(i) $\lim\limits_{x\to\infty} \dfrac{2x^6 - x}{-2x^3 + x^2} = \infty$, pues $n > m$.

(ii) $\lim\limits_{x\to\infty} \dfrac{-2x^3 + x^2}{2x^6 - x} = 0$, pues $n < m$.

(iii) $\lim\limits_{x\to\infty} \dfrac{-2x^4 + x^2 + 1}{5x^4 - 3x} = \dfrac{-2}{5}$, pues $n = m$.

7.21 Hallar: (i) $\lim\limits_{x\to\pi/2} \tan x$, (ii) $\lim\limits_{x\to 0} \dfrac{\tan x}{\operatorname{sen} x}$.

Solución:
(i) Observemos la gráfica de $\tan x$ en $]0, \pi[$. Dado que $\lim\limits_{x\to\pi/2} \operatorname{sen} x = 1$, y $\lim\limits_{x\to\pi/2} \cos x = 0$, se tiene que:

$\lim\limits_{x\to\pi/2} \tan x = \lim\limits_{x\to\pi/2} \dfrac{\operatorname{sen} x}{\cos x} = \infty$.

Podemos concretar, por observación de la gráfica, que

$\lim\limits_{x\to\pi/2^+} \tan x = -\infty$, y $\lim\limits_{x\to\pi/2^-} \tan x = +\infty$.

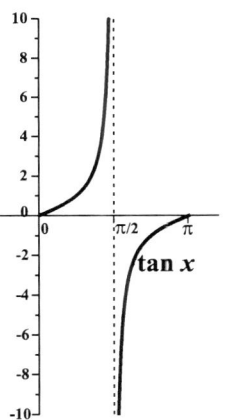

(ii) $\lim\limits_{x\to 0} \dfrac{\tan x}{\operatorname{sen} x}$ está indeterminado, pues $\lim\limits_{x\to 0} \tan x = \lim\limits_{x\to 0} \operatorname{sen} x = 0$. Para su cálculo se procede como sigue:

$\lim\limits_{x\to 0} \dfrac{\tan x}{\operatorname{sen} x} = \lim\limits_{x\to 0} \dfrac{\frac{\operatorname{sen} x}{\cos x}}{\operatorname{sen} x} = \lim\limits_{x\to 0} \dfrac{1}{\cos x} = \dfrac{1}{1} = 1$.

7.22 Hallar $\lim\limits_{x\to+\infty} \left(\sqrt{x+1} - \sqrt{x}\right)$.

Solución:

El límite solicitado es una indeterminación de la forma $+\infty - \infty$. Se tiene que:

$\lim\limits_{x\to+\infty} \left(\sqrt{x+1} - \sqrt{x}\right) = \lim\limits_{x\to+\infty} \dfrac{\left(\sqrt{x+1} - \sqrt{x}\right)\left(\sqrt{x+1} + \sqrt{x}\right)}{\left(\sqrt{x+1} + \sqrt{x}\right)} =$

$\lim\limits_{x\to+\infty} \dfrac{\left(\sqrt{x+1}\right)^2 - \left(\sqrt{x}\right)^2}{\sqrt{x+1} + \sqrt{x}} = \lim\limits_{x\to+\infty} \dfrac{1}{\sqrt{x+1} + \sqrt{x}} = 0$, dado que el límite del denominador es ∞.

7.23 Hallar $\lim\limits_{x\to+\infty} \sqrt{x}\left(\sqrt{x+1}-\sqrt{x}\right)$.

Solución:

Teniendo en cuenta el ejercicio anterior, el límite solicitado es una indeterminación de la forma $\infty\cdot 0$.

Procediendo como antes y dividiendo después numerador y denominador por $\sqrt{x}$:

$$\lim_{x\to+\infty}\left(\sqrt{x}\left(\sqrt{x+1}-\sqrt{x}\right)\right)=\lim_{x\to+\infty}\frac{\sqrt{x}}{\sqrt{x+1}+\sqrt{x}}=\lim_{x\to+\infty}\frac{1}{\sqrt{1+\frac{1}{x}}+1}=\frac{1}{2}.$$

7.24 Estudiar la continuidad de la función del Ejercicio 7.11.

Solución:

Las funciones x^2 y 0 son polinómicas, por lo que en el interior de sus dominios son continuas. En el punto frontera $x=1$, los límites laterales valen 1 y 0. Así pues, en $x=1$ existe una discontinuidad de salto finito (de amplitud 1).

7.25 A partir de $\lim\limits_{x\to 0} f(x)g(x)$ con $f(x)=\dfrac{x^2+ax}{x-1}$, $g(x)=\dfrac{x^3-2}{x}$ siendo $a\in\mathbb{R}$, verifica que la expresión $0\cdot\infty$ es una indeterminación.

Solución:

$$\lim_{x\to 0}f(x)g(x)=\lim_{x\to 0}\frac{(x+a)x}{x-1}\cdot\frac{x^3-2}{x}=\lim_{x\to 0}\frac{(x+a)(x^3-2)}{x-1}=\frac{(0+a)(0^3-2)}{0-1}=2a.$$

Por tanto, aunque $\lim\limits_{x\to 0}\left(f(x)g(x)\right)$ es un límite del tipo $0\cdot\infty$ independientemente del valor de a, el valor de dicho límite depende de $a\in R$. En consecuencia, de un límite del tipo $0\cdot\infty$ se puede obtener, a priori, cualquier valor.

7.26 Estudia los puntos de discontinuidad de $f(x)=\begin{cases} x+1 & \text{si } x<0 \\ 2 & \text{si } 0\le x<2 \\ x & \text{si } 2\le x \end{cases}$

Solución:

Dado que f está definida por tres funciones polinómicas, los únicos puntos posibles de discontinuidad son los puntos frontera de sus dominios, 0 y 2.
Veamos si existe discontinuidad en $x=0$:
Por la izquierda: $\lim\limits_{x\to 0^-} f(x)=\lim\limits_{x\to 0^-}(x+1)=0+1=1$, mientras que, por la derecha: $\lim\limits_{x\to 0^+} f(x)=\lim\limits_{x\to 0^+} 2=2\neq 1$.

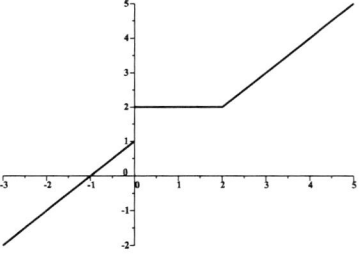

Por tanto, los límites laterales de f no coinciden en $x=0$, y, en consecuencia, la función f es discontinua en dicho punto. Se observa que la función presenta en $x=0$ una discontinuidad de salto finito de amplitud $|2-1|=1$.

Veamos lo que ocurre en $x=2$:
Por la izquierda: $\lim\limits_{x\to 2^-} f(x)=\lim\limits_{x\to 2^-} 2=2$, mientras que, por la derecha: $\lim\limits_{x\to 2^+} f(x)=\lim\limits_{x\to 2^+} x=2$. Por tanto, los límites laterales de f sí que coinciden en $x=2$, y, en consecuencia, la función f es continua en dicho punto.

En conclusión, f es continua en toda la recta real excepto en $x=0$, es decir, es continua en $\mathbb{R}-\{0\}$.

7.27 Estudiar la continuidad de la función $f(x)=\dfrac{x-1}{x^2-3x+2}$.

Solución:

Las raíces del denominador son $x = 1$ y $x = 2$, por tanto en esos puntos f no existe. En consecuencia, f es continua en $\mathbb{R} - \{1, 2\}$.

Observemos que podemos escribir $f(x) = \dfrac{x-1}{(x-1)(x-2)}$.

Veamos el tipo de discontinuidad en $x = 1$:

Después de simplificar $f(x)$ se tiene que $\lim\limits_{x \to 1} f(x) = \lim\limits_{x \to 1} \dfrac{1}{x-2} = \dfrac{1}{-1} = -1$. En consecuencia, se puede extender la función f a $x = 1$, definiendo $F(x) = f(x)$ cuando $x \neq 1$, y $F(1) = -1$, con lo que F es continua en $x = 1$. Así pues, la discontinuidad de f en $x = 1$ es evitable.

Veamos el tipo de discontinuidad de f en $x = 2$:

Después de simplificar y, teniendo en cuenta el apartado (ii) del Ejercicio 7.13 se tiene que $\lim\limits_{x \to 2^+} f(x) = +\infty$, y $\lim\limits_{x \to 2^-} f(x) = -\infty$. Así pues, en $x = 2$ hay una discontinuidad de salto infinito.

7.28 Estudiar la continuidad de la función $f(x) = \begin{cases} 1 & \text{si } x < 0 \\ 2 & \text{si } x = 0 \\ 1 & \text{si } x > 0 \end{cases}$

Solución:

Observar la gráfica de la función f. La función es continua en $\mathbb{R} - \{0\}$. En el punto $x = 0$ se tiene que $\lim\limits_{x \to 0} f(x) = 1 \neq 2 = f(0)$. Por lo tanto, f es discontinua en $x = 0$.

Obsérvese que en este caso la discontinuidad no es evitable dado que existe $f(0)$.

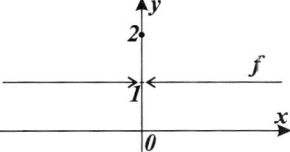

7.29 Estudiar la continuidad de la función $f(x) = \begin{cases} |x| & \text{si } x < -1 \\ \left|\frac{1}{x}\right| & \text{si } x > -1 \end{cases}$

Solución:

Teniendo en cuenta el Ejercicio 7.12 podemos escribir $f(x) = \begin{cases} -x & \text{si } x < -1 \\ -\frac{1}{x} & \text{si } -1 < x < 0 \\ \frac{1}{x} & x > 0 \end{cases}$

En $x = -1$ no existe la función f, pero según el mencionado ejercicio se tiene que $\lim\limits_{x \to -1} f(x) = 1$, por lo que podemos extender f y definir $F(x) = f(x)$ si $x \neq -1$, y $F(-1) = 1$.

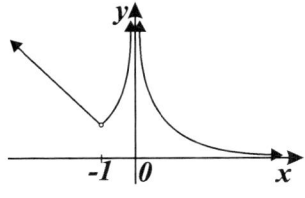

En consecuencia, F es continua en $x = -1$, y por tanto, la discontinuidad de f en $x = -1$ es evitable.

Finalmente, f es continua en $\mathbb{R} - \{-1, 0\}$ por tratarse de una función polinómica o racional (con denominador no nulo).

7.30 Halla los distintos tipos de discontinuidad de las funciones:

(i) $f(x) = \dfrac{1}{x^2 - 3}$

(ii) $g(x) = \tan(2x)$

(iii) $h(x) = \ln(x^2 - 6x + 3)$

(iv) $i(x) = e^{-3/(x-1)}$

Solución:

(i) $f(x) = \dfrac{1}{x^2 - 3} = \dfrac{h_1(x)}{h_2(x)}$ con $h_1(x) = 1$ y $h_2(x) = x^2 - 3$ polinomios continuos en toda la recta real. Sólamente puede haber discontinuidad en los puntos x en que se anule el denominador, o sea, en las soluciones de $h_2(x) = x^2 - 3 = 0$, es decir en $x = \pm\sqrt{3}$ ($\simeq \pm 1.732$). Por tanto, si $x \neq \pm\sqrt{3}$, f es continua en x. En $x = +\sqrt{3}$ se tiene que $h_1(+\sqrt{3}) = 1 \neq 0$ mientras que $h_2(+\sqrt{3}) = 0$. Por tanto, f presenta una expresión del tipo $\frac{1}{0} = \infty \notin \mathbb{R}$ en $x = +\sqrt{3}$. En consecuencia, f es discontinua de salto infinito en $x = +\sqrt{3}$. Se obtiene el mismo resultado en $x = -\sqrt{3}$.

En conclusión, f es continua en toda la recta real excepto en $x = -\sqrt{3}$ y en $x = +\sqrt{3}$ en donde no está definida (véase la gráfica en la Figura 7.6 (a)).

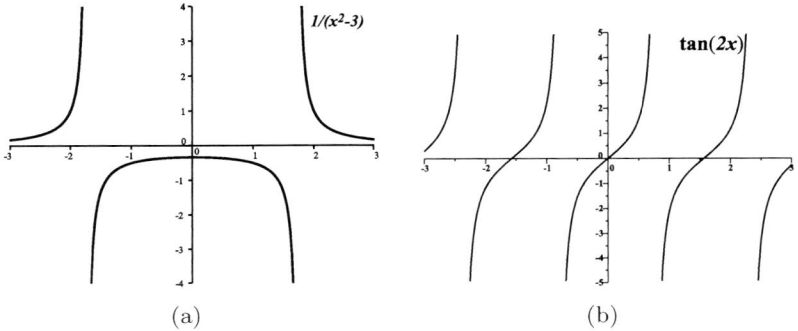

(a)   (b)

Figura 7.6: Gráfica de $f(x) = \dfrac{1}{x^2 - 3}$ (a) y de $g(x) = \tan(2x)$ (b).

(ii) $g(x) = \tan(2x) = \dfrac{\text{sen}(2x)}{\cos(2x)}$ no está definida cuando $\cos(2x) = 0$ y ($\text{sen}(2x) \neq 0$), es decir, cuando $2x = (2k + 1)\frac{\pi}{2}$, $k \in \mathbb{Z}$ o, lo que es lo mismo, $x = (2k + 1)\frac{\pi}{4}$, $k \in \mathbb{Z}$. En todos los demás puntos g es continua puesto que tanto el numerador como el denominador de g lo son. En consecuencia, g es continua en $\mathbb{R} - \{(2k + 1)\frac{\pi}{4}, k \in \mathbb{Z}\} = \mathbb{R} - \{..., \frac{-5\pi}{4}, \frac{-3\pi}{4}, \frac{-\pi}{4}, \frac{\pi}{4}, \frac{3\pi}{4}, \frac{5\pi}{4}, ...\}$. Las discontinuidades son de salto infinito (véase la gráfica en la Figura 7.6 (b)).

(iii) $h(x) = \ln(x^2 - 6x + 3) = h_2(h_1(x)) = (h_2 \circ h_1)(x)$ con $h_2(x) = \ln(x)$ y $h_1(x) = x^2 - 6x + 3$. La función $h_2(y)$ es continua si $y > 0$; por tanto, la función $h_2(h_1(x))$ es continua si $y = h_1(x) > 0$, es decir, si $x^2 - 6x + 3 > 0$. Por otro lado, la función $h_1(x)$ es continua para todo x por ser un polinomio. En consecuencia, $h(x) = h_2(h_1(x))$ es continua en todos los puntos x en los que $x^2 - 6x + 3 > 0$.

Para determinar los puntos en donde $x^2 - 6x + 3$ es positivo podemos determinar primero las raíces de la ecuación $x^2 - 6x + 3 = 0$ que son $3 \pm \sqrt{6}$. De la gráfica de la parábola que define la función $h_1(x) = x^2 - 6x + 3$ se observa que h_1 es positiva en $]-\infty, 3 - \sqrt{6}[\cup]3 + \sqrt{6}, +\infty[$.

Por tanto se deduce que $h(x) = \ln(x^2 - 6x + 3)$ es continua en $]-\infty, 3 - \sqrt{6}[\cup]3 + \sqrt{6}, +\infty[$ (véase la gráfica en la Figura 7.7 (a)).

(iv) $i(x) = e^{-\frac{3}{x-1}} = i_2(i_1(x)) = (i_2 \circ i_1)(x)$ con $i_2(x) = e^x$ e $i_1(x) = \frac{-3}{x-1}$. La función $i_2(x)$ es continua en toda la recta real, mientras que $i_1(x)$ es continua si $x \neq 1$. En consecuencia, la función $i(x) = i_2(i_1(x))$ es continua si $x \neq 1$.

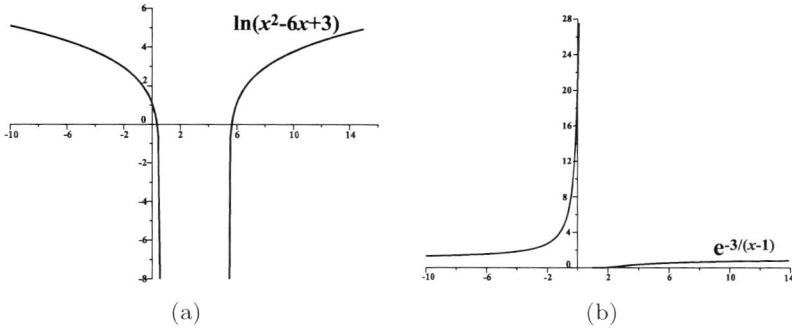

$$\text{Figura 7.7: Gráfica de } h(x) = \ln(x^2 - 6x + 3) \text{ (a) y de } i(x) = e^{-\frac{3}{x-1}} \text{ (b).}$$

Veamos qué ocurre en el punto $x = 1$. Por un lado se tiene que $\lim\limits_{x \to 1} i_1(x) =$ $\lim\limits_{x \to 1} \dfrac{-3}{x-1} = \infty$. Más concretamente, $\lim\limits_{x \to 1^+} \dfrac{-3}{x-1} = -\infty$, mientras que $\lim\limits_{x \to 1^-} \dfrac{-3}{x-1} = +\infty$. Por otro lado se observa que $\lim\limits_{x \to +\infty} e^x = +\infty$, mientras que $\lim\limits_{x \to -\infty} e^x = 0$.

En consecuencia,

$$\lim\limits_{x \to 1^+} i(x) = \lim\limits_{x \to 1^+} e^{\frac{-3}{x-1}} = e^{\lim\limits_{x \to 1^+} \frac{-3}{x-1}} = 0,$$

$$\lim\limits_{x \to 1^-} i(x) = \lim\limits_{x \to 1^-} e^{\frac{-3}{x-1}} = e^{\lim\limits_{x \to 1^-} \frac{-3}{x-1}} = +\infty.$$

Se concluye que en $x = 1$ la función $i(x)$, además de no estar definida, presenta una discontinuidad de salto infinito (véase la gráfica en la Figura 7.7 (b)).

7.31 ¿En qué puntos son continuas las siguientes funciones?

(i) $f(x) = 3x + \sqrt{x} - 2$

(ii) $f(x) = \dfrac{x+6}{x^2-4}$

(iii) $f(x) = \dfrac{x^2+1}{x^2(x+1)}$

(iv) $f(x) = \dfrac{1}{2x^2-x-1}$

(v) $f(x) = \dfrac{\sqrt{x+2}}{x^2+1}$

(vi) $f(x) = \dfrac{\sqrt{3x-5}}{x-2}$

(vii) $f(x) = \dfrac{\sqrt{1-x}}{\ln x}$

(viii) $f(x) = \dfrac{1+e^{-x}}{2+e^x}$

(ix) $f(x) = \dfrac{1+e^{-x}}{1-e^{x^2-4}}$

Solución:

Las funciones (i)-(ix) son continuas en sus dominios de definición que pasamos a estudiar.

(i) El valor $3x - 2$ está definido para todo valor real x, en cambio, $\sqrt{x}$ sólo está definido para valores no negativos de x. Por tanto, el dominio de f en este caso es $[0, +\infty[$.

(ii) Una *fracción polinómica* está definida para cualquier valor real que no anule el denominador. En este caso el denominador se anula cuando $x^2 - 4 = 0$, es decir, cuando $x = \pm 2$. Por tanto, el dominio de f en este caso es $\mathbb{R} - \{-2, 2\}$.

(iii) Al igual que en el apartado anterior, ahora se tiene que el dominio es $\mathbb{R} - \{0, -1\}$.

(iv) Razonando como en (ii), el domino es $\mathbb{R} - \{1, -\frac{1}{2}\}$.

(v) Como $x^2 + 1 \geq 1$ para cualquier x real, se tiene que el denominador nunca se anula. Ahora bien, como en el numerador hay una raíz cuadrada, se requiere que $x + 2 \geq 0$, o lo que es lo mismo, que $x \geq -2$. Por tanto el dominio es $[-2, +\infty[$.

(vi) Se requiere que $x \neq 2$ para que el denominador no se anule, y que $3x - 5 \geq 0$, es decir, $x \geq \frac{5}{3}$, para que exista raíz real. En consecuencia, el dominio es $[\frac{5}{3}, +\infty[- \{2\}$.

(vii) Para que exista $\ln x$ hace falta que $x > 0$, y para que no se anule el denominador se requiere que $x \neq 1$. Además, para que la raíz del numerador exista (en $\mathbb{R}$) ha de suceder que $1 - x \geq 0$. Por tanto, el dominio de f, que está formado por todos los números reales que verifican las anteriores condiciones, es $]0, 1[$.

(viii) El dominio es todo $\mathbb{R}$, puesto que tanto el numerador como el denominador están definidos para cualquier número real. Además, el denominador es positivo estricto y, en consecuencia, nunca se anula.

(ix) Al igual que en (viii), tanto el numerador como el denominador están definidos para todo valor real x. Ahora bien, en este caso el denominador se puede anular cuando $e^{x^2-4} = 1$, es decir, cuando $x^2 - 4 = 0$, o sea, en $x = \pm 2$. Por tanto, el dominio de esta función es $\mathbb{R} - \{-2, 2\}$.

7.32 Estudia para qué valores del parámetro a se tiene que es continua en $x = 1$ la función
$$f(x) = \begin{cases} x^2 + a, & x \leq 1 \\ 2ax - 2, & x > 1 \end{cases}$$

Solución:

Para que f sea continua en $x = 1$ debe cumplirse que $\lim\limits_{x \to 1^-} f(x) = \lim\limits_{x \to 1^+} f(x) = f(1)$, es decir, que $1^2 + a = 2 \cdot a \cdot 1 - 2$, lo cual sucede si $a = 3$.

Capítulo 8

DERIVABILIDAD

En este capítulo se introducen las nociones elementales del cálculo diferencial y se aplican al cálculo de límites indeterminados y cálculo de errores. Las argumentaciones nos llevan hasta describir el Teorema Fundamental del Cálculo Integral.

En este capítulo x_0 es un punto del interior del intervalo I, y f y g son funciones reales definidas en I, salvo mención explícita.

8.1 DERIVADA

8.1.1 Incrementos

Se llama **incremento** de la variable x, y se denota Δx a la diferencia $x - x_0$, con $x \neq x_0$. Análogamente a $\Delta f(x_0) = f(x) - f(x_0)$ se le llama **incremento de la función** que, de manera abreviada, también se denota $\Delta y = y - y_0$, siendo $y = f(x)$ e $y_0 = f(x_0)$.

8.1.2 Derivada en un punto. Función derivada

Se dice que $y = f(x)$ es derivable en x_0 si existe (y es finito) el límite

$$\lim_{\substack{x \to x_0 \\ x \neq x_0}} \frac{f(x) - f(x_0)}{x - x_0} = \lim_{\Delta x \to 0} \frac{f(x_0 + \Delta x) - f(x_0)}{\Delta x} = \lim_{\Delta x \to 0} \frac{\Delta f(x_0)}{\Delta x} \qquad (8.1)$$

Al valor de dicho límite, si existe, se le llama **derivada** de f en el punto x_0 y se denota $f'(x_0)$ ó $y'(x_0)$ (notación de Lagrange), o bien $\dfrac{df}{dx}(x_0)$ ó $\left(\dfrac{dy}{dx}\right)_{x_0}$ (notación de Leibnitz).

Si $y = f(x)$ es derivable en todo punto de un intervalo abierto I se dice que f es derivable en I, y a la función que a cada punto x de I le hace corresponder su derivada se le llama **función derivada** y se denota por $f'(x)$ ó y'.

8.1.3   Ejemplo

(i) Vamos a ver que la derivada de la función $y = mx$ es $y' = m$ para cualquier $x \in \mathbb{R}$:

Sea $x_0 \in \mathbb{R}$. Se tiene entonces que

$$\lim_{\Delta x \to 0} \frac{f(x_0 + \Delta x) - f(x_0)}{\Delta x} = \lim_{\Delta x \to 0} \frac{m(x_0 + \Delta x) - mx_0}{\Delta x} = \lim_{\Delta x \to 0} \frac{m\Delta x}{\Delta x} = m.$$

(ii) La derivada de la función $y = x^2$ es $y' = 2x$. Se deja al lector su verificación imitando la prueba de (i).

8.1.4   Función diferenciable en un punto. La función diferencial

Se dice que f es **diferenciable** en x_0 si $\Delta f(x_0)$ se puede descomponer en la forma:

$$\Delta f(x_0) = f'(x_0) \cdot \Delta x + \varepsilon \cdot \Delta x \qquad (8.2)$$

donde ε es una función que depende de Δx, tal que $\lim_{\Delta x \to 0} \varepsilon = 0$.

Si $y = f(x)$ es diferenciable en todo punto de un intervalo abierto I se dice que f es diferenciable en I, y a la función que a cada punto de x le hace corresponder su diferencial se llama **función diferencial** y se le denota $df(x)$ ó dy.

Al producto $f'(x_0) \cdot \Delta x$ se le denomina **diferencial** de $f(x)$ en el punto x_0, y se denota $df(x_0)$. Dado que la derivada de $y = x$ es $y' = 1$ (según (i) del Ejemplo 8.1.3), entonces $dx = \Delta x$, por lo que habitualmente se escribe

$$df(x_0) = f'(x_0) \cdot dx \qquad (8.3)$$

Se demuestra que una función es diferenciable en x_0 sii f es derivable en x_0. *Grosso modo*, según la expresión (8.3) podemos decir que *diferenciar* una función es multiplicar su derivada por diferencial de x.

8.1.5   Interpretación geométrica de la derivada

Sea $y = f(x)$ una función derivable en x_0, y supongamos que en el punto $P(x_0, y_0)$ la gráfica de la función admite una recta tangente de pendiente m. Sea Q otro punto de la gráfica correspondiente a la abscisa $x_0 + \Delta x$.

Cuando $\Delta x \to 0$ el punto Q tiende a confundirse con P de manera que la *recta* PQ deja de cortar en dos puntos a la curva para *tocarla* sólo en P, es decir, se convierte en la recta tangente geométrica a la curva en P, y esta recta tiene **pendiente** $m = \tan \alpha$ (ver Figura 8.1).

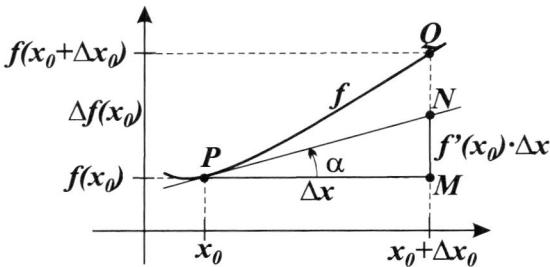

Figura 8.1: Interpretación geométrica de la derivada.

Ahora bien, $m = \lim\limits_{\Delta x \to 0} \dfrac{\Delta f(x_0)}{\Delta x} = f'(x_0)$.

Así pues, la derivada de f en un punto x_0 es la tangente trigonométrica del ángulo que forma el eje OX con la recta tangente en dicho punto $(x_0, f(x_0))$, medido en el sentido contrario a las agujas del reloj.

Como consecuencia inmediata de esta interpretación geométrica podemos afirmar que si f es una función constante, $f(x) = k$ para todo $k \in I$, entonces $f'(x) = 0$ para cualquier x, dado que su pendiente en cualquier punto es cero. (El lector puede hacer una sencilla prueba analítica).

8.1.6 Interpretación geométrica de la diferencial

En la figura anterior la recta paralela al eje OY que corta al eje OX en $x_0 + \Delta x$, intersecta a la recta paralela al eje OX que pasa por el punto P, en el punto M, e intersecta a la tangente a la curva por P, en el punto N.

Obviamente, el segmento MQ representa $\Delta f(x_0)$, mientras que el segmento MN representa $df(x_0)$.

Supondremos en los dos siguientes puntos que f es derivable en x_0, y que admite recta tangente en (x_0, y_0) donde $y_0 = f(x_0)$.

8.1.7 Ecuación de la recta tangente a una curva

Atendiendo a la ecuación del haz de rectas que pasan por un punto (véase el punto 2.1.6) se tiene que la ecuación de la **recta tangente** a la curva $y = f(x)$ por el punto (x_0, y_0) es

$$y - y_0 = f'(x_0)\,(x - x_0) \tag{8.4}$$

dado que la pendiente m de la recta ha de ser $f'(x_0)$.

8.1.8   Ecuación de la recta normal a una curva

Se denomina **recta normal** a la *curva* $y = f(x)$ en (x_0, y_0) a la recta que pasa por dicho punto y es perpendicular a la recta tangente. Según el punto 6.3.8, la pendiente m' de la recta normal verifica $m' = -\frac{1}{m}$ y, en consecuencia, la ecuación de la recta normal a la curva $y = f(x)$ en (x_0, y_0) es

$$y - y_0 = -\frac{1}{f'(x_0)}(x - x_0). \tag{8.5}$$

8.1.9   Ejemplo

Deseamos hallar las ecuaciones de las rectas tangente y normal a la gráfica de $f(x) = x^2$ en el punto de abscisa $x = 3$.

Como $f(3) = 9$ las coordenadas del punto elegido son $(3, 9)$.

Según (ii) del Ejemplo 8.1.3, $f'(x) = 2x$, por lo que $f'(3) = 6$.

La ecuación de la recta tangente en $(3, 9)$ aplicando la ecuación (8.4) es

$$y - 9 = 6(x - 3),$$

y la ecuación de la recta normal aplicando la ecuación (8.5) es

$$y - 9 = -\frac{1}{6}(x - 3).$$

(Se deja al lector escribir las rectas determinadas en su forma explícita).

8.1.10   Derivadas laterales

Si existe $\lim\limits_{\substack{x \to x_0 \\ x > x_0}} \dfrac{f(x) - f(x_0)}{x - x_0} = f'_+(x_0)$ se dice (acorde con el punto 8.1.2) que f posee **derivada lateral por la derecha**.

Análogamente se define la **derivada lateral por la izquierda**, $f'_-(x_0) = \lim\limits_{\substack{x \to x_0 \\ x < x_0}} \dfrac{f(x) - f(x_0)}{x - x_0}$.

Es evidente que f es derivable en x_0 sii existen las derivadas laterales y ambas coinciden con $f'(x_0)$.

8.1.11   Continuidad de la función derivada

Vamos a demostrar que las funciones derivables son continuas. Supongamos que f es derivable en x_0, y por tanto, diferenciable en dicho punto, por lo que satisface la ecuación (8.2). Aplicando límites en (8.2) se tiene que $\lim\limits_{\Delta x \to 0} \Delta f(x_0) = 0$, y puesto que $\Delta x = x - x_0$, ello es equivalente a que

$\lim\limits_{x \to x_0} f(x) - f(x_0) = 0$, o dicho de otra forma, $\lim\limits_{x \to x_0} f(x) = f(x_0)$, lo cual muestra que f es continua en x_0.

El recíproco de nuestra afirmación inicial es, en general, falso como se prueba en el siguiente **contraejemplo** (ejemplo elegido para demostrar que una propiedad no se verifica).

8.1.12   Puntos angulosos

Observemos la gráfica de
$$|x| = \begin{cases} -x, & x < 0 \\ x, & x \geq 0 \end{cases}$$

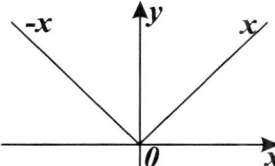

Según el Ejemplo 8.1.3 (o por simple interpretación geométrica) se tiene que:
$$f'(x) = \begin{cases} -1, & x < 0 \\ 1, & x > 0 \end{cases}$$

Por tanto, $f'_-(0) = -1$ y $f'_+(0) = 1$, con lo que f no es derivable en 0 a pesar de que $|x|$ es continua en toda la recta real.

Aquellos puntos en los que una función es continua y posee derivadas laterales que no coinciden se denominan **puntos angulosos** (el nombre es elocuente). El punto de abscisa $x = 0$ de la función $|x|$ es un punto anguloso.

Resulta intuitivo que las gráficas de las funciones derivables en un intervalo, además de dibujarse de un sólo trazo, son de trazo suave, sin cambios bruscos (es decir, sin puntos angulosos).

8.2   CÁLCULO DE DERIVADAS

8.2.1   Propiedades de las funciones derivables (y diferenciables)

Si f y g son derivables en x_0 se verifica:

(1) $(f + g)'(x_0) = f'(x_0) + g'(x_0)$

(2) $(f \cdot g)'(x_0) = f'(x_0) \cdot g(x_0) + f(x_0) \cdot g'(x_0)$

(3) $\left(\dfrac{f}{g}\right)'(x_0) = \dfrac{f'(x_0) \cdot g(x_0) - f(x_0) \cdot g'(x_0)}{(g(x_0))^2}$ si $g(x_0) \neq 0$.

(4) $(\lambda \cdot f)'(x_0) = \lambda \cdot f'(x_0)$ para $\lambda \in \mathbb{R}$.

Dado que $df(x_0) = f'(x_0)\cdot dx$, las propiedades de las funciones diferenciables son análogas a las de las derivables reemplazando $f'(x_0)$ por $df(x_0)$. Como ejemplo, veamos cómo quedaría la propiedad (2) anterior:

$$
\begin{aligned}
d\,(f\!\cdot\! g)\,(x_0) = \;& (f \cdot g)'\,(x_0)\,dx = (f'(x_0)\cdot g(x_0) + f(x_0)\cdot g'(x_0))\,dx \\[2mm]
= \;& g(x_0)\cdot f'(x_0)\,dx + f(x_0)\cdot g'(x_0)\,dx \\[2mm]
= \;& g(x_0)\cdot df(x_0) + f(x_0)\cdot dg(x_0)
\end{aligned}
$$

8.2.2 Derivadas de las funciones conocidas

Las funciones que nos son más conocidas resultan ser derivables en sus dominios correspondientes. Las tablas adjuntas muestran sus derivadas.

$f(x)$	$f'(x)$
x^n	nx^{n-1}
e^x	e^x
a^x	$a^x\cdot \ln a$
$\ln x$	$\dfrac{1}{x}$
$\log_a x$	$\dfrac{1}{x}\log_a e$

$f(x)$	$f'(x)$
$\operatorname{sen} x$	$\cos x$
$\cos x$	$-\operatorname{sen} x$
$\tan x$	$\dfrac{1}{\cos^2 x}$
$\operatorname{arcsen} x$	$\dfrac{1}{\sqrt{1-x^2}}$
$\operatorname{arccos} x$	$\dfrac{-1}{\sqrt{1-x^2}}$
$\arctan x$	$\dfrac{1}{1+x^2}$

donde $a \in \mathbb{R}^+$ y $n \in \mathbb{R}$.

Según la expresión (6.1) se puede escribir $(\tan x)' = 1 + \tan^2 x$.

8.2.3 Ejemplo

Hallemos las derivadas de las siguientes funciones teniendo en cuenta las dos secciones anteriores:

(i) $f(x) = 5x^4 + 2x^3 - x + 1$
$f'(x) = 20x^3 + 6x^2 - 1$

(ii) $g(x) = 3\,x^{1/2} - 7\,x + 3$
$g'(x) = 3 \cdot \dfrac{1}{2}\,x^{-1/2} - 7$

(iii) $h(x) = x^{3/2} \cdot \operatorname{sen} x$

$\qquad h'(x) = \dfrac{3}{2}x^{1/2} \cdot \operatorname{sen} x + x^{3/2} \cdot \cos x$

(iv) $i(x) = \dfrac{\operatorname{sen} x}{e^x}$

$\qquad i'(x) = \dfrac{(\cos x)e^x - (\operatorname{sen} x)e^x}{e^{2x}} = \dfrac{e^x(\cos x - \operatorname{sen} x)}{e^{2x}} = \dfrac{\cos x - \operatorname{sen} x}{e^x}$

En la práctica se trabaja frecuentemente con funciones compuestas y, en el siguiente punto, enunciamos (sin demostrar) cómo calcular su derivada.

8.2.4 Derivada de la función compuesta: regla de la cadena

Recordemos que si f está definida en x_0, y escribimos $y_0 = f(x_0)$, y g está definida en y_0, entonces, por definición, la **función compuesta** es $(g \circ f)(x_0) = g(f(x_0)) = g(y_0)$.

Si f es derivable en x_0 y g es derivable en $y_0 = f(x_0)$, entonces se verifica la conocida **regla de la cadena**:

$$(g \circ f)'(x_0) = g'(f(x_0)) \cdot f'(x_0) = g'(y_0) \cdot y'(x_0)$$

o, lo que es lo mismo,

$$\left(\frac{dg}{dx}\right)_{x_0} = \left(\frac{dg}{df}\right)_{y_0} \cdot \left(\frac{df}{dx}\right)_{x_0}$$

Una consecuencia de este resultado es que si $x = g(y)$ es la función inversa de $y = f(x)$ y ambas funciones son derivables, entonces $f'(x) = \dfrac{1}{g'(y)}$, o abreviadamente, $y' = \dfrac{1}{x'}$.

8.2.5 Ejemplo

La función $\operatorname{sen} x^2$ es la composición de las funciones $y = f(x) = x^2$ y $g(y) = \operatorname{sen} y$ como muestra el esquema siguiente

$$x \xrightarrow{\ f\ } x^2 = y \xrightarrow{\ g\ } \operatorname{sen} y$$

En efecto: $g(y) = \operatorname{sen} y = \operatorname{sen} x^2$. Entonces, aplicando la regla de la cadena su derivada es:

$$\left(\operatorname{sen} x^2\right)' = \left(\cos x^2\right) \cdot 2x.$$

8.2.6   Ejemplo (la derivación *implícita*)

La aplicación de la derivada de la función compuesta nos es útil para derivar una expresión en la que la variable dependiente y no está *despejada* explícitamente como en el siguiente caso.

Sea la ecuación $x^2 + y^2 = 9$.

Derivando *implícitamente* cada miembro respecto a la variable x se tiene:

$$2x + 2y{\cdot}y' = 0,$$

de donde $y' = -\frac{x}{y}$, y si tomamos $y = +\sqrt{9-x^2}$ entonces, siempre que $x \neq \pm 3$, $y' = \frac{-x}{\sqrt{9-x^2}}$.

8.2.7   Derivada y diferencial logarítmica

Se llama **derivada logarítmica** de una función $y = f(x)$ a la derivada de su logaritmo neperiano. Aplicando la regla de la cadena y teniendo en cuenta que $\ln y = \ln f(x)$ se tiene que

$$(\ln y)' = \frac{y'}{y} = \frac{f'(x)}{f(x)}$$

Se llama **diferencial logarítmica** de una función a la diferencial de su logaritmo neperiano. Si $y = f(x)$, entonces $\ln y = \ln f(x)$, y por tanto, la diferencial logarítmica es

$$d\,(\ln y) = \frac{y'(x_0)}{y(x_0)}\,dx = \frac{f'(x_0)}{f(x_0)}\,dx.$$

La derivada logarítmica simplifica en ocasiones el cálculo de y'. En particular, facilita el cálculo de la derivada de funciones de la forma $A(x)^{B(x)}$ como muestra el siguiente ejemplo.

8.2.8   Ejemplo

Deseamos hallar la derivada de $y = x^x$.

Se tiene que $\ln y = x \ln x$, por tanto su derivada logarítmica es:

$$(\ln y)' = \frac{y'}{y} = (x \ln x)' = \ln x + x \cdot \frac{1}{x}\,.$$

En consecuencia, $y' = y{\cdot}(1 + \ln x) = x^x\,(1 + \ln x)$.

8.2.9   Derivadas sucesivas

Sea $y = f(x)$ una función derivable en el intervalo abierto I. Si $f'(x)$ es derivable en x_0, a la derivada de $f'(x)$ en x_0 se le llama derivada segunda de f en x_0, y se denota $f''(x_0)$ ó $y''(x_0)$.

Si $f'(x)$ es derivable en cada punto de I, su función derivada se llama derivada segunda de $f(x)$ en I, y se denota $f''(x)$ ó y''.

Análogamente se define, si existe, la derivada tercera de f en x_0, denotada $f'''(x_0)$ ó $y'''(x_0)$, y la función derivada tercera de f en I, denotada $f'''(x)$ ó y'''. Así sucesivamente se define, por recurrencia, el concepto de derivada n-ésima en un punto x_0, denotada $f^{n)}(x_0)$ ó $y^{n)}(x_0)$, y la función derivada n-ésima de $f(x)$ en I, denotada $f^{n)}(x)$ ó $y^{n)}$.

8.2.10   Diferenciales sucesivas

Si $f(x)$ admite derivada n-ésima de $f(x)$ en x_0 entonces se llama **diferencial n-ésima** de $f(x)$ en x_0 correspondiente a $\Delta x = dx = x - x_0$, a la expresión $f^{n)}(x_0) \cdot (dx)^n$. Se representa por $d^n y(x_0) = f^{n)}(x_0) \cdot dx^n$, lo cual justifica la notación

$$f^{n)}(x_0) = \left(\frac{d^n y}{dx^n} \right)_{x_0}$$

8.3   APLICACIÓN DE LA DERIVADA AL CÁLCULO DE LÍMITES

8.3.1   Regla de L'Hôpital

Sean f y g continuas en I y supongamos que $f(x_0) = g(x_0) = 0$. Entonces $\displaystyle\lim_{x \to x_0} \frac{f(x)}{g(x)}$ conduce a una indeterminación de la forma $\dfrac{0}{0}$.

Si f' y g' existen y no se anulan simultáneamente en $]x_0 - \delta, x_0[\,\cup\,]x_0. x_0 + \delta[$ y si $g(x) \neq 0$, para cierto $\delta > 0$, y además existe $\displaystyle\lim_{x \to x_0} \frac{f'(x)}{g'(x)}$, entonces

$$\lim_{x \to x_0} \frac{f(x)}{g(x)} = \lim_{x \to x_0} \frac{f'(x)}{g'(x)}.$$

La regla de L'Hôpital también es válida para indeterminaciones de la forma $\dfrac{\infty}{\infty}$, y además se puede aplicar cuando $x \to \infty$.

Si la situación lo permite, la regla se puede reiterar cuantas veces sea necesario.

8.3.2   Ejemplo

$\lim\limits_{x\to 0}\dfrac{\operatorname{sen} x}{x}$ es una indeterminación de la forma $\frac{0}{0}$. Como se dan las condiciones del punto anterior, aplicamos la regla de L'Hôpital obteniendo:

$$\lim_{x\to 0}\frac{\operatorname{sen} x}{x} = \lim_{x\to 0}\frac{\cos x}{1} = 1.$$

En lo que queda de la sección hablaremos de expresiones formales en el sentido de los puntos 7.3.12 y 7.3.13.

8.3.3   La indeterminación $0 \cdot \infty$

Si $A \cdot B$ es una indeterminación de la forma $0 \cdot \infty$ se la puede convertir en indeterminación de la forma $\frac{0}{0}$ ó $\frac{\infty}{\infty}$ (y por tanto, tratar de aplicar la regla de L'Hôpital, si procede, para su resolución), con tal de observar que

$$A \cdot B = A \cdot \frac{1}{\frac{1}{B}} = \frac{1}{\frac{1}{A}} \cdot B.$$

8.3.4   Ejemplo

Tratemos de resolver el $\lim\limits_{x\to 0}(x\ln x)$ que es una indeterminación de la forma $0 \cdot \infty$, transformándola en una indeterminación de la forma $\frac{\infty}{\infty}$:

$$\lim_{x\to 0}(x\ln x) = \lim_{x\to 0}\frac{\ln x}{\frac{1}{x}} = \lim_{x\to 0}\frac{\frac{1}{x}}{-\frac{1}{x^2}}$$

por aplicación de la regla de L'Hôpital.

Así pues, $\lim\limits_{x\to 0}(x\ln x) = \lim\limits_{x\to 0}(-x) = 0.$

8.3.5   La indeterminación $\infty - \infty$

Algunas transformaciones de $A - B$ cuando ésta representa una indeterminación del tipo $\infty - \infty$, permiten resolverla como vimos en el Ejercicio 7.22. De forma general, se puede intentar alguna de las siguientes descomposiciones:

$$A - B = A \cdot \left(1 - \frac{B}{A}\right), \qquad \text{o bien,} \quad A - B = A\,B \cdot \left(\frac{1}{B} - \frac{1}{A}\right).$$

Si de esta forma se obtienen indeterminaciones de la forma $0 \cdot \infty$, o alguna de la forma $\frac{0}{0}$ ó $\frac{\infty}{\infty}$, se puede tratar de resolver por aplicación de la regla de L'Hôpital.

8.3.6 Las indeterminaciones 1^∞, 0^0 e ∞^0

Las indeterminaciones de la forma A^B sólo pueden ser una de las tres formas siguientes:

$$1^\infty, \quad 0^0, \quad \infty^0.$$

Las tres se pueden tratar de resolver teniendo en cuenta la expresión formal

$$\lim A^B = e^{\lim(B \cdot \ln A)} \tag{8.6}$$

pues $\lim(B \cdot \ln A)$ adopta la indeterminación de la forma $0 \cdot \infty$.

Observación. En cálculo avanzado se demuestra que si $\lim\limits_{x \to x_0} f(x) = \infty$ (x_0 puede ser ∞), entonces $\lim\limits_{x \to x_0} \left(1 + \dfrac{1}{f(x)}\right)^{f(x)} = e$. De ello se deduce un método para resolver la indeterminación 1^∞ que se pone en práctica en (b) del ejemplo 8.3.8 y en la Nota del Ejercicio 8.34.

8.3.7 Nota

Conviene que reconozcamos los siguientes casos en que la expresión formal r^∞ no está indeterminada.

Para $r > 1$ se tiene:

$$r^{+\infty} = +\infty, \qquad r^{-\infty} = \frac{1}{r^{+\infty}} = 0.$$

Para $|r| < 1$ se tiene:

$$r^{+\infty} = 0, \qquad r^{-\infty} = \frac{1}{r^{+\infty}} = \infty.$$

8.3.8 Ejemplo

(a) Vamos a calcular $\lim\limits_{x \to 0} x^x$ que está indeterminado en la forma 0^0.

Para ello escribimos $\lim\limits_{x \to 0} x^x = e^{\lim\limits_{x \to 0}(x \cdot \ln x)} = e^0 = 1$ teniendo en cuenta el Ejemplo 8.3.4.

(b) La expresión $\lim\limits_{n \to \infty} \left(\dfrac{n+1}{n-2}\right)^{\frac{n^2-1}{n}}$ es una indeterminación de la forma 1^∞. Podemos resolverlo a través de la expresión del número e. Se tiene

$$\lim_{n \to \infty} \left(\frac{n+1}{n-2}\right)^{\frac{n^2-1}{n}} = \lim_{n \to \infty} \left(1 + \frac{3}{n-2}\right)^{\frac{n^2-1}{n}} = \lim_{n \to \infty} \left(1 + \frac{1}{\frac{n-2}{3}}\right)^{\frac{n-2}{3} \cdot \frac{3}{n-2} \cdot \frac{n^2-1}{n}}$$

$$= e^{\lim_{n \to \infty} \frac{3}{n-2} \cdot \frac{n^2-1}{n}} = e^{\lim_{n \to \infty} \frac{3n^2-3}{n^2-2n}} = e^3.$$

8.4   LA DIFERENCIAL Y EL ERROR

8.4.1   Error absoluto y error relativo de un número aproximado

Al hacer una medición que representamos por un número decimal x_1 se comete algún tipo de error debido, entre otras causas a las siguientes:

(1) La representación decimal es finita y desprecia las restantes cifras decimales.

(2) Error procedente del aparato de medida.

(3) Error debido al observador.

Si x_0 es la medida exacta entonces $\Delta x = x_1 - x_0$ es el error cometido llamado **error absoluto**. Éste obviamente se desconoce (de lo contrario se conocería x_0 y no habría error), por lo que en su lugar se trabaja con una **cota del error absoluto** ε_a que satisface $|x_1 - x_0| < \varepsilon_a$.

Para dar a conocer ε_a, la medida efectuada se representa por $x_1 \pm \varepsilon_a$.

Al valor ε_a en los aparatos de medición se le conoce como **precisión** del aparato.

A la expresión $\dfrac{\Delta x}{x_0}$ se le denomina **error relativo** pues mide la *aproximación relativa* con que se trabaja. Además, cuando se trabaja con magnitudes, el error relativo es un *escalar* por ser cociente de dos magnitudes iguales.

Como obviamente se desconoce el error relativo, en su lugar se trabaja con una **cota del error relativo** $\varepsilon_r = \left|\dfrac{\varepsilon_a}{x_1}\right|$ siendo x_1 una medida por defecto de x_0.

En el caso en que conozcamos una cota del error relativo cometido al expresar aproximadamente el número x_0, entonces una cota del error absoluto es $\varepsilon_a = x_2 \varepsilon_r$ siendo x_2 una medida por exceso de x_0. El lector no debe pensar que existe contradicción alguna con el párrafo anterior; tratamos con valores aproximados y en teoría de errores hemos de situarnos en la posición más desfavorable posible.

8.4.2   Ejemplo

Se dispone de una cinta métrica graduada en mm. Se hacen tres mediciones que apreciamos en 1.743 m, 1.7 m, y 25 m respectivamente. Hallemos una cota del error relativo ε_r en cada caso.

Despreciaremos el error de apreciación del observador, frente al error de precisión del aparato (cinta métrica), que en este caso es $\varepsilon_a = 0.001$ m.

Las mediciones efectuadas pueden expresarse, respectivamente, en la forma

$$1.743 \pm 0.001 \text{m}, \qquad 1.7 \pm 0.001 \text{m}, \qquad \text{y} \ \ 25 \pm 0.001 \text{m};$$

o, si lo convenimos (a partir de ahora), la precisión del aparato queda implícita en la siguiente notación:

$$1'743 \text{m}, \qquad 1'700 \text{m}, \qquad \text{y} \ \ 25'000 \text{m}$$

respectivamente (la coma decimal se sustituye por un punto, como arriba, si no hay confusión).

Una cota del error relativo en cada caso puede ser, respectivamente:

$$\frac{0.001}{1.74} < 0.0006 = \varepsilon_r, \qquad \frac{0.001}{1} = 0.001 = \varepsilon_r, \qquad \text{y} \ \ \frac{0.001}{24} = 0.00004 = \varepsilon_r.$$

8.4.3 Cifras exactas de un decimal

Si deseamos dar una representación decimal aproximada del número $\pi = 3.14159265\ldots$ podemos dar las siguientes:

$$3, \quad 3.1, \quad 3.14, \quad 3.141, \quad 3.1415, \quad 3.1416, \ldots$$

Todas ellas decimos que tienen sus cifras exactas porque su error absoluto es inferior a una unidad de la última de ellas.

Cuando la aproximación es por defecto, todas las cifras exactas forman parte de la representación decimal; sin embargo la última cifra no pertenece a tal representación si se da por exceso (véase la representación 3.1416).

8.4.4 Errores en operaciones aritméticas con números aproximados

En el cálculo de errores siempre se considera la situación más desfavorable y, por tanto, nunca se admiten compensaciones con los signos de unos errores con otros. Por este motivo, y con razonamientos matemáticos sencillos que no expondremos, se admiten las siguientes reglas que hacen referencia al error de las operaciones elementales.

(1) Una cota del error absoluto de una *suma algebraica* de números aproximados se obtiene por la suma de cotas del error absoluto de los sumandos.

(2) Una cota del error relativo del producto de números aproximados es la suma de cotas de error relativo de los factores.

(3) Una cota de error relativo del cociente de dos números aproximados es la suma de las cotas de error relativo del dividendo y del divisor.

(4) una cota del error relativo de la raíz cuadrada de un número aproximado es la mitad del error relativo de dicho número.

8.4.5   El error absoluto de una función y la diferencial

Supongamos que f es una función diferenciable en x_0, y que x_1 es un valor aproximado de x_0; en consecuencia, $f(x_1)$ es un valor aproximado de $f(x_0)$.

Por hipótesis, de (8.2) sabemos que

$$\Delta f(x_0) = f(x_1) - f(x_0) = f'(x_0)\, \Delta x + \delta \cdot (\Delta x)$$

donde $\Delta x = x_1 - x_0$, y $\delta \to 0$ cuando $\Delta x \to 0$.

Así pues, para Δx pequeño se verifica, teniendo en cuenta que $\Delta x = dx$ y (8.3), que

$$\Delta f(x_0) \simeq f'(x_0)\, dx = df(x_0). \tag{8.7}$$

En la práctica se desconoce el error absoluto Δx referente a x_0, pero si elegimos una cota de error absoluto $\varepsilon_a(x_0)$ de x_0 (y, por tanto, $|dx| < \varepsilon_a(x_0)$), entonces la anterior expresión (8.7) nos lleva a aceptar como **cota del error absoluto** $\varepsilon_a\left(f(x)\right)$ de $f(x)$ en x_0, provocado por un error en la medida de x_0, al valor

$$\left|\varepsilon_a\left(f(x)\right)\right| = \left|f'(x_0) \cdot \varepsilon_a(x_0)\right|. \tag{8.8}$$

8.4.6   El error relativo de una función y la diferencial logarítmica

En las condiciones del punto anterior y teniendo en cuenta (8.7), el error relativo cometido en el cálculo de $f(x_0)$ viene dado por

$$\left|\frac{f'(x_0)\, dx}{f(x_0)}\right| = |d(\ln f(x_0))|$$

y como se desconoce Δx, para obtener una cota del error relativo $\varepsilon_r(f(x_0))$ de $f(x_0)$ en la práctica, se calcula el valor absoluto de la diferencial logarítmica sustituyendo dx por una cota $\varepsilon_a(x_0)$ de error absoluto de x_0, o equivalentemente

$$\varepsilon_r(f(x_0)) = \left|\frac{\varepsilon_a(f(x_0))}{f(x_0)}\right|. \tag{8.9}$$

8.4.7   Ejemplo

La medida del radio de un círculo es $r_0 = 1.57$m. Hallemos la cota de error relativo cuando se calcula su área.

Del enunciado deducimos que una cota del error absoluto en la medida del radio r_0 es $\varepsilon_a(r_0) = 0.01$m. El área del círculo en función del radio r es $A(r) = \pi\, r^2$, y por tanto, $A(r_0) \simeq \pi \cdot 1.57^2 = 7.742$m^2.

Como $A'(r) = 2\pi\, r$ entonces, según (8.8), una cota del error absoluto del área del círculo es:

$$|A'(r_0)\varepsilon_a(r_0)| = 2\pi \cdot 1.57{\cdot}0.01 \simeq 0.099 < 0.1 = \varepsilon_a(A(r_0)).$$

A tenor de este resultado no podemos dar por exacta ninguna cifra decimal del área obtenida. En efecto, como $7.742 + 0.1 = 7.842$ y $7.742 - 0.1 = 7.642$ deducimos que $A(r_0) \in [7.642, 7.842]$. Por tanto, escribir $A(r_0) = 7.7{\pm}0.1$ es incorrecto ya que ello significa que $A(r_0) \in [7.6, 7.8]$, lo cual no se cumple.

Por tanto, una cota del error relativo en el cálculo del área (aproximando $A(r_0)$ por defecto) es, según (8.9):

$$\frac{0.1}{7.6} = 0.0131 < 0.014 = \varepsilon_r(A(r_0)).$$

La única representación posible decimal con cifras exactas del área es, obviamente, $A(r_0) = 7(\pm1)$m, que es más habitual. En tal caso se obtendría como cota de error relativo del área:

$$\frac{0.1}{7} = 0.0142 < 0.015\,.$$

8.4.8   Primera aproximación de una función

Supongamos que f es derivable en x_0. Para un valor x cercano a x_0, es decir, para $\Delta x = x - x_0$ pequeño, sabemos de (8.7) que se satisface

$$f(x) - f(x_0) \simeq f'(x_0){\cdot}(x - x_0)$$

o, lo que es lo mismo,

$$f(x) \simeq f(x_0) + f'(x_0)\,(x - x_0) \tag{8.10}$$

que se conoce como **primera aproximación** de $f(x)$, para x cercano a x_0 y que, como se observa, se trata de una aproximación de carácter lineal.

8.4.9   Polinomios de Taylor

Si la función f es n-veces derivable en x_0, se puede encontrar el siguiente polinomio de grado n denominado polinomio de Taylor que aproxima a $f(x)$ para x cercano a x_0, y que constituye una generalización de (8.10):

$$f(x) \simeq f(x_0) + f'(x_0)\,(x - x_0) + \frac{f''(x_0)}{2!}\,(x - x_0)^2 + \cdots + \frac{f^{n)}(x_0)}{n!}\,(x - x_0)^r.$$

8.5   EL TEOREMA FUNDAMENTAL DEL CÁLCULO INTEGRAL

8.5.1   El teorema de Lagrange o de la media

El **teorema de Lagrange** afirma que:
Si f es continua en $[a, b]$ y derivable en $]a, b[$, entonces existe $c \in]a, b[$ tal que

$$\frac{f(b) - f(a)}{b - a} = f'(c).$$

A la vista del gráfico adjunto, la interpretación geométrica del teorema de Lagrange es sencilla:
En el interior del intervalo $]a, b[$ existe un punto de abscisa c en el que la tangente geométrica a la curva en dicho punto es paralela a la cuerda AB que une los extremos de la curva.

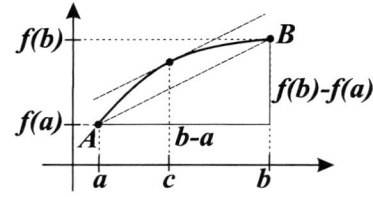

Del teorema de Lagrange deduciremos como simples consecuencias los siguientes resultados.

8.5.2   Teorema de Rolle

Sea f continua en $[a, b]$ y derivable en $]a, b[$. Si $f(a) = f(b)$ entonces existe $c \in]a, b[$ tal que $f'(c) = 0$.

Demostración: Por el teorema de Lagrange existe $c \in]a, b[$ de manera que se verifica que $f'(c) = \dfrac{f(b) - f(a)}{b - a} = \dfrac{0}{b - a} = 0$.

La interpretación geométrica del teorema de Rolle, si suponemos que la función no es constante, es que posee al menos un punto del interior del intervalo de pendiente nula como se puede observar en los ejemplos de las gráficas de la Figura 8.2.

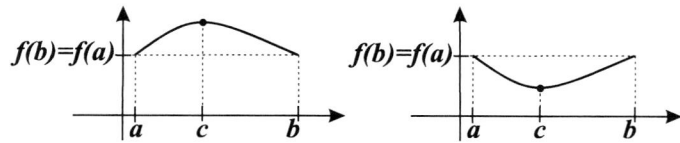

Figura 8.2: Interpretación geométrica del Teorema de Rolle.

8.5.3   El teorema fundamental del cálculo integral

Si f y g son continuas en $[a,b]$, derivables en $]a,b[$, y $f'(x) = g'(x)$ para todo $x \in]a,b[$, entonces $f(x) - g(x)$ es una función constante en $[a,b]$.

Demostración: Demostremos que la función $F(x) = f(x) - g(x)$, para $x \in]a,b[$ es constante. La función F es evidentemente continua en $[a,b]$ y tiene por derivada $F'(x) = f'(x) - g'(x) = 0$ para todo $x \in]a,b[$.

Veamos que si $x_1, x_2 \in [a,b]$, con $x_1 \neq x_2$, entonces $F(x_1) = F(x_2)$. En efecto, F verifica las condiciones del teorema de Lagrange en $[x_1, x_2]$, cuya aplicación en este caso conduce a

$$\frac{F(x_1) - F(x_2)}{x_1 - x_2} = 0,$$

y, por tanto, $F(x_1) = F(x_2)$.

8.6   INTERPRETACIONES DE LA DERIVADA

El concepto de derivada desempeña un papel muy importante en la ciencia actual, especialmente en aplicaciones de la ingeniería y en economía. Ello se debe principalmente a que la derivada indica la razón de variación de una cierta variable en función de otra que con frecuencia es el tiempo. Es obvio que nada es permanente (excepto, paradójicamente, el cambio), y el objetivo fundamental de las derivadas es servir de instrumento para estudiar los cambios en el mundo físico. A modo de ejemplo se indican los siguientes casos:

(a) *Velocidad y aceleración instantánea de un movimiento.* En Cinemática, si $e(t)$ es la posición en el tiempo t, la velocidad $v(t)$ es la *variación* de la posición en un instante de tiempo, es decir, $v(t) = e'(t)$. Por otro lado, la variación de la velocidad en un instante de tiempo es la aceleración $a(t)$, es decir, $a(t) = v'(t) = e''(t)$.

(b) *Dilatación instantánea de una barra.* En Termología la longitud l de una barra es una función $l = l(t)$ de su temperatura t. La derivada $l'(t)$ es la dilatación de la barra a temperatura t.

(c) *Valores marginales.* En Economía el precio p de un determinado artículo es una función $p = p(x)$ de la cantidad x demandada. El ingreso total R se obtiene multiplicando el precio por la cantidad demandada, es decir, $R(x) = x{\cdot}p(x)$. La derivada $R'(x)$ se llama ingreso marginal correspondiente a la demanda x.

(d) *Desintegración de sustancias radioactivas o contaminantes.* El coeficiente de variación (desintegración) de una sustancia radioactiva o contaminante es la derivada $c'(t)$ de la concentración $c(t)$ en un instante de tiempo.

(e) *Corriente eléctrica.* La intensidad de corriente eléctrica $I(t)$ en un circuito eléctrico es la variación de la carga $q(t)$ en un instante de tiempo t, es decir, $I(t) = q'(t)$.

(f) *Caída de voltaje en una bobina.* Mediante las leyes de Faraday y Lenz se puede demostrar que la caída de voltaje $E(t)$ en una bobina es proporcional a la razón de cambio instantánea de la intensidad de la corriente $I(t)$, es decir, $E(t) = L \cdot I'(t)$ donde L es la inductancia de la bobina.

(g) *Curvas ortogonales.* Un sistema coordenado curvilíneo *ortogonal* $(x(t), y(t))$ es de gran utilidad en la modelización matemática de un problema. Para obtener ortogonalidad se debe imponer que $x'(t) \cdot y'(t) = -1$.

8.7   EJERCICIOS

8.1 Halla la pendiente de la gráfica de la función $y = x^3 - 2x + 8$ en el punto $(1, 7)$.

Solución:
Primero verificamos que el punto $(1, 7)$ pertenece a la curva, es decir, que $y = 7$ si $x = 1$. Ello es obvio puesto que $1^3 - 2 \cdot 1 + 8 = 7$.
Seguidamente calculamos la función derivada $y' = (x^3 - 2x + 8)' = 3x^2 - 2 + 0$. La pendiente de la curva en $x = 1$ es $y'(1) = 3 \cdot 1^2 - 2 = 1$.

8.2 ¿En qué puntos de la curva $y = x^3 - \frac{9}{2}x^2 + 6x + 1$ la tangente es paralela al eje OX?

Solución:
El eje OX es horizontal y, por tanto, su pendiente es nula. (Esta conclusión también se puede obtener por derivación a partir de la ecuación explícita $y = 0$ del eje OX). Por tanto, hay que encontrar los puntos x en donde la función derivada (que indica la pendiente) sea nula, es decir, los puntos que verifican $y'(x) = 3x^2 - 9x + 6 = 0$. Éstos son $x = 1$ y $x = 2$.

8.3 ¿En qué punto de la parábola $f(x) = x^2$ su tangente geométrica forma un ángulo de $45°$ con el eje OX?

Solución:
En dicho punto la pendiente de la recta tangente es $\tan 45° = 1$, y por otra parte, la pendiente de la tangente geométrica en cada punto de la parábola viene dada por $f'(x) = 2x$.

Así pues, se requiere que $2x = 1$, y por tanto, $x = \frac{1}{2}$. El punto pedido es, en consecuencia, $\left(\frac{1}{2}, \frac{1}{4} \right)$.

8.4 Estudiar la derivabilidad de la función $f(x) = \begin{cases} 0, & x \in [-2, 0] \\ x^2, & x \in [0, 2] \end{cases}$

Solución:

Obviamente $f'(x) = \begin{cases} 0, & x \in]-2, 0[\\ 2x, & x \in]0, 2[\end{cases}$ de lo

que se desprende que en el punto 0 se tiene $f'_-(0) = 0 = f'_+(0)$, y por tanto, f es derivable en $]-2, 2[$.

Por otra parte, es obvio que $f'_+(-2) = 0$ y que $f'_-(2) = 4$.

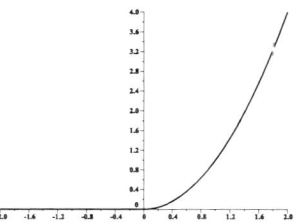

8.5 Hallar la ecuación de las rectas tangente y normal a la curva de ecuación dada por $y = 2x^6 - 3x + 8$ en el punto $(0, 8)$.

Solución:

Es obvio que el punto $(0, 8)$ pertenece a la curva. Para calcular la recta tangente, primero hay que hallar el valor de la pendiente m que tiene la curva en el punto $x = 0$. Para ello calculamos la función derivada: $y' = (2x^6 - 3x + 8)' = 12x^5 - 3$. Por tanto, el valor de la pendiente en $x = 0$ es $m = y'(0) = -3$. En consecuencia, la recta tangente a la curva $y(x)$ en el punto $x = 0$ es:

$$y - 8 = (-3) \cdot (x - 0), \text{ es decir, } y = -3x + 8.$$

Si m_1 es la pendiente de la recta normal se sabe que $m \cdot m_1 = -1$, y por tanto, $m_1 = \frac{1}{3}$. En consecuencia, la recta normal a la curva $y(x)$ en el punto $x = 0$ es:

$$y - 8 = \tfrac{1}{3} \cdot (x - 0), \text{ es decir, } y = \tfrac{1}{3}x + 8.$$

8.6 Estudia la derivabilidad de la función $f(x) = \begin{cases} x + 1 & \text{si } x < 0 \\ 2 & \text{si } 0 \le x < 2 \\ x & \text{si } 2 \le x \end{cases}$

Solución:

Tanto $x + 1$, como 2, como x son polinomios y, por tanto, son derivables en toda la recta real. Si existe algún punto donde f no sea derivable éste sólo puede estar en la frontera de los distintos intervalos donde se define la función. Como ya se ha visto en el Ejercicio 7.26, $f(x)$ no es continua en $x = 0$ por lo que, según el punto 8.1.11, f no es derivable en $x = 0$. Sólo queda ver qué ocurre en $x = 2$. Para ello calculamos la derivada de f en el interior de cada uno de los intervalos de definición:

$$f'(x) = \begin{cases} (x + 1)' = 1 & \text{si } x < 0 \\ (2)' = 0 & \text{si } 0 < x < 2 \\ (x)' = 1 & \text{si } 2 < x \end{cases}$$

de donde se observa que la derivada de f en 2 por la izquierda vale $f'_-(2) = 0$, mientras que por la derecha vale $f'_+(2) = 1$. Por tanto, al no coincidir las derivadas laterales, f' no está definida en $x = 2$. En conclusión, f es derivable en toda la recta real excepto en $x = 0$ y $x = 2$, es decir, en $\mathbb{R} - \{0, 2\}$.

8.7 Hallar las derivadas de las siguientes funciones

(i) $y = \dfrac{1}{4x^3}$,   (ii) $y = -2\sqrt[3]{x^2} + 1$.

Solución:

(i) Como $y = \dfrac{1}{4}x^{-3}$, entonces $y' = -\dfrac{3}{4}x^{-4} = -\dfrac{3}{4x^4}$.

(ii) Como $y = -2 \cdot x^{2/3} + 1$, entonces $y' = -2 \cdot \dfrac{2}{3}x^{-1/3} = -\dfrac{4}{3\sqrt[3]{x}}$.

8.8 Hallar las derivadas respecto t de las siguientes funciones de t (que deben serle familiares al lector) donde v_0, e_0 y a son constantes reales:

(i) $v(t) = v_0 + a\,t$ (ii) $e(t) = e_0 + v_0 t + \frac{1}{2} a\,t^2$

Solución:

(i) $v'(t) = a$

(ii) $e'(t) = v_0 + a\,t$

8.9 Hallar las derivadas de las siguientes funciones

(i) $y = \sqrt{x}$,   (ii) $y = \left(\sqrt{x} + 1\right)\left(\sqrt{x} - 1\right)$.

Solución:

(i) Como $y = x^{1/2}$, entonces $y' = \dfrac{1}{2}x^{-1/2} = \dfrac{1}{2\sqrt{x}}$.

Nota. Este resultado conviene memorizarlo por su frecuente uso.

(ii) Calcularemos la derivada teniendo en cuenta la regla de derivación del producto y el resultado de (i):

$$y' = \left(\sqrt{x} + 1\right) \cdot \frac{1}{2\sqrt{x}} + \frac{1}{2\sqrt{x}}\left(\sqrt{x} - 1\right) = \frac{1}{2\sqrt{x}}\left(\sqrt{x} + 1 + \sqrt{x} - 1\right) = 1.$$

(Este apartado se podría haber resuelto como sigue:

$y = \left(\sqrt{x} + 1\right)\left(\sqrt{x} - 1\right) = x - 1$, y por tanto, $y' = 1$).

8.10 Hallar las siguientes derivadas por la regla del producto.

(i) $y = \operatorname{sen}^2 x$,   (ii) $y = \operatorname{sen} x \cdot e^x$,   (iii) $y = \operatorname{sen} x \cdot \cos x$.

Solución:

(i) Como $y = \operatorname{sen} x \cdot \operatorname{sen} x$, entonces $y' = \operatorname{sen} x \cdot \cos x + \cos x \cdot \operatorname{sen} x = 2 \operatorname{sen} x \cos x$.

(ii) $y' = (\operatorname{sen} x)e^x + (\cos x)e^x = e^x(\operatorname{sen} x + \cos x)$.

(iii) $y' = \operatorname{sen} x \cdot (-\operatorname{sen} x) + \cos x \cdot \cos x = -\operatorname{sen}^2 x + \cos^2 x = \cos 2x$.

8.11 Hallar la derivada de $y = \dfrac{x^2 + 1}{x}$.

Solución:

Derivando como cociente se tiene:

$$y' = \frac{x \cdot 2x - (x^2 + 1) \cdot 1}{x^2} = \frac{x^2 - 1}{x^2} = 1 - \frac{1}{x^2}.$$

También se puede resolver escribiendo $y = \dfrac{x^2}{x} + \dfrac{1}{x} = x + \dfrac{1}{x}$, por lo que $y' = 1 - \dfrac{1}{x^2}$.

8.12 Hallar la derivada de $y = \dfrac{x + 1}{e^x}$.

Solución:

$$y' = \frac{e^x \cdot 1 - (x + 1) \cdot e^x}{e^{2x}} = \frac{-x\,e^x}{e^{2x}} = -\frac{x}{e^x}.$$

Hallar las derivadas de los ejercicios 8.13-8.22 mediante la regla de la cadena.

8.13 (i) $y = \cos 2x$ (ii) $y = \arctan(\cos 2x)$

Solución:

(i) $y' = (-\operatorname{sen} 2x) \cdot 2 = -2 \operatorname{sen} 2x$.

(ii) Teniendo en cuenta (i) se tiene:

$$y' = \frac{1}{1 + \cos^2(2x)} \cdot (-2 \operatorname{sen} 2x) = \frac{-2 \operatorname{sen} 2x}{1 + \cos^2(2x)}.$$

8.14 (i) $y = \ln \sqrt{x}$ $\qquad$ (ii) $y = \ln (\ln \sqrt{x})$

Solución:

(i) $y' = \dfrac{1}{\sqrt{x}} \cdot \dfrac{1}{2\sqrt{x}} = \dfrac{1}{2x}$.

(ii) Teniendo en cuenta (i) se tiene:

$y' = \dfrac{1}{\ln \sqrt{x}} \cdot \dfrac{1}{2x}$.

8.15 $y = \sqrt{x^2 + e^x}$

Solución:

$y = (x^2 + e^x)^{\frac{1}{2}}$, y por tanto, $y' = \dfrac{1}{2} (x^2 + e^x)^{-\frac{1}{2}} \cdot (2x + e^x)$.

8.16 (i) $y = \operatorname{sen} 3x$ $\qquad$ (ii) $y = \operatorname{sen}^2 3x$ $\qquad$ (iii) $y = \ln (\operatorname{sen}^2 3x)$

Solución:

(i) $y' = (\cos 3x) \cdot 3 = 3 \cos 3x$

(ii) Teniendo en cuenta (i): $y' = 2 (\operatorname{sen} 3x) \cdot 3 \cos 3x = 6 \operatorname{sen}(3x) \cdot \cos(3x)$.

(iii) Utilizando (ii): $y' = \dfrac{1}{\operatorname{sen}^2 3x} \cdot 6 \operatorname{sen} 3x \cdot \cos 3x = 6 \dfrac{\cos 3x}{\operatorname{sen} 3x} = \dfrac{6}{\tan 3x}$.

8.17 (i) $y = \operatorname{sen}^2 x$ $\qquad$ (ii) $y = 3e^{\operatorname{sen}^2 x}$

Solución:

(i) $y' = 2 \operatorname{sen} x \cos x$ (comprobar con (i) del Ejercicio 8.10).

(ii) Teniendo en cuenta (i): $y' = 3 \cdot e^{\operatorname{sen}^2 x} \cdot 2 \operatorname{sen} x \cos x$.

8.18 (i) $y = \sqrt[3]{-x+1}$ $\qquad$ (ii) $y = \sqrt{x + \sqrt[3]{-x+1}}$

Solución:

(i) $y = (-x+1)^{\frac{1}{3}}$, y por tanto, $y' = \dfrac{1}{3}(-x+1)^{-\frac{2}{3}} \cdot (-1) = -\dfrac{1}{3}(-x+1)^{-\frac{2}{3}}$.

(ii) $y = \left(x + \sqrt[3]{-x+1}\right)^{\frac{1}{2}}$, y por tanto, teniendo en cuenta (i) se tiene

$$y' = \tfrac{1}{2} \left(x + \sqrt[3]{-x+1}\right)^{-\frac{1}{2}} \cdot \left(1 - \tfrac{1}{3}(-x+1)^{-\frac{2}{3}}\right).$$

8.19 (i) $y = \operatorname{arcsen} \sqrt{x}$ $\qquad$ (ii) $y = \arctan^2 \sqrt{5x}$

Solución:

(i) $y' = \dfrac{1}{\sqrt{1 - (\sqrt{x})^2}} \cdot \dfrac{1}{2\sqrt{x}} = \dfrac{1}{2} \dfrac{1}{\sqrt{1-x}} \dfrac{1}{\sqrt{x}} = \dfrac{1}{2\sqrt{x - x^2}}$

(ii) $y' = 2 \left(\arctan \sqrt{5x}\right) \cdot \dfrac{1}{1 + (\sqrt{5x})^2} \cdot \dfrac{1}{2\sqrt{5x}} \cdot 5 = \dfrac{5 \arctan \sqrt{5x}}{(1 + 5x)\sqrt{5x}}$

8.20 $y = \tan x \cdot \ln \operatorname{sen} x$

Solución:

$y' = \tan x \cdot \dfrac{\cos x}{\operatorname{sen} x} + \dfrac{1}{\cos^2 x} \cdot \ln \operatorname{sen} x = 1 + \dfrac{\ln(\operatorname{sen} x)}{\cos^2 x}$.

8.21 $y = \arctan \dfrac{\operatorname{sen} x}{1 + \cos x}$

Solución:

$$y' = \dfrac{1}{1 + \dfrac{\operatorname{sen}^2 x}{(1+\cos x)^2}} \cdot \dfrac{(1 + \cos x) \cdot \cos x - \operatorname{sen} x(- \operatorname{sen} x)}{(1 + \cos x)^2}$$

$$= \dfrac{(1 + \cos x)^2}{1 + 2\cos x + \cos^2 x + \operatorname{sen}^2 x} \cdot \dfrac{\cos x + \cos^2 x + \operatorname{sen}^2 x}{(1 + \cos x)^2} = \dfrac{1 + \cos x}{2 + 2\cos x} = \dfrac{1}{2}.$$

8.22 $y = \ln \sqrt{\dfrac{1+x}{1-x}}$

Solución:

(Tendremos en cuenta que $y = \ln \left(\dfrac{1+x}{1-x}\right)^{\frac{1}{2}} = \frac{1}{2}\ln\frac{1+x}{1-x}$).

$y' = \dfrac{1}{2} \cdot \dfrac{1-x}{1+x} \cdot \dfrac{(1-x)-(1+x)\cdot(-1)}{(1-x)^2} = \dfrac{1}{2}\cdot\dfrac{1}{1+x}\cdot\dfrac{2}{1-x} = \dfrac{1}{1-x^2}.$

8.23 Si y es función de x, hallar y' por derivación implícita en $y^3 + x^3 = k$, donde k es una constante real.

Solución:

$3y^2\cdot y' + 3x^2 = 0$, luego $y' = -\dfrac{x^2}{y^2}$. Como $y = \sqrt[3]{k-x^3}$ se tiene que $y' = \dfrac{-x^2}{\sqrt[3]{(k-x^3)^2}}.$

8.24 Hallar la derivada de $y = (\operatorname{sen} x)^{\tan x}$.

Solución:

Utilizaremos la derivada logarítmica. Se tiene: $\ln y = \tan x \cdot \ln(\operatorname{sen} x)$. En consecuencia, la derivada logarítmica es $\dfrac{y'}{y} = (\tan x \cdot \ln(\operatorname{sen} x))' = 1 + \dfrac{\ln(\operatorname{sen} x)}{\cos^2 x}$ según el Ejercicio 8.20.

Por tanto, $y' = y\left(1 + \dfrac{\ln(\operatorname{sen} x)}{\cos^2 x}\right) = (\operatorname{sen} x)^{\tan x}\left(1 + \dfrac{\ln(\operatorname{sen} x)}{\cos^2 x}\right).$

8.25 Sean u y v funciones de x. Demostrar la regla de derivación del producto utilizando la derivada logarítmica.

Solución:

Hagamos $y = u\cdot v$. Entonces: $\ln y = \ln(u\cdot v) = \ln u + \ln v$. La derivada logarítmica es $\dfrac{y'}{y} = \dfrac{u'}{u} + \dfrac{v'}{v}$ (teniendo en cuenta la regla de la cadena). Por tanto,

$y' = y\left(\dfrac{u'}{u} + \dfrac{v'}{v}\right) = uv\left(\dfrac{u'}{u} + \dfrac{v'}{v}\right) = v\,u' + u\,v'.$

8.26 Hállese la derivada n-ésima de $f(x) = x\cdot e^x$.

Solución:

Se tiene que:
$$\begin{aligned}
f'(x) &= x\,e^x + e^x = (x+1)\,e^x,\\
f''(x) &= (x+1)\,e^x + e^x = (x+1+1)\,e^x = (x+2)\,e^x,\\
f'''(x) &= (x+2)\,e^x + e^x = (x+2+1)\,e^x = (x+3)\,e^x,\\
&\vdots
\end{aligned}$$

y por inducción se demuestra que $\ f^{n)}(x) = (x+n)\,e^x.$

8.27 Hallar la derivada n-ésima de $f(x) = \ln x$.

Solución:

Se tiene que:
$$\begin{aligned}
f'(x) &= \dfrac{1}{x} = x^{-1},\\
f''(x) &= -1\,x^{-2},\\
f'''(x) &= (-1)(-2)\,x^{-3} = (-1)^2\,2!\,x^{-3},\\
f^{4)}(x) &= (-1)(-2)(-3)\,x^{-4} = (-1)^3\,3!\,x^{-4},\\
&\vdots
\end{aligned}$$

y por inducción se demuestra que $\ f^{n)}(x) = (-1)^{n-1}\,(n-1)!\,x^{-n}.$

8.28 Halla la derivada n-ésima de $f(x) = \operatorname{sen} x$, en $x = \pi/3$.

Solución:

Se calculan las primeras derivadas,

$$
\begin{aligned}
f'(x) &= \cos x, \\
f''(x) &= -\operatorname{sen} x, \\
f'''(x) &= -\cos x, \\
f^{4)}(x) &= \operatorname{sen} x,
\end{aligned}
$$

y se observa que $f^{4)}(x) = f(x)$, con lo que los valores de las derivadas vuelven a repetirse otra vez obteniéndose que:

$$
\left\{
\begin{aligned}
f^{4k)}(x) &= \operatorname{sen} x \\
f^{4k+1)}(x) &= \cos x \\
f^{4k+2)}(x) &= -\operatorname{sen} x \\
f^{4k+3)}(x) &= -\cos x
\end{aligned}
\right. , \qquad k \in \mathbb{Z}.
$$

El lector puede verificar que la derivada n-ésima de la función $f(x) = \operatorname{sen} x$ se puede escribir en una sóla expresión como

$$
f^{n)}(x) = \operatorname{sen}\left(x + n\frac{\pi}{2}\right).
$$

En consecuencia,

si $n = 4k$, $k \in \mathbb{Z}$, $\quad f^{n)}(\frac{\pi}{3}) = \operatorname{sen} \frac{\pi}{3} = \frac{\sqrt{3}}{2}$,

si $n = 4k+1$, $k \in \mathbb{Z}$, $\quad f^{n)}(\frac{\pi}{3}) = \cos \frac{\pi}{3} = \frac{1}{2}$,

si $n = 4k+2$, $k \in \mathbb{Z}$, $\quad f^{n)}(\frac{\pi}{3}) = -\operatorname{sen} \frac{\pi}{3} = \frac{-\sqrt{3}}{2}$,

si $n = 4k+3$, $k \in \mathbb{Z}$, $\quad f^{n)}(\frac{\pi}{3}) = -\cos \frac{\pi}{3} = \frac{-1}{2}$.

8.29 Hallar: (i) $\displaystyle\lim_{x\to 1} \frac{\ln x}{1-x}$ (ii) $\displaystyle\lim_{x\to 0} \frac{e^x - e^{-x}}{\operatorname{sen} 2x}$ (iii) $\displaystyle\lim_{x\to \pi/4} \frac{1 - \tan x}{\cos 2x}$

Solución:

Los tres límites son indeterminados de la forma $\frac{0}{0}$. Para su resolución se aplicará la regla de L'Hôpital.

(i) $\displaystyle\lim_{x\to 1} \frac{\ln x}{1-x} = \lim_{x\to 1} \frac{\frac{1}{x}}{-1} = \lim_{x\to 1} \frac{-1}{x} = -1$

(ii) $\displaystyle\lim_{x\to 0} \frac{e^x - e^{-x}}{\operatorname{sen} 2x} = \lim_{x\to 0} \frac{e^x + e^{-x}}{2\cos 2x} = \frac{2}{2} = 1$

(iii) $\displaystyle\lim_{x\to \pi/4} \frac{1 - \tan x}{\cos 2x} = \lim_{x\to \pi/4} \frac{-\frac{1}{\cos^2 x}}{-2\operatorname{sen} 2x} = \frac{-\frac{2}{\sqrt{2}}}{-2} = \frac{\frac{2\sqrt{2}}{2}}{2} = \frac{\sqrt{2}}{2}$

8.30 Hallar $\displaystyle\lim_{x\to 0} \frac{1 - \cos x}{x^2}$.

Solución:

Es un límite indeterminado de la forma $\frac{0}{0}$. Apliquemos para su resolución la regla de L'Hôpital:

$$
\lim_{x\to 0} \frac{1 - \cos x}{x^2} = \lim_{x\to 0} \frac{\operatorname{sen} x}{2x}.
$$

El último límite es de nuevo indeterminado de la forma $\frac{0}{0}$. Apliquemos otra vez la regla de L'Hôpital:

$$
\lim_{x\to 0} \frac{\operatorname{sen} x}{2x} = \lim_{x\to 0} \frac{\cos x}{2} = \frac{1}{2}.
$$

8.31 Hallar: (i) $\displaystyle\lim_{x\to +\infty} \frac{\ln x}{x}$ (ii) $\displaystyle\lim_{x\to +\infty} \frac{\ln x}{\sqrt[3]{x}}$ (iii) $\displaystyle\lim_{x\to +\infty} \frac{\ln x^2}{x}$

Solución:

Los tres límites tienen indeterminación de la forma $\frac{\infty}{\infty}$. Para su resolución se aplicará la regla de L'Hopital.

(i) $\lim\limits_{x\to+\infty}\dfrac{\ln x}{x}=\lim\limits_{x\to+\infty}\dfrac{\frac{1}{x}}{1}=\lim\limits_{x\to+\infty}\dfrac{1}{x}=0$

(ii) $\lim\limits_{x\to+\infty}\dfrac{\ln x}{\sqrt[3]{x}}=\lim\limits_{x\to+\infty}\dfrac{\frac{1}{x}}{\frac{1}{3}x^{-2/3}}=\lim\limits_{x\to+\infty}\dfrac{3}{\sqrt[3]{x}}=0$

(iii) $\lim\limits_{x\to+\infty}\dfrac{\ln x^2}{x}=\lim\limits_{x\to+\infty}\dfrac{\frac{2x}{x^2}}{1}=\lim\limits_{x\to+\infty}\dfrac{2}{x}=0$

8.32 Hallar $\lim\limits_{x\to+\infty}\dfrac{e^x}{x^p}$ siendo $p\in\mathbb{N}^*$.

Solución:

El límite es una indeterminación de la forma $\frac{\infty}{\infty}$. Apliquemos para su resolución la regla de L'Hôpital: $\lim\limits_{x\to+\infty}\dfrac{e^x}{x^p}=\lim\limits_{x\to+\infty}\dfrac{e^x}{p\,x^{p-1}}$.

De nuevo el límite es una indeterminación de la forma $\frac{\infty}{\infty}$ si $p\geq 2$. Se puede aplicar p veces la regla de L'Hôpital hasta conseguir que en el denominador no aparezca x, para que deje de estar indeterminado. Así pues,

$$\lim\limits_{x\to+\infty}\dfrac{e^x}{x^p}=\lim\limits_{x\to+\infty}\dfrac{e^x}{p\cdot(p-1)\cdot\ldots\cdot1}=+\infty.$$

8.33 Hallar: (i) $\lim\limits_{x\to0}\dfrac{6}{x}\cdot\ln(1+3x)$ (ii) $\lim\limits_{x\to0}(x\ln \operatorname{sen} x)$ (iii) $\lim\limits_{x\to\pi/2}(\cos x\cdot\ln\tan x)$

Solución:

Los tres límites tienen una indeterminación de la forma $0\cdot\infty$, por lo que los escribiremos en forma de cociente, y aplicaremos después la regla de L'Hôpital.

(i) $\lim\limits_{x\to0}\dfrac{6}{x}\cdot\ln(1+3x)=\lim\limits_{x\to0}\dfrac{6\ln(1+3x)}{x}=\lim\limits_{x\to0}\dfrac{6\frac{3}{1+3x}}{1}=18.$

(ii) $\lim\limits_{x\to0}(x\ln \operatorname{sen} x)=\lim\limits_{x\to0}\dfrac{\ln \operatorname{sen} x}{\frac{1}{x}}=\lim\limits_{x\to0}\dfrac{\frac{\cos x}{\operatorname{sen} x}}{-\frac{1}{x^2}}=\lim\limits_{x\to0}\dfrac{x^2\cos x}{\operatorname{sen} x}.$

La última expresión es otra indeterminación de la forma $\frac{0}{0}$ por lo que le aplicamos de nuevo la regla de L'Hôpital y se tiene:

$\lim\limits_{x\to0}\dfrac{x^2\cos x}{\operatorname{sen} x}=\lim\limits_{x\to0}\dfrac{-x^2 \operatorname{sen} x+2x\cos x}{\cos x}=\dfrac{0}{1}=0.$

Nota. El ejercicio también habría podido concluirse teniendo en cuenta el Ejemplo 8.3.2, pues se tiene: $\lim\limits_{x\to0}\dfrac{x^2\cos x}{\operatorname{sen} x}=\lim\limits_{x\to0}\dfrac{x}{\operatorname{sen} x}\cdot\lim\limits_{x\to0}(x\cos x)=1\cdot0=0.$

(iii) $\lim\limits_{x\to\pi/2}(\cos x\ln\tan x)=\lim\limits_{x\to\pi/2}\dfrac{\ln\tan x}{\frac{1}{\cos x}}=\lim\limits_{x\to\pi/2}\dfrac{\frac{1}{\tan x}\cdot\frac{1}{\cos^2 x}}{\frac{\operatorname{sen} x}{\cos^2 x}}=\lim\limits_{x\to\pi/2}\dfrac{\cos x}{\operatorname{sen}^2 x}=\dfrac{0}{1}=0.$

8.34 Hallar: (i) $\lim\limits_{x\to0}(1+3x)^{6/x}$ (ii) $\lim\limits_{x\to0}(\operatorname{sen} x)^x$ (iii) $\lim\limits_{x\to\pi/2}(\tan x)^{\cos x}$

Solución:

Los tres límites son indeterminaciones de la forma A^B: 1^∞, 0^0 e ∞^0 respectivamente. Para su resolución usaremos la expresión (8.6), y nos ayudaremos del ejercicio anterior.

(i) $\lim\limits_{x\to0}(1+3x)^{\frac{6}{x}}=e^{\lim\limits_{x\to0}\frac{6}{x}\cdot\ln(1+3x)}=e^{18}.$

(ii) $\lim\limits_{x\to0}(\operatorname{sen} x)^x=e^{\lim\limits_{x\to0}(x\ln \operatorname{sen} x)}=e^0=1$

(iii) $\lim\limits_{x\to\pi}(\tan x)^{\cos x} = e^{\lim\limits_{x\to\pi/2}\cos x\,\ln\tan x} = e^0 = 1.$

Nota. Dado que la indeterminación de (i) es de la forma 1^∞, según la *observación* del punto 8.3.6, podemos darle otra resolución, como sigue:

$$\lim_{x\to 0}(1+3x)^{6/x} = \lim_{x\to 0}\left(1+\frac{1}{\frac{1}{3x}}\right)^{6/x} = \left(\lim_{x\to 0}\left(1+\frac{1}{\frac{1}{3x}}\right)^{\frac{1}{3x}}\right)^{18} = e^{18}$$

8.35 Hallar: (i) $\lim\limits_{x\to+\infty}\left(\dfrac{2x^2}{3x^2+1}\right)^x$ (ii) $\lim\limits_{x\to+\infty}\left(\dfrac{2x+1}{x}\right)^{x^2}$

Solución:

Obsérvese que no se trata de límites indeterminados (ver Nota 8.3.7).

(i) Como $\lim\limits_{x\to+\infty}\dfrac{2x^2}{3x^2+1} = \dfrac{2}{3} < 1$, entonces $\lim\limits_{x\to+\infty}\left(\dfrac{2x^2}{3x^2+1}\right)^x = 0.$

(ii) Como $\lim\limits_{x\to+\infty}\dfrac{2x+1}{x} = 2 > 1$, entonces $\lim\limits_{x\to+\infty}\left(\dfrac{2x+1}{x}\right)^{x^2} = +\infty.$

8.36 Se toman las medidas 12.35, 7.38 y 9.46 con una cota del error absoluto para cada una (como se deduce de la escritura), de 0.01 unidades. Hallar una cota ε_a del error absoluto de la suma de las tres medidas y dígase si tiene algún decimal exacto.

Solución:

$\varepsilon_a = 0.01 + 0.01 + 0.01 = 0.03$ según (1) del punto 8.4.4.

La suma es, por tanto, $12.35 + 7.38 + 9.46 = 29.19 \pm 0.03$.

En consecuencia, el valor más pequeño y más grande posible de la suma atendiendo a su cota de error es, respectivamente 29.16 y 29.22, por lo que la suma se puede encontrar en el intervalo $]29.16, 29.22[$.

Consecuentemente, la suma 29.19 no posee ningún decimal exacto. En efecto, para que 29.1 tuviera el primer decimal exacto, la suma debería estar entre $29.1 - 0.1 = 29$ y $29.1 + 0.1 = 29.2$, lo que no se cumple.

8.37 Se toman las medidas 31.416 y 3.464 con una cota de error absoluto para cada una (como se deduce de la escritura) de 0.001. Hallar una cota ε_r del error relativo del producto P de ambas medidas, y una cota ε_a del error absoluto. Indicar el número de cifras exactas del producto.

Solución:

Una cota del error relativo de las medidas es $\frac{0.001}{31.41}$ y $\frac{0.001}{3.46}$, pero los tomaremos de forma aproximada como $\frac{1}{310000}$ y $\frac{1}{3000}$ respectivamente.

Entonces, teniendo en cuenta (2) del punto 8.4.4, $\varepsilon_r = \frac{1}{31000} + \frac{1}{3000} = 0.0003658$.

El producto de la medida es $P = 31.416 \cdot 3.464 = 108.825054$.

Como $\varepsilon_r = \frac{\varepsilon_a}{108.825054}$, entonces una cota del error absoluto es $\varepsilon_a = 0.000366 \cdot 110 \simeq 0.041$.

En consecuencia, se verifica que $P = 108.825054 \pm 0.041$, es decir, $P \in [108.784, 108.867]$, por lo que la primera cifra decimal es exacta, es decir, $P = 108.8 \pm 0.1$. Obsérvese que la última notación significa que $P \in [108.7, 108.9]$. Sin embargo, el segundo decimal del producto P no es exacto, pues si fuera $P = 108.82 \pm 0.01$ debería verificar que $P \in [108.81, 108.83]$, lo cual no se cumple.

8.38 La medida del lado de un cubo es $x_0 = 3.012$m. Hallar las cotas de error absoluto $\varepsilon_a(V(x_0))$ y $\varepsilon_r(V(x_0))$ cometidos al calcular su volumen. Indicar el número exacto de cifras de volumen.

Solución:

El volumen de un cubo en función del lado x es $V(x) = x^3$. Por tanto, para $x = x_0$, $V(x_0) = 3.012^3 \simeq 27.3253$. Del enunciado se deduce que una cota del error absoluto en la medida del lado es $\varepsilon_a(x_0) = 0.001$m.

Como $V'(x) = 3x^2$, entonces según (8.8) una cota del error absoluto del volumen del cubo es:

$\left| V'(x_0) \cdot \varepsilon_a(x_0) \right| = 3 \cdot 3.012^2 \cdot 0.001 < 0.02722 = \varepsilon_a\left(V(x_0)\right)$.

Ello significa que el volumen es $V(x_0) = 27.3253 \pm 0.02722$, por lo que $V(x_0) \in [27.2980, 27.3526]$, en consecuencia la segunda cifra decimal de $V(x_0)$ no es exacta pues si $V(x_0) = 27.32 \pm 0.01$, entonces $V(x_0)$ debería estar en el intervalo $[27.31, 27.33]$, lo cual no es cierto. La primera cifra decimal sí es exacta, es decir, podemos escribir $V(x_0) = 27.3 \pm 0.1$ pues se verifica que $V(x_0)$ está en el intervalo $[27.2, 27.4]$.

Por tanto una cota de error relativo en el cálculo del volumen es, según (8.9),

$$\frac{0.03}{27.2} \simeq 0.00011 < 0.0002 = \varepsilon_r\left(V(x_0)\right).$$

8.39 Hallar el valor aproximado de $\sqrt[3]{1.001}$.

Solución:

Designemos $f(x) = \sqrt[3]{x}$, y supongamos $x_0 = 1$. Si tomamos $x_1 = 1.001$ entonces $\Delta x = x_1 - x_0 = 0.001$.

Como la función f es derivable en $x_0 = 1$, podemos escribir según (8.10),

$$\sqrt[3]{1.001} = f(x_0 + \Delta x) \simeq f(x_0) + f'(x_0) \cdot 0.001.$$

Como $f'(x) = \frac{1}{3}x^{-2/3}$, entonces $f'(1) = \frac{1}{3}$. En consecuencia, como $f(1) = 1$, se tiene

$$\sqrt[3]{1.001} \simeq 1 + \frac{0.001}{3} \simeq 1.000\widehat{3}.$$

8.40 Considerar la cuerda que une los puntos de la parábola $f(x) = x^2 + 1$, de abscisa $a = 1$ y $b = 3$. ¿En qué punto $(c, f(c))$ del intervalo $]1, 3[$ es la tangente a la parábola paralela a la cuerda mencionada?

Solución:

Se tiene que $f(a) = 2$, $f(b) = 10$, y $f'(c) = 2c$. Aplicando el teorema de Lagrange se tiene $\dfrac{10 - 2}{3 - 1} = 2c$, es decir, $4 = 2c$. Por tanto $c = 2$ con lo que el punto buscado es $(2, 5)$.

Capítulo 9

ESTUDIO LOCAL Y GRÁFICA DE UNA FUNCIÓN

En este capítulo se utiliza el cálculo diferencial para abordar problemas de optimización y profundizar en las representaciones gráficas de funciones.

9.1 ESTUDIO LOCAL DE UNA FUNCIÓN

En esta sección supondremos que las funciones que se mencionen poseen cuantas propiedades se requieran para dar validez a los enunciados. Por otra parte, se utilizarán términos no definidos de sentido obvio derivados de conceptos previamente establecidos.

Como es usual, el símbolo ∞ denotará indistintamente $+\infty$ o $-\infty$. En lo que sigue, f será una función real de variable real que admite representación gráfica en el plano, con la cual la identificaremos.

9.1.1 Puntos críticos: máximos y mínimos relativos

Se dice que f posee un **máximo relativo** en el punto x_0 si existe un entorno I de x_0 en donde se verifica

$$f(x_0) > f(x) \quad \text{para cada} \ \ x \in I.$$

Invirtiendo la anterior desigualdad se define **mínimo relativo**.

En ambas situaciones se dice que x_0 es un **extremo relativo**. Si x_0 es un extremo relativo, la tangente a f en el punto $(x_0, f(x_0))$ es paralela al eje OX y, por tanto, $f'(x_0) = 0$. (Véase la Figura 9.1).

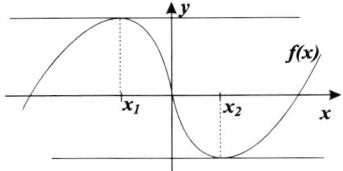

Figura 9.1: Rectas tangentes en un máximo x_1 y mínimo x_2, relativos.

9.1.2 Nota

Algunos autores denominan extremos relativos estrictos a los extremos relativos aquí definidos, y denominan extremos relativos cuando se utilizan desigualdades no estrictas para definir éstos.

9.1.3 Nota

A los puntos x que verifican que $f'(x) = 0$ se les llaman **puntos críticos**.

9.1.4 Concavidad, convexidad y puntos de inflexión

Se dice que la función f es **cóncava** en x_0 si existe un entorno de x_0 en donde la tangente a f por el punto $(x_0, f(x_0))$ deja a la gráfica por encima de la recta tangente. Se dice que es **convexa** si la deja por debajo. Si la mencionada tangente deja alternativamente arriba y abajo la gráfica, se dice que f posee **un punto de inflexión** en x_0 (ver Figura 9.2).

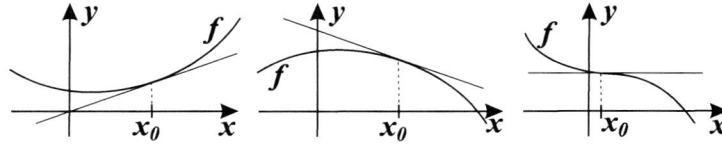

Figura 9.2: Función cóncava (izquierda), convexa (centro) y punto de inflexión (derecha).

Consideraciones elementales sobre las derivadas de f llevan a las siguientes conclusiones:

- Si la primera derivada de orden par en x_0 que no se anule es positiva (respectivamente negativa), f es cóncava (respectivamente convexa) en x_0.

- Si $f''(x_0) = 0$ y la primera derivada no nula en x_0 es de orden impar, f posee una inflexión en x_0.

9.1.5   Ejemplo

(a) Las funciones $x^2, x^4, \ldots, x^{2n}, \ldots$ son cóncavas en cualquier punto de $\mathbb{R}$, mientras que las funciones $-x^2, -x^4, \ldots, -x^{2n}, \ldots$ son convexas.
(b) Las funciones $x^3, x^5, \ldots, x^{2n+1}, \ldots$ poseen un punto de inflexión en el origen, son cóncavas en $\mathbb{R}^+$, y convexas en $\mathbb{R}^-$.

9.1.6   Nota

La terminología cóncava-convexa está intercambiada en algunos textos.

9.1.7   Condiciones suficientes de existencia de extremos relativos

Como puede observarse en el Ejemplo (b) anterior, la condición $f'(x_0) = 0$ no es suficiente para asegurar que f posea un extremo relativo, pero se tiene el siguiente resultado:

Sea $f'(x_0) = 0$; si la primera derivada no nula en x_0 es de orden par, pongamos $f^{2n)}(x_0) \neq 0$, entonces en x_0 existe un máximo relativo si $f^{2n)}(x_0) < 0$, y un mínimo relativo si $f^{2n)}(x_0) > 0$.

9.1.8   Ejemplo

Las funciones $x^2, x^4, \ldots, x^{2n}, \ldots$ poseen un mínimo relativo en 0 puesto que la primera derivada no nula es par $(2n)$ y tiene como valor $(2n)!$ que es positivo. Del mismo modo se observa que las funciones $-x^2, -x^4, -x^6, \ldots,$ $-x^{2n}, \ldots$ poseen un máximo relativo en 0.

9.1.9   Problemas de optimización

La teoría expuesta permite resolver problemas variados acerca de la búsqueda de extremos relativos que se presentan en casos prácticos. Se resuelve el siguiente problema como ejemplo ilustrativo:

De entre todos los rectángulos de perímetro $2s$ dado, calcular el que encierra mayor área.

Este problema se puede interpretar como el cálculo del área rectangular máxima que se puede encerrar con una valla de $2s$ metros.

Para resolverlo supongamos que x es la base e y la altura del rectángulo buscado. Se desea que el área $A = xy$ sea máxima. El valor del perímetro determina una relación entre los lados: $2x + 2y = 2s$. Así pues, $y = s - x$. Sustituyendo dicho valor en el área se obtiene que la función a maximizar, con una sola variable x es ahora

$$A(x) = x(s-x) = sx - x^2.$$

Sus extremos se obtienen a partir de la ecuación

$$A'(x) = s - 2x = 0.$$

Así pues, en $x = \frac{s}{2}$ existe un extremo relativo. Como $A''\left(\frac{s}{2}\right) = -2 < 0$ se desprende que se trata de un máximo relativo.

Finalmente, para $x = s/2$ se obtiene que $y = s - s/2 = s/2$. En consecuencia, el rectángulo buscado es único y está determinado por el cuadrado que se puede construir con dicho perímetro.

9.1.10   Monotonía, crecimiento y decrecimiento de una función

Una función $f(x)$ se dice que es **creciente** en x_0 si existe un entorno E de x_0 de manera que si $x < x_0$ entonces $f(x) \leq f(x_0)$ y si $x > x_0$ entonces $f(x) \geq f(x_0)$, siendo $x \in E$.

Si invertimos las anteriores desigualdades se dice que f es **decreciente** en x_0. Si las desigualdades son estrictas entonces se dice que f es estrictamente creciente (decreciente) en x_0.

Si f es creciente (estrictamente) en todos los puntos de un intervalo I, se dice que f es creciente (estrictamente) en I. Análogamente se define decreciente (estrictamente) en I.

Una función creciente o decreciente en I se llama monótona .

Si $f'(x_0) > 0$ entonces se puede demostrar que f es estrictamente creciente en x_0, y si $f'(x_0) < 0$ entonces f es estrictamente decreciente en x_0. Sin embargo una función puede ser estrictamente creciente en x_0 y $f'(x_0) = 0$.

una función mantiene el crecimiento (respectivamente decrecimiento) dentro de un intervalo real $[a, b]$, entonces se dice que la función es **monótonamente creciente** (respectivamente **decreciente**) en dicho intervalo.

Una función es creciente o decreciente en un punto x_0 si lo es en un entorno de dicho punto.

Consideraciones geométricas obvias indican que una función f es creciente en un punto x_0 si y sólo si su recta tangente en dicho punto también lo es. Ello significa que la pendiente m de dicha recta es positiva, es decir, que $m = f'(x_0) > 0$. Recuérdese que $m = \tan(\alpha)$ donde α es el ángulo de la recta tangente a la curva en $(x_0, f(x_0))$ con el eje OX en sentido positivo (véase la Figura 9.3). Un razonamiento geométrico similar indica que f es decreciente en x_0 si y sólo si $f'(x_0) < 0$.

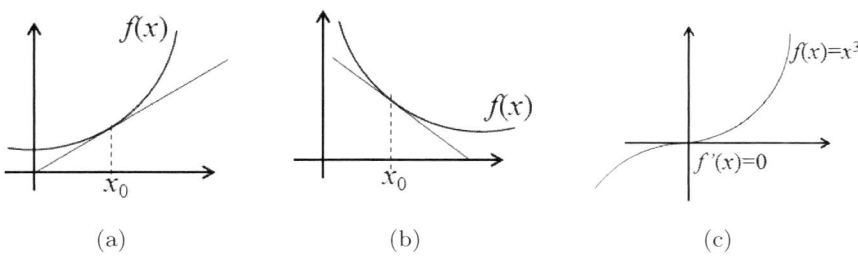

(a)   (b)   (c)

Figura 9.3: Interpretación gráfica de la monotonía: (a) $f'(x_0) > 0$ y f estrictamente creciente; (b) $f'(x_0) < 0$ y f es estrictamente decreciente; (c) $f'(0) = 0$ y f es estrictamente creciente en 0.

9.1.11   Nota

Las discontinuidades de f y sus puntos críticos son determinantes para hallar los intervalos de crecimiento y decrecimiento de una función.

9.1.12   Ejemplo

Se quieren calcular los intervalos de crecimiento de la función dada por $f(x) = \dfrac{1}{x^2 - 4}$. Para ello se buscan las discontinuidades de f y sus puntos críticos. La función f es continua en todo punto excepto en donde se anula el denominador, es decir, en $x = \pm 2$. Por otro lado si $f'(x) = \dfrac{-2x}{(x^2 - 4)^2} = 0$ entonces $x = 0$. Si se eliminan de la recta real los tres puntos obtenidos el conjunto restante es la unión de los siguientes intervalos: $]-\infty, -2[\cup]-2, 0[$ $\cup]0, 2[\cup]2, +\infty[$. Puesto que f y f' son continuas en dichos intervalos, la función f es monótona creciente o decreciente en dichos subintervalos. Veámoslo:

$f'(x) > 0$ en $]-\infty, -2[$. Por tanto, f es creciente en dicho intervalo.
$f'(x) > 0$ en $]-2, 0[$. Por tanto, f es creciente en dicho intervalo.
$f'(x) < 0$ en $]0, 2[$. Por tanto, f es decreciente en dicho intervalo.
$f'(x) < 0$ en $]2, +\infty[$. Por tanto, f es decreciente en dicho intervalo.

Los resultados obtenidos se pueden esquematizar como:

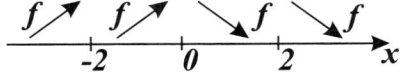

Figura 9.4: Distribución de la monotonía de $f(x) = \dfrac{1}{x^2 - 4}$.

9.2 GRÁFICA DE UNA FUNCIÓN

9.2.1 Simetrías

Una función f se dice que es **par o simétrica respecto el eje** OY si verifica que $f(x) = f(-x)$ (Figura 9.5 (a)), y se dice que es **impar o simétrica respecto el origen** si $f(x) = -f(-x)$ (Figura 9.5 (b).).

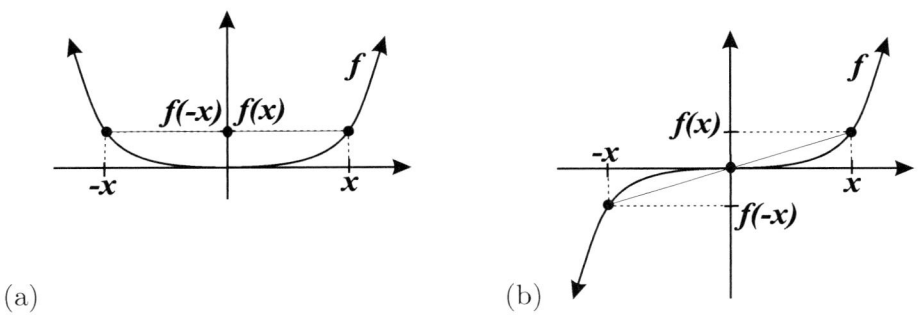

(a)   (b)

Figura 9.5: Simetrías de una función: (a) simetría respecto al eje OY y (b) simetría respecto al origen de coordenadas.

9.2.2 Ejemplo

Las funciones x^2 y $\cos x$ son pares, mientras que x^3 y $\operatorname{sen} x$ son impares.

9.2.3 Asíntotas y ramas parabólicas

De forma imprecisa se puede decir que una **asíntota** es una tangente a la curva en el infinito. Se conocen tres tipos de asíntotas que pasamos ahora a ver:

Se dice que la recta $x = x_0$ es una **asíntota vertical** de f si verifica que $\lim\limits_{x \to x_0} f(x) = \infty$. Obsérvese que, en este caso, x_0 es un punto de discontinuidad de f.

Se dice que la recta $y = y_0$ es una **asíntota horizontal** de f si $\lim\limits_{x \to \infty} f(x) = y_0$.

Si $\lim\limits_{x \to \infty} f(x) = \infty$ se dice que la recta $y = ax + b$ es una **asíntota oblicua** de f si $\lim\limits_{x \to \infty} \dfrac{f(x)}{x} = a \neq 0$, y $\lim\limits_{x \to \infty} (f(x) - ax) = b$. Si no existe asíntota oblicua se dice que f tiene una **rama parabólica**.

9.2.4 Gráficas de funciones

De forma general, para dibujar la gráfica de f es interesante contar con la siguiente información de $f(x)$:

- dominio o campo de existencia

- simetrías y periodicidad

- puntos de corte con los ejes

- asíntotas (*comportamiento asintótico*) y ramas parabólicas

- estudio de la continuidad y derivabilidad

- máximos y mínimos relativos y puntos de inflexión

- intervalos de crecimiento, decrecimiento, concavidad y convexidad

- cálculo de puntos arbitrarios que sirvan de verificación

No obstante, muchas veces se puede dibujar la función con pocos datos. En dicho caso sólo se recurre al resto de cálculos si hay alguna duda o necesidad. En este sentido veremos los apartados siguientes.

9.2.5 Gráficas de funciones polinómicas

Consideremos la función polinómica $f(x) = a_n x^n + \cdots + a_1 x + a_0$ con $a_n \neq 0$, $n \geq 2$ (para omitir obviedades). Como ya se sabe, $f(x)$ es derivable en $\mathbb{R}$. Si conocemos todas las raíces de f y éstas son reales, su gráfica se desprende de su comportamiento en el infinito y de las siguientes conclusiones (fáciles de demostrar):

- La gráfica atraviesa el eje OX en las raíces simples.

- El eje OX es tangente a la gráfica en las raíces de multiplicidad par, puesto que éstas son máximos o mínimos relativos.

- Las raíces no simples de multiplicidad impar son puntos de inflexión de f.

- La función f posee dos ramas parabólicas puesto que $\lim\limits_{x \to \infty} (a_n x^n + \cdots + a_1 x + a_0) = \lim\limits_{x \to \infty} a_n x^n = \infty$.

9.2.6   Ejemplo

Representemos la función $f(x) = x^3 - 2x^2 + x$.

Obviamente $f(x) = (x-1)^2 x$, con lo que las raíces de f son $x = 0$ que es simple, y $x = 1$ que es doble.

Por otra parte $\lim\limits_{x \to +\infty} f(x) = +\infty$, y $\lim\limits_{x \to -\infty} f(x) = -\infty$.

En consecuencia, su gráfica aproximada se muestra en la Figura 9.6.

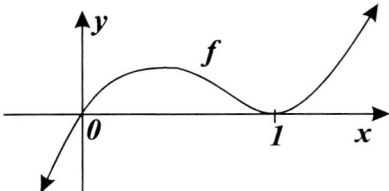

Figura 9.6: Gráfica de la función $f(x) = x^3 - 2x^2 + x$.

Puesto que en $x = 0$ la función $f(x)$ *cruza* el eje OX de negativo a positivo y en $x = 1$ la función es tangente al eje OX, $f(x)$ tiene un mínimo en $x = 1$. Finalmente la función tiende a $-\infty$ por la izquierda y a $+\infty$ por la derecha.

9.2.7   Ejemplo

Representemos la función $f(x) = x^3 - 3x^2 + 3$.

En este caso las raíces de $f(x)$ no son enteras y resultan de difícil cálculo. Por ello se recurre al estudio de su comportamiento a partir de las derivadas. Los posibles extremos relativos se deducen de la ecuación:

$$f'(x) = 3x^2 - 6x = 3x(x-2) = 0$$

cuyas raíces son $x = 0$ y $x = 2$.

Como $f''(x) = 6x - 6$, se tiene que $f''(0) = -6$, y $f''(2) = 6$, por lo que en 0 existe un máximo relativo y en 2 un mínimo relativo.

De $f''(x) = 6x - 6 = 0$ se deduce que en $x = 1$ existe un punto de inflexión (dado que $f'''(1) = 6 \neq 0$).

Por la definición de f se obtiene que $(0, 3)$, $(2, -1)$, $(1, 1)$ son puntos de la gráfica y, teniendo en cuenta que $\lim\limits_{x \to +\infty} f(x) = +\infty$, y $\lim\limits_{x \to -\infty} f(x) = -\infty$, la gráfica de f es, aproximadamente, la que se muestra en la Figura 9.7.

No obstante, podemos completar el estudio como sigue:

Se tiene que $f'(x) = 3x(x-2) < 0$ si y sólo si x y $(x-2)$ tienen el signo cambiado, lo cual sólo ocurre en el intervalo $]0, 2[$. Por tanto, la función es estrictamente decreciente en $]0, 2[$. Por otra parte, $f'(x) > 0$ en $\mathbb{R} - [0, 2]$ y, en consecuencia, es estrictamente creciente en dicho conjunto.

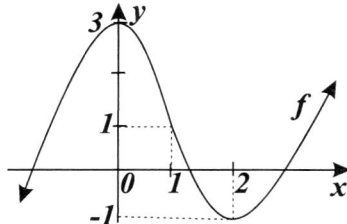

Figura 9.7: Gráfica de la función $f(x) = x^3 - 3x^2 + 3$.

También se obtiene que la desigualdad $f''(x) = 6(x-1) > 0$ se verifica en $]1, +\infty[$, mientras que $f''(x) < 0$ en $]-\infty, 1[$. En consecuencia, f es cóncava en $]1, +\infty[$ y convexa en $]-\infty, 1[$.

9.2.8 Gráficas de funciones racionales

En la representación gráfica de una función racional $f(x) = \dfrac{p(x)}{q(x)}$ juegan un papel esencial, cuando existen, las asíntotas. Se debe estudiar su existencia, los puntos de corte de las asíntotas (oblicua y horizontal) con la curva, y el comportamiento asintótico de la curva, es decir, la situación de la asíntota respecto a la curva.

Observemos que el cálculo de las asíntotas horizontales y oblicuas es metódico a partir del cálculo de los límites que las definen. En cuanto a las asíntotas verticales, existen sólo en las raíces del denominador $q(x)$ salvo que se trate de discontinuidades evitables.

9.2.9 Ejemplo

Dibujemos la función $f(x) = \dfrac{x^2}{x^2 - 4}$.

Esta función existe y es derivable en $\mathbb{R}$ excepto en los puntos -2, 2, que son raíces del denominador.

Observemos que $f(-x) = \dfrac{(-x)^2}{(-x)^2 - 4} = \dfrac{x^2}{x^2 - 4} = f(x)$, por lo que la gráfica es simétrica respecto el eje OY.

De $f(x) = \dfrac{x^2}{x^2 - 4} = 0$ se deduce que $x = 0$ es la única raíz de f dado que 0 no anula el denominador.

Como $\lim\limits_{x \to \infty} f(x) = 1$ podemos afirmar que $y = 1$ es un asíntota horizontal de la curva (tanto cuando $x \to +\infty$ como cuando $x \to -\infty$). En consecuencia, no pueden haber asíntotas oblicuas. La asíntota encontrada no corta a la curva, puesto que al tratar de resolver el sistema $\begin{cases} y = \frac{x^2}{x^2-4} \\ y = 1 \end{cases}$ se obtiene que

$\frac{x^2}{x^2-4} = 1$, es decir, $x^2 = x^2 - 4$ que no posee solución.

Como las raíces del denominador no lo son del numerador, es obvio que las rectas $x = -2$, y $x = 2$ son asíntotas verticales. (En efecto, $\lim\limits_{x\to -2} f(x) = \lim\limits_{x\to 2} f(x) = \infty$).

Veamos el comportamiento asintótico de la curva en $x = 2$: se tiene que $\lim\limits_{x\to 2^+} f(x) = +\infty$ puesto que el numerador y denominador son positivos. Por otra parte, $\lim_{x\to 2^-} f(x) = -\infty$ dado que el numerador es positivo y el denominador negativo.

Con la información obtenida y atendiendo a la simetría par de la curva, se obtiene la siguiente gráfica aproximada de f que se muestra en la Figura 9.8.

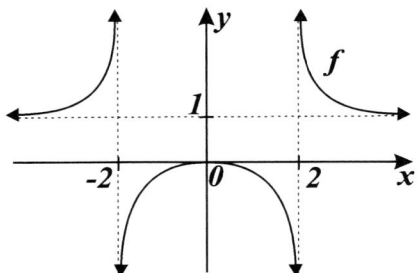

Figura 9.8: Gráfica de la función $f(x) = \dfrac{x^2}{x^2 - 4}$.

Se invita al lector a que haga un estudio detallado que corrobore la representación anterior.

9.2.10   Gráfica del valor absoluto de una función

Dado que $|f(x)| = \begin{cases} f(x) & \text{si } f(x) \geq 0 \\ -f(x) & \text{si } f(x) < 0 \end{cases}$ la gráfica de $|f(x)|$ está siempre en el semiplano superior que define el eje OX. Así, si $f(x) \geq 0$, entonces la gráfica de $|f(x)|$ coincide con la de $f(x)$. Si $f(x) \leq 0$, la gráfica de $|f(x)|$ es simétrica de la de $f(x)$ respecto el eje OX, por lo que se *invierte* al semiplano superior que define el eje OX.

Como las raíces de $|f(x)| = 0$ coinciden con las de $f(x) = 0$, si f es continua también lo es $|f|$. Los puntos donde f es derivable también lo son de $|f|$, salvo quizás las raíces de f que pueden ser *puntos angulosos*.

9.3 EJERCICIOS

9.1 Descomponer el número positivo a en dos sumandos positivos de modo que su producto sea máximo.

Solución:

Hagamos $a = x + y$ con $x, y > 0$, por tanto, $0 < x < a$. Deseamos que el producto $P = xy$ sea máximo. Como $y = a - x$, entonces $P(x) = x(a - x) = ax - x^2$ debe ser máximo.

Se tiene que $P'(x) = a - 2x$. De $P'(x) = 0$ deducimos que $x = a/2$, y por tanto, $y = a - a/2 = a/2$.

Como $P''(x) = -2$ se tiene que $P''(a/2) = -2 < 0$ lo que indica que el valor encontrado para x corresponde a un máximo.

9.2 Hallar la altura máxima que alcanza una piedra que se lanza verticalmente hacia arriba con una velocidad v de 20 m/s (tomar la gravedad $g = 10$ m/s^2).

Solución:

Se sabe que la altura h que se alcanza en función del tiempo t es: $h(t) = vt - \frac{1}{2}gt^2 = 20t - 5t^2$.

Su extremo relativo se deduce de $h'(t) = 20 - 10t = 0$ que se encuentra en $t = 2$ s. Se trata de un máximo relativo puesto que $h'(t) = -10 < 0$. Finalmente se obtiene que la altura máxima alcanzada es $h(2) = 20 \cdot 2 - 5 \cdot 2^2 = 20m$.

9.3 Determinar las dimensiones que debe tener un bote cilíndrico (con dos tapas) de 1 dm^3 para que pueda construirse con la menor cantidad posible de hojalata.

Solución:

Designemos por r y h el radio y la altura en dm, respectivamente, del bote. Se tiene que $V = \pi r^2 h = 1$ dm^3, y la función superficie a minimizar es $S = 2\pi r^2 + 2\pi rh$. Como $h = \dfrac{1}{\pi r^2}$, la función a minimizar es $S(r) = 2\pi r^2 + 2\pi r \dfrac{1}{\pi r^2} = 2\pi r^2 + \dfrac{2}{r}$.

Dado que $S'(r) = 4\pi r - \dfrac{2}{r^2} = \dfrac{4\pi r^3 - 2}{r^2}$, entonces, de $S'(x) = 0$ se deduce que $4\pi r^3 - 2 = 0$, es decir, $r = \dfrac{1}{2\pi}\sqrt[3]{4\pi^2}$ dm y, por tanto, $h = \dfrac{1}{\pi}\dfrac{(2\pi)^2}{\sqrt[3]{4^2\pi^4}} = \dfrac{2}{\sqrt[3]{2\pi}} = \dfrac{1}{\pi}\sqrt[3]{4\pi^2}$ dm $= 2r$.

El valor de r encontrado se corresponde efectivamente con un mínimo de S pues $S''(r) = 4\pi + \dfrac{4}{r^3}$, y obviamente $S''\left(\dfrac{1}{2\pi}\sqrt[3]{4\pi^2}\right) > 0$.

9.4 Representar la función $f(x) = x^6 - 6x^5 + 9x^4$.

Solución:

Es fácil observar que $f(x) = x^4(x - 3)^2$, por lo que las raíces de f son: $x = 0$ que es cuádruple, y $x = 3$ que es doble. Por otra parte, $\lim\limits_{x \to \pm\infty} f(x) = +\infty$. De aquí se deduce la gráfica aproximada de f que se muestra en la Figura 9.9 (a).

Obsérvese que 0 y 3 no pueden ser máximos dado que $\lim\limits_{x \to \pm\infty} f(x) = +\infty$ y que no hay más puntos de corte en el eje OX. En consecuencia, han de ser mínimos.

9.5 Hallar las coordenadas del vértice de la parábola $f(x) = ax^2 + bx + c$ $(a \neq 0)$.

Solución:

El vértice de la parábola es el extremo relativo de f. Como $f'(x) = 2ax + b$, entonces

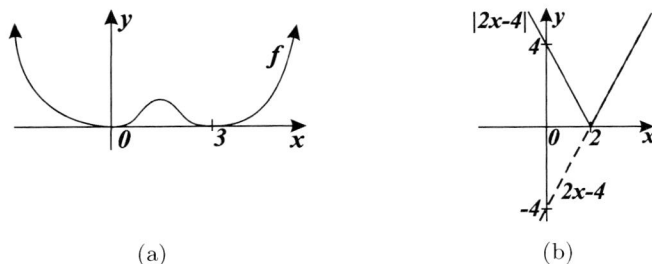

(a)   (b)

Figura 9.9: Gráfica de la función $f(x) = x^6 - 6x^5 + 9x^4$ (a) y de $f(x) = |2x - 4|$ (b).

de $f'(x) = 0$ se deduce que el vértice se encuentra en $x = -\frac{b}{2a}$. Es obvio que en $-\frac{b}{2a}$ existe un máximo o mínimo relativos pues $f''(x) = 2a \neq 0$ para cualquier $x \in \mathbb{R}$.

En consecuencia, las coordenadas del vértice son: $\left(-\frac{b}{2a}, f\left(-\frac{b}{2a}\right)\right) = \left(-\frac{b}{2a}, c - \frac{b^2}{4a}\right)$.

9.6 La curva $f(x) = x^3 - ax^2 - 4x + b$ corta al eje de abscisas en $x = 3$ y tiene un punto de inflexión en $x = 2/3$. Calcular a y b.

Solución:

Como $x = 3$ es raíz de f se tiene que $f(3) = 27 - 9a - 12 + b = 0$, es decir, $9a - b = 15$. Por otra parte, $f'(x) = 3x^2 - 2ax - 4$, y $f''(x) = 6x - 2a$. Puesto que en $2/3$ hay un punto de inflexión se verifica que $f''(2/3) = 6 \cdot 2/3 - 2a = 0$, es decir, $a = 2$. Por tanto, de $9a - b = 15$ se deduce que $b = 3$.

9.7 Representa la función $f(x) = |2x - 4|$, y estudia sus puntos angulosos.

Solución:

La recta $y = 2x - 4$ corta al eje OX en $x = 2$, y al eje OY en $y = -4$. Observando su gráfica (recta discontinua de la Figura 9.9 (b)) podemos escribir

$$f(x) = |2x - 4| = \begin{cases} 2x - 4, & x \geq 2 \\ -2x + 4, & x < 2 \end{cases}$$

Así pues, $f'(x) = 2$ si $x > 2$, y $f'(x) = -2$ si $x < 2$. Por tanto, el único punto anguloso se presenta en $x = 2$, donde $f'_-(2) = -2$, y $f'_+(2) = 2$.

9.8 Representar la función $f(x) = \left|x^5 - x^3\right| + 1$.

Solución:

Representemos en primer lugar la función $g(x) = x^5 - x^3$. Obviamente $g(x) = x^3(x^2 - 1)$, por lo que sus raíces son $x = 0$ triple y, $x = 1$ y $x = -1$ simples. Por otra parte, $\lim\limits_{x \to +\infty} g(x) = +\infty$ y $\lim\limits_{x \to -\infty} g(x) = -\infty$. Es fácil observar que g es simétrica respecto al origen puesto que, $g(-x) = \left(-x^3\right)\left((-x)^2 - 1\right) = -x^3(x^2 - 1) = -g(x)$. En consecuencia, la gráfica de g es la que se muestra en la Figura 9.10 (a).

A partir de aquí se obtiene la gráfica de $|g(x)|$ *invirtiendo* la curva que está en el semiplano inferior (ver Figura 9.10 (b)).

Finalmente, como $f(x) = |g(x)| + 1$, la curva anterior se desplaza una unidad hacia arriba y se obtiene la gráfica de $f(x)$ (ver Figura 9.10 (c)).

9.9 Dibujar la función $f(x) = xe^x$.

Solución:

El campo de existencia de f es $\mathbb{R}$. Como $e^x > 0$ para cualquier $x \in \mathbb{R}$ entonces, de

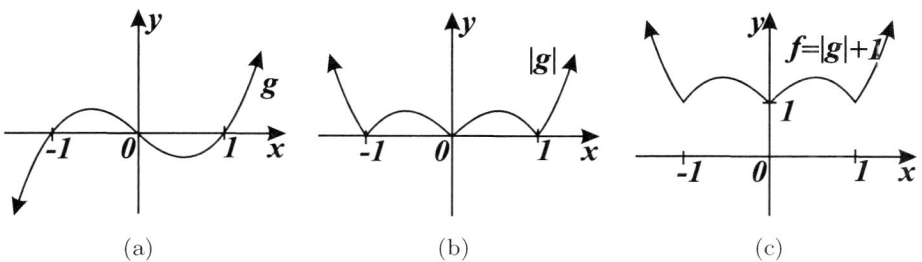

Figura 9.10: Gráfica de la función $g(x) = x^5 - x^3$ (a), de $|g(x)| = |x^5 - x^3|$ (b) y de $f(x) = |x^5 - x^3| + 1$ (c).

$xe^x = 0$, se deduce que $x = 0$ es la única raíz de f. Por otra parte es evidente que f no presenta simetría alguna.

Estudiemos el crecimiento de f: Se tiene que $f'(x) = e^x(1+x)$. Obviamente $f'(x) > 0$ si y sólo si $x > -1$, y $f'(x) < 0$ si y sólo si $x < -1$. Así pues, f es creciente en $]-1, +\infty[$ y es decreciente en $]-\infty, -1[$. Por otra parte, $f'(x)$ se anula en $x = -1$. Además, $f''(x) = e^x(2+x)$, y como $f''(-1) = e^{-1} > 0$, entonces f tiene un mínimo relativo en -1, y el valor mínimo es $f(-1) = -1/e$.

Obviamente, $f''(x) > 0$ si y sólo si $x > -2$, y $f''(x) < 0$ si y sólo si $x < -2$, con lo que f es cóncava en $]-2, +\infty[$ y convexa en $]-\infty, -2[$. Por otra parte $f''(x)$ se anula en $x = -2$. Además, $f'''(x) = e^x(3+x)$, y como $f'''(-2) \neq 0$, entonces f tiene un punto de inflexión en $x = -2$.

Veamos las asíntotas de f: Como $\lim\limits_{x \to +\infty} xe^x = +\infty$, y $\lim\limits_{x \to +\infty} \dfrac{xe^x}{x} = +\infty$, la función tiene una rama parabólica por la derecha. Por otro lado, $\lim\limits_{x \to -\infty} xe^x = \lim\limits_{x \to -\infty} \dfrac{x}{e^{-x}}$ que, por la regla de l'Hôpital vale $\lim\limits_{x \to -\infty} \dfrac{1}{-e^{-x}} = 0$, con lo que la recta $y = 0$ es una asíntota de f por la izquierda.

En consecuencia, la gráfica de f es la que se muestra en la Figura 9.11 (a).

9.10 Representa la función $f(x) = \dfrac{1}{x - 2}$.

Solución:

La función corta al eje OY en $-\dfrac{1}{2}$ pues $f(0) = -\dfrac{1}{2}$, pero no corta al eje OX dado que el numerador nunca se anula.

La función es derivable en su dominio o campo de existencia $\mathbb{R} - \{2\}$. Se tiene que $\lim\limits_{x \to \infty} \dfrac{1}{x - 2} = 0$, con lo que la recta $y = 0$ es asíntota horizontal de la curva. En consecuencia, no posee asíntotas oblicuas.

Como la raíz $x = 2$ del denominador no anula al numerador, la recta $x = 2$ es asíntota vertical de la curva (en efecto, $\lim\limits_{x \to 2} f(x) = \infty$). Veamos ahora el comportamiento asintótico de la curva en $x = 2$.

Se tiene que $\lim\limits_{x \to 2^-} \dfrac{1}{x - 2} = -\infty$ pues el denominador es negativo y el numerador positivo. Por otra parte, $\lim\limits_{x \to 2^+} \dfrac{1}{x - 2} = +\infty$ pues numerador y denominador son positivos.

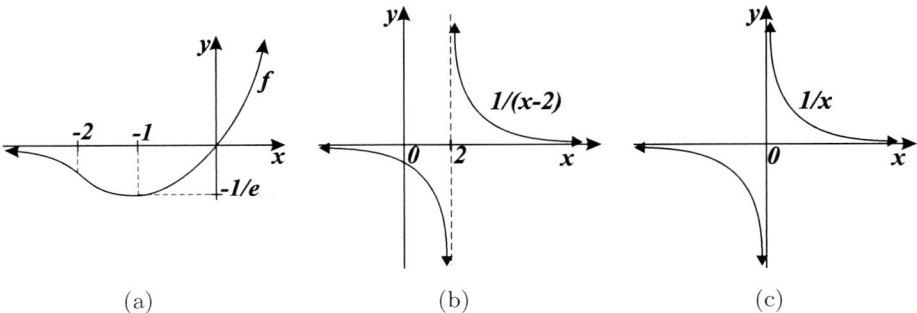

Figura 9.11: Gráfica de $f(x) = xe^x$ (a), de $f(x) = \dfrac{1}{x-2}$ (b) y de $f(x) = \dfrac{1}{x}$ (c).

Con la anterior información podemos obtener la representación de $f(x)$ (ver Figura 9.11 (b)).

Se puede corroborar la gráfica con el estudio de las derivadas. Es fácil obtener que $f'(x) = -\dfrac{1}{(x-2)^2}$. Por tanto, $f'(x) < 0$, $\forall x \in \mathbb{R} - \{2\}$, con lo que f es siempre (que existe) decreciente. Además, como $f'(x) \neq 0$, $\forall x \in \mathbb{R}$, la gráfica no posee ni máximos ni mínimos relativos.

Por otra parte $f''(x) = \dfrac{2}{(x-2)^3}$. Por tanto, $f''(x) < 0$ si $x < 2$, y en consecuencia, f es convexa en $]-\infty, 2[$. Además, $f''(x) > 0$ si $x > 2$, con lo que f es cóncava en $]2, +\infty[$.

Es obvio que la gráfica no posee ningún tipo de simetrías.

9.11 ¿De qué forma son las gráficas de $f(x) = \dfrac{1}{x-a}$, con $a \in \mathbb{R}$? ¿Qué gráfica de la forma anterior presenta simetría respecto el origen?

Solución:

La gráfica de $f(x) = \frac{1}{x-a}$ es similar a la gráfica de $\frac{1}{x-2}$ del ejercicio anterior, con la diferencia que la asíntota vertical es $x = a$, con todas las consecuencias que ello conlleva.

Es obvio que la simetría $f(x) = \frac{1}{x-a} = f(-x) = \frac{1}{-x-a}$ no se puede dar para $a \in \mathbb{R}$.

Sin embargo la simetría respecto el origen $f(x) = \frac{1}{x-a} = -f(-x) = -\frac{1}{-x-a} = \frac{1}{x+a}$ se da cuando $a = 0$. En efecto, la gráfica de $f(x) = \frac{1}{x}$ es simétrica respecto el origen como puede apreciarse en la Figura 9.11 (c).

9.12 Representar la función $f(x) = \dfrac{1}{x^2}$.

Solución:

La función no posee raíces, con lo que no corta al eje OX. Además $f(0)$ no existe, por lo que no corta al eje OY.

La función es derivable en su campo de existencia $\mathbb{R} - \{0\}$.

Se tiene que $\lim\limits_{x \to \infty} \dfrac{1}{x^2} = 0$, con lo que la recta $y = 0$ es asíntota horizontal de la curva. En consecuencia, no posee asíntotas oblícuas.

Como la raíz $x = 0$ del denominador no anula al numerador, la recta $x = 0$ es asíntota vertical de la curva (en efecto, $\lim\limits_{x \to \infty} f(x) = \infty$). Veamos ahora el comportamiento asintótico de la curva en $x = 0$:

Se tiene que $\lim\limits_{x \to 0^-} \dfrac{1}{x^2} = \lim\limits_{x \to 0^+} \dfrac{1}{x^2} = +\infty$, pues el denominador es positivo en cualquiera de los dos casos.

Con la anterior información podemos obtener la representación de $f(x)$ (ver Figura 9.12 (a)).

Se puede corroborar la gráfica con el siguiente estudio de las derivadas:

Se tiene que $f'(x) = -\dfrac{2}{x^3}$. Por tanto, $f'(x) > 0$ si $x < 0$, y en consecuencia es creciente en $]-\infty, 0[$. Además $f'(x) < 0$ si $x > 0$, con lo que f es decreciente en $]0, +\infty[$.

Como $f'(x) \neq 0$, $\forall x \in \mathbb{R}$, la función no posee máximos ni mínimos relativos. Se tiene que $f''(x) = \dfrac{6}{x^4} > 0$ para cualquier $x \neq 0$, con lo que f es cóncava en $]-\infty, 0[$ y también en $]0, +\infty[$.

Finalmente, la gráfica es simétrica respecto el eje OY, pues $f(x) = \dfrac{1}{x^2} = \dfrac{1}{(-x)^2} = f(-x)$.

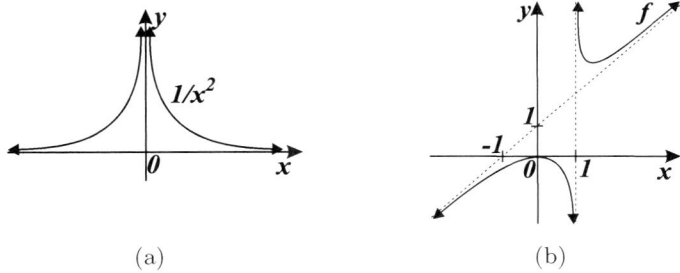

(a)   (b)

Figura 9.12: Gráfica de la función $f(x) = \dfrac{1}{x^2}$ (a) y de $f(x) = \dfrac{x^2}{x-1}$ (b).

9.13 Representar la función $f(x) = \dfrac{x^2}{x-1}$.

Solución:

Esta función existe y es derivable en $\mathbb{R}$ excepto en $x = 1$, que es raíz del denominador. De $f(x) = \dfrac{x^2}{x-1} = 0$ se deduce que $x = 0$ es (la única) raíz de f, dado que no anula el denominador.

Como $\lim\limits_{x \to \infty} f(x) = \infty$ podemos asegurar que no existe asíntota horizontal, ahora bien, ésta es la primera de las condiciones para que exista una asíntota oblicua. Veamos las restantes:

$a = \lim\limits_{x \to \infty} \dfrac{f(x)}{x} = \lim\limits_{x \to \infty} \dfrac{x^2}{x^2 - x} = 1;$

$b = \lim\limits_{x \to \infty} (f(x) - ax) = \lim\limits_{x \to \infty} \left(\dfrac{x^2}{x-1} - x \right) = \lim\limits_{x \to \infty} \left(\dfrac{x^2 - x^2 + x}{x-1} \right) = 1.$

Así pues, la recta $y = x + 1$ es una asíntota oblicua.

La curva no corta a la asíntota oblicua puesto que el sistema de ecuaciones dado por
$\begin{cases} y = \frac{x^2}{x-1} \\ y = x+1 \end{cases}$ nos conduce a $\frac{x^2}{x-1} = x+1$, es decir, a la ecuación $x^2 = x^2 - 1$ que no posee solución.

Como la raíz del denominador no lo es del numerador, es obvio que la recta $x = 1$ es una asíntota vertical. (En efecto, $\lim\limits_{x \to 1} f(x) = \infty$). Veamos ahora el comportamiento asintótico de la curva en $x = 1$. Se tiene que $\lim\limits_{x \to 1^+} \frac{x^2}{x-1} = +\infty$ puesto que numerador y denominador son positivos. Por otra parte, $\lim\limits_{x \to 1^-} \frac{x^2}{x-1} = -\infty$ dado que el numerador es positivo y el denominador negativo.

Con la anterior información se puede obtener la representación de la gráfica de $f(x)$ (ver Figura 9.12 (b)).

El lector puede hacer un estudio detallado que corrobore la representación anterior.

9.14 Demostrar que si f es derivable en x_0 en donde posee un máximo (o mínimo) relativo, entonces $f'(x_0) = 0$.

Solución:

Si x_0 es un máximo de f, entonces $f(x_0 + \Delta x) - f(x_0) < 0$ si $\Delta x < 0$, por lo que se tiene que $\lim\limits_{\Delta x \to 0^-} \frac{f(x_0 + \Delta x) - f(x_0)}{\Delta x} = \lim\limits_{x \to x_0^-} \frac{f(x) - f(x_0)}{x - x_0} \geq 0$. Del mismo modo se obtiene que $f(x_0 + \Delta x) - f(x_0) < 0$ si $\Delta x > 0$ y, en consecuencia, $\lim\limits_{\Delta x \to 0^+} \frac{f(x_0 + \Delta x) - f(x_0)}{\Delta x} = \lim\limits_{x \to x_0^+} \frac{f(x) - f(x_0)}{x - x_0} \leq 0$. Por tanto, se obtiene que $f'(x_0) = \lim\limits_{\Delta x \to 0} \frac{f(x_0 + \Delta x) - f(x_0)}{\Delta x} = \lim\limits_{x \to x_0} \frac{f(x) - f(x_0)}{x - x_0} = 0$.

La demostración en caso de que fuera un mínimo se realiza de forma similar.

Obsérvese que en este ejercicio se está demostrando que si una función tiene un máximo en un punto, entonces la función es creciente por la izquierda y decreciente por la derecha. En el caso de ser un mínimo, entonces la función es decreciente por la izquierda y creciente por la derecha.

Capítulo 10

PRIMITIVAS DE UNA FUNCIÓN

En este capítulo se estudia el proceso *inverso* al de derivación. Aunque en algunos libros dicho proceso se denomina "antiderivación", aquí se le dará la denominación clásica de cálculo de primitivas o integración indefinida. El cálculo de primitivas tiene múltiples aplicaciones entre las que destacan la resolución de modelos reales descritos mediante ecuaciones diferenciales.

10.1   PRIMITIVA DE UNA FUNCIÓN

En este capítulo supondremos que $I =]a, b[$ es un intervalo acotado o no acotado, de la recta real, y que $f(x)$ es una función $f :]a, b[\to R$.

10.1.1   Noción de primitiva

Diremos que $F(x)$ es una **primitiva** de $f(x)$ en I si $F'(x) = f(x), \forall x \in I$.

10.1.2   Ejemplo

(i) Si $f(x) = \dfrac{1}{2\sqrt{x}}$, entonces una primitiva de $f(x)$ en el intervalo $]0, +\infty[$ es la función $F(x) = \sqrt{x}$, ya que $F'(x) = \dfrac{1}{2\sqrt{x}} = f(x), \forall x \in]0, +\infty[$. También lo son las funciones $G(x) = \sqrt{x} + 5$, o $H(x) = \sqrt{x} + (-3)$.

(ii) $F(x) = e^x$ es una primitiva de la función $f(x) = e^x$ en el intervalo $]-\infty, +\infty[$, es decir, en toda la recta real. También lo son las funciones $G(x) = e^x + 1$ y $H(x) = e^x + (-2)$.

En la práctica, salvo necesidad, no haremos referencia al intervalo I de existencia de la primitiva.

A la vista del ejemplo anterior, se observa que si $F(x)$ es una primitiva de $f(x)$, también lo es $F(x) + C$, en donde C es cualquier constante real. El siguiente teorema, en este sentido, es más preciso.

10.1.3 Teorema

Si $F(x)$ es una primitiva de $f(x)$, cualquier otra primitiva $G(x)$ de $f(x)$, es de la forma $G(x) = F(x) + C$, para alguna constante real C.

Demostración: Si F y G son primitivas de $f(x)$ en I, entonces $F'(x) = G'(x)$ para $x \in I$, por lo que según el teorema fundamental del cálculo integral, se tiene que $F(x) - G(x) = C$, es decir, $F(x) = G(x) + C$.

Al conjunto formado por todas las primitivas de una función $f(x)$, se le llama **integral indefinida** de dicha función (en el intervalo I correspondiente), y se denota

$$\int f(x)\, dx$$

que se lee integral de $f(x)$ (por diferencial de x). La función f bajo el signo integral se denomina **integrando**.

Por el teorema anterior, si conocemos una primitiva $F(x)$ de $f(x)$, entonces se tiene que

$$\int f(x)\, dx = F(x) + C, \ \text{ donde } C \text{ toma cualquier valor real.}$$

Como aplicación de este resultado, en el ejemplo anterior se tiene

$$\int \frac{1}{2\sqrt{x}}\, dx = \sqrt{x} + C, \qquad \int e^x\, dx = e^x + C.$$

10.1.4 Ejemplo

Deseamos encontrar la ecuación de la curva $y = y(x)$ que pasa por el punto $(1, 2)$ y que cumple que $y'(x) = 2x$.

Como $y'(x) = 2x$, se tiene que $y(x)$ debe ser una primitiva de la función $f(x) = 2x$.

Por lo tanto, $y(x) = \int 2x\, dx = x^2 + C$.

La curva $y(x)$ pasa por el punto $(1, 2)$, por lo que se verificará que $y(1) = 2$, en consecuencia $2 = 1 + C$, es decir, $C = 1$ y la curva buscada es $y = x^2 + 1$.

10.1.5   Propiedad de linealidad

Si f y g poseen primitiva y α, $\beta \in \mathbb{R}$, entonces se tiene la siguiente propiedad (fácil de verificar):

$$\int \Big(\alpha{\cdot}f(x) + \beta{\cdot}g(x) \Big)\, dx = \alpha \cdot \int f(x)\, dx + \beta \cdot \int g(x)\, dx$$

10.2   PRIMITIVAS DE FUNCIONES

Veamos las primitivas de las funciones más usuales, observando que viene a ser como una tabla de *antiderivadas*, en donde la derivada del segundo miembro coincide con la función del integrando.

10.2.1   Tabla de primitivas sencillas

Tipo potencial

$$\int x^n\, dx = \frac{x^{n+1}}{n+1} + C \text{ (si } n \neq -1)$$

$$\int f^n(x)f'(x)\, dx = \frac{f^{n+1}(x)}{n+1} + C \text{ (si } n \neq -1)$$

Tipo exponencial

$$\int e^x\, dx = e^x + C$$

$$\int e^{f(x)} f'(x)\, dx = e^{f(x)} + C$$

$$\int a^x \ln a\, dx = a^x + C \text{ (si } a > 0)$$

$$\int a^{f(x)}\, f'(x) \ln a\, dx = a^{f(x)} + C \text{ (si } a > 0)$$

Tipo logaritmo

$$\int \frac{dx}{x} = \ln|x| + C$$

$$\int \frac{f'(x)}{f(x)}\, dx = \ln|f(x)| + C$$

Primitivas de funciones trigonométricas directas
$\displaystyle\int \cos x \, dx = \operatorname{sen} x + C$ $\displaystyle\int \cos[f(x)] \, f'(x) \, dx = \operatorname{sen}[f(x)] + C$
$\displaystyle\int \operatorname{sen} x \, dx = -\cos x + C$ $\displaystyle\int \operatorname{sen}[f(x)] \, f'(x) \, dx = -\cos[f(x)] + C$
$\displaystyle\int \frac{dx}{\cos^2 x} = \tan x + C$ $\displaystyle\int \frac{f'(x)}{\cos^2[f(x)]} \, dx = \tan[f(x)] + C$
$\displaystyle\int \frac{-dx}{\operatorname{sen}^2 x} = \cot x + C$ $\displaystyle\int \frac{-f'(x)}{\operatorname{sen}^2[f(x)]} \, dx = \cot[f(x)] + C$

Primitivas de funciones trigonométricas inversas
$\displaystyle\int \frac{dx}{\sqrt{1-x^2}} = \operatorname{arcsen} x + C$ $\displaystyle\int \frac{f'(x)}{\sqrt{1-f^2(x)}} \, dx = \operatorname{arcsen}[f(x)] + C$
$\displaystyle\int \frac{-dx}{\sqrt{1-x^2}} = \arccos x + C$ $\displaystyle\int \frac{-f'(x)}{\sqrt{1-f^2(x)}} \, dx = \arccos[f(x)] + C$
$\displaystyle\int \frac{dx}{1+x^2} = \arctan x + C$ $\displaystyle\int \frac{f'(x)}{1+f^2(x)} \, dx = \arctan[f(x)] + C$

10.2.2   Nota

Según la expresión (6.1) también se tiene

$$\int (1+\tan^2 x) \, dx = \tan x + C \quad \text{y} \quad \int (1+\tan^2 f(x)) \cdot f'(x) \, dx = \tan(f(x)) + C$$

10.2.3 Métodos generales de cálculo de primitivas

Una integral diremos que es inmediata si, salvo el coeficiente multiplicador, la podemos reconocer en el apartado anterior.

En cursos avanzados de Cálculo se estudian diversos métodos para la obtención de primitivas. Aquí nos limitaremos a resolver integrales utilizando dos procedimientos básicos:

(a) Mediante la propiedad de linealidad (Sección 10.1.5) para descomponer el integrando en integrales inmediatas.

(b) Mediante transformación del integrando.

En el capítulo 11 estudiaremos otros métodos de integración más sofisticados. Numerosas son las transformaciones que pueden hacerse sobre los integrandos para conseguir su resolución; algunas de ellas son de carácter particular (véanse ejercicios 10.17 y 10.19).

Nosotros describiremos sucintamente los siguientes casos que son métodos de carácter general, en los casos que procede.

10.2.4 Integrando de la forma $\dfrac{1}{a\,x^2 + b\,x + c}$

Supongamos que la ecuación $a\,x^2 + b\,x + c = 0$ no posee raíces reales. Entonces con la transformación $a\,x^2 + b\,x + c = a\left(x + \dfrac{b}{2a}\right)^2 + c - \dfrac{b^2}{4a}$ la integral resultante se vuelve del tipo arctan (ver ejercicios 10.21 y 10.22).

El caso en que $a\,x^2 + b\,x + c = 0$ tiene raíces reales se estudia en cursos superiores.

En los tres apartados que aparecen a continuación supondremos que p, m y q son números naturales.

10.2.5 Integrando de la forma $\operatorname{sen}^{2p+1}x \cdot \cos^m x$

Para resolver este tipo de integrales, la potencia par $2p$ del seno se expresa en función de $(1 - \cos^2 x)$, como sigue:

$$\operatorname{sen}^{2p+1}x \cdot \cos^m x = (\operatorname{sen}^2 x)^p \cdot \operatorname{sen} x \cdot \cos^m x = (1 - \cos^2 x)^p \cdot \operatorname{sen} x \cdot \cos^m x$$

La integral resultante es del tipo potencial en $\cos x$ (ver el Ejercicio 10.23).

10.2.6 Integrando de la forma $\cos^{2p+1} x \cdot \text{sen}\,^m x$

Se procede de manera análoga al caso anterior, pero expresando la potencia par del coseno en función de $(1 - \text{sen}\,^2 x)$.

La integral resultante es de tipo potencial en $\text{sen}\,x$ (ver el Ejercicio 10.24).

10.2.7 Integrando de la forma $\cos^{2p} x \cdot \text{sen}\,^{2q} x$

Para resolver este tipo de integral se utilizan las expresiones (6.11) y (6.12) del Capítulo 6, de manera que

$$\cos^{2p} x \cdot \text{sen}\,^{2q} x = \left(\frac{1 + \cos 2x}{2}\right)^p \cdot \left(\frac{1 - \cos 2x}{2}\right)^q$$

y se procede sucesivamente, reiterando la misma transformación, las veces necesarias hasta obtener integrales inmediatas del tipo coseno, y algunas otras inmediatas (véanse ejercicios 10.25 y 10.26).

10.2.8 Integrando con productos de senos y cosenos de ángulos distintos

Para resolver este tipo de integrales se utilizan las expresiones (6.17) a (6.19) del punto 6.3.5, que transforman los productos de senos y cosenos en sumas de senos y cosenos (véanse ejercicios 10.28 y 10.29).

10.2.9 Nota

Recordemos que, como ya se ha indicado en la Nota 5.2.9, la expresión $\ln\left(f(x)\right)$ sólo tiene sentido cuando $f(x) > 0$ aunque no se haga mención explícita de ello.

10.3 EJERCICIOS

Calcular las integrales pedidas en los siguientes ejercicios.

10.1 (i) $\displaystyle\int 4\,dx$ (ii) $\displaystyle\int 4x\,dx$ (iii) $\displaystyle\int \frac{4}{x^3}\,dx$ (iv) $\displaystyle\int \frac{a}{x^n}\,dx$ (con $n \neq 1$)

Solución:

(i) $\displaystyle\int 4\,dx = 4\int dx = 4x + C$

(ii) $\displaystyle\int 4x\,dx = 4\int x\,dx = 4\tfrac{1}{2}x^2 + C = 2x^2 + C$

(iii) $\displaystyle\int \frac{4}{x^3}\,dx = 4\int x^{-3}\,dx = 4\frac{1}{-3+1}\cdot x^{-3+1} + C = -2\cdot x^{-2} + C$

(iv) $\displaystyle\int \frac{a}{x^n}\,dx = a\int x^{-n}\,dx = a\frac{x^{-n+1}}{-n+1} + C$ (si $n \neq 1$)

10.2 (i) $\displaystyle\int \sqrt{x}\,dx$ (ii) $\displaystyle\int \sqrt[3]{x}\,dx$ (iii) $\displaystyle\int \frac{dx}{\sqrt[3]{x}}$

Solución:

(i) $\displaystyle\int \sqrt{x}\,dx = \int x^{\frac{1}{2}}\,dx = \frac{x^{\frac{1}{2}+1}}{\frac{1}{2}+1}+C = \frac{x^{\frac{3}{2}}}{\frac{3}{2}}+C = \frac{2}{3}x^{\frac{3}{2}}+C$

(ii) $\displaystyle\int \sqrt[3]{x}\,dx = \int x^{\frac{1}{3}}\,dx = \frac{x^{\frac{1}{3}+1}}{\frac{1}{3}+1}+C = \frac{x^{\frac{4}{3}}}{\frac{4}{3}}+C = \frac{3}{4}x^{\frac{4}{3}}+C$

(iii) $\displaystyle\int \frac{dx}{\sqrt[3]{x}} = \int x^{\frac{-1}{3}}\,dx = \frac{x^{\frac{-1}{3}+1}}{\frac{-1}{3}+1}+C = \frac{x^{\frac{2}{3}}}{\frac{2}{3}}+C = \frac{3}{2}\sqrt[3]{x^2}+C$

10.3 (i) $\displaystyle\int (x^2+1)^2\,dx$ (ii) $\displaystyle\int 2x(x^2+1)^2\,dx$ (iii) $\displaystyle\int x\sqrt[3]{x^2+1}\,dx$

Solución:

(i) $\displaystyle\int (x^2+1)^2\,dx = \int (x^4+2x^2+1)\,dx = \frac{x^5}{5}+\frac{2}{3}x^3+x+C$

(ii) $\displaystyle\int 2x(x^2+1)^2\,dx = \frac{(x^2+1)^3}{3}+C$

(iii) $\displaystyle\int x\sqrt[3]{x^2+1}\,dx = \int x(x^2+1)^{\frac{1}{3}}\,dx = \frac{1}{2}\frac{(x^2+1)^{\frac{4}{3}}}{\frac{4}{3}}+C = \frac{3}{8}(x^2+1)^{\frac{4}{3}}+C$

10.4 $\displaystyle\int (-2x^3+x)^3(6x^2-1)\,dx$

Solución:

$\displaystyle\int (-2x^3+x)^3(6x^2-1)\,dx = -\int (-2x^3+x)^3(-6x^2+1)\,dx = -\frac{(-2x^3+x)^4}{4}+C$

10.5 $\displaystyle\int \frac{\arctan x}{1+x^2}\,dx$

Solución:

$\displaystyle\int \frac{\arctan x}{1+x^2}\,dx = \frac{1}{2}\left(\arctan x\right)^2+C$

10.6 $\displaystyle\int \frac{1}{\cos^2 x}\sqrt{\tan x}\,dx$

Solución:

$\displaystyle\int \frac{1}{\cos^2 x}\sqrt{\tan x}\,dx = \frac{2}{3}\tan^{\frac{3}{2}}x+C$

10.7 $\displaystyle\int \sqrt{x^2-2x^4}\,dx$

Solución:

$\displaystyle\int \sqrt{x^2-2x^4}\,dx = \int \sqrt{x^2(1-2x^2)}\,dx = \int x\sqrt{(1-2x^2)}\,dx = \int x(1-2x^2)^{\frac{1}{2}}\,dx$

$\displaystyle = -\frac{1}{4}\frac{(1-2x^2)^{\frac{3}{2}}}{\frac{3}{2}}+C = \frac{-1}{6}(1-2x^2)^{\frac{3}{2}}+C$

10.8 (i) $\displaystyle\int e^{3x}\,dx$ (ii) $\displaystyle\int xe^{x^2}\,dx$ (iii) $\displaystyle\int (x+1)e^{x^2+2x}\,dx$

Solución:

(i) $\displaystyle\int e^{3x}\,dx = \frac{1}{3}e^{3x}+C$

(ii) $\displaystyle\int x\cdot e^{x^2}\,dx = \frac{1}{2}\int 2xe^{x^2}\,dx = \frac{1}{2}e^{x^2} + C$

(iii) $\displaystyle\int (x+1)e^{x^2+2x}\,dx = \frac{1}{2}\int (2x+2)\cdot e^{x^2+2x}\,dx = \frac{1}{2}e^{x^2+2x} + C$

10.9 (i) $\displaystyle\int 5^x\,dx$ (ii) $\displaystyle\int x\,5^{x^2}\,dx$ (iii) $\displaystyle\int \frac{5^{\sqrt{x}}}{\sqrt{x}}\,dx$

Solución:

(i) $\displaystyle\int 5^x\,dx = \frac{1}{\ln 5}5^x + C$

(ii) $\displaystyle\int x5^{x^2}\,dx = \frac{1}{2}\int 2x5^{x^2}\,dx = \frac{1}{2}\frac{1}{\ln 5}5^{x^2} + C$

(iii) $\displaystyle\int \frac{5^{\sqrt{x}}}{\sqrt{x}}\,dx = 2\int \frac{5^{\sqrt{x}}}{2\sqrt{x}}\,dx = \frac{2}{\ln 5}\cdot 5^{\sqrt{x}} + C$

10.10 (i) $\displaystyle\int \cos x\cdot e^{\,\text{sen}\,x}\,dx$ (ii) $\displaystyle\int \cos 3x\cdot e^{\,\text{sen}\,3x}\,dx$ (iii) $\displaystyle\int \frac{e^{\,\text{arcsen}\,x}}{\sqrt{1-x^2}}\,dx$

Solución:

(i) $\displaystyle\int \cos x\cdot e^{\,\text{sen}\,x}\,dx = e^{\,\text{sen}\,x} + C$

(ii) $\displaystyle\int \cos(3x)e^{\,\text{sen}(3x)}\,dx = \frac{1}{3}\int 3\cos(3x)e^{\,\text{sen}(3x)}\,dx = \frac{1}{3}\cdot e^{\,\text{sen}(3x)} + C$

(iii) $\displaystyle\int \frac{e^{\,\text{arcsen}\,x}}{\sqrt{1-x^2}}\,dx = e^{\,\text{arcsen}\,x} + C$

10.11 (i) $\displaystyle\int \frac{dx}{3x}$ (ii) $\displaystyle\int \frac{dx}{x-3}$ (iii) $\displaystyle\int \frac{dx}{3-x}$ (iv) $\displaystyle\int \frac{a\,dx}{3-x}$ (con $a\neq 0$)

Solución:

(i) $\displaystyle\int \frac{dx}{3x} = \frac{1}{3}\int \frac{dx}{x} = \frac{1}{3}\ln|x| + C$

(ii) $\displaystyle\int \frac{dx}{x-3} = \ln|x-3| + C$

(iii) $\displaystyle\int \frac{dx}{3-x} = -\int \frac{-dx}{3-x} = -\ln|3-x| + C$

(iv) $\displaystyle\int \frac{a\,dx}{3-x} = -\int \frac{-a\,dx}{3-x} = -a\ln|3-x| + C$

10.12 (i) $\displaystyle\int \frac{x}{x^2+1}\,dx$ (ii) $\displaystyle\int \frac{3x}{x^2+1}\,dx$ (iii) $\displaystyle\int \frac{-x}{3x^2+1}\,dx$

Solución:

(i) $\displaystyle\int \frac{x}{x^2+1}\,dx = \frac{1}{2}\int \frac{2x}{x^2+1}\,dx = \frac{1}{2}\ln(x^2+1) + C$

(ii) $\displaystyle\int \frac{3x}{x^2+1}\,dx = \frac{3}{2}\int \frac{2x}{x^2+1}\,dx = \frac{3}{2}\ln(x^2+1) + C$

(iii) $\displaystyle\int \frac{-x}{3x^2+1}\,dx = \frac{-1}{6}\int \frac{6x}{3x^2+1}\,dx = \frac{-1}{6}\ln(3x^2+1) + C$

10.13 (i) $\displaystyle\int \tan x\,dx$ (ii) $\displaystyle\int \frac{\text{sen}\,x - \cos x}{\text{sen}\,x + \cos x}\,dx$

Solución:

(i) $\displaystyle\int \tan x\,dx = \int \frac{\text{sen}\,x}{\cos x}\,dx = -\ln|\cos x| + C$

(ii) $\displaystyle\int \frac{\text{sen}\,x - \cos x}{\text{sen}\,x + \cos x}\,dx = -\ln|\,\text{sen}\,x + \cos x| + C$

10.14 $\displaystyle\int \frac{1}{x \ln x}\, dx$

Solución:

$$\int \frac{1}{x \ln x}\, dx = \ln |\ln x| + C$$

10.15 Resolver la integral $\displaystyle\int \left(\frac{1}{3-x} + \frac{2}{x-2} \right)\, dx$, expresando el resultado con un solo logaritmo.

Nota: Esta manera de pedir el resultado es especialmente interesante en problemas de Física y de la Ingeniería en general.

Solución:

$$\int \left(\frac{1}{3-x} + \frac{2}{x-2} \right)\, dx = -\ln |x-3| + 2\ln |x-2| + \ln C = \ln \left| \frac{C(x-2)^2}{x-3} \right|$$

10.16 $\displaystyle\int \frac{5x^2 + 3x - 6}{x^2}\, dx$

Solución:

$$\int \frac{5x^2 + 3x - 6}{x^2}\, dx = \int \left(5 + \frac{3}{x} - \frac{6}{x^2} \right)\, dx = 5x + 3\ln |x| + \frac{6}{x} + C$$

10.17 $\displaystyle\int \frac{dx}{\operatorname{sen}^2 x \cdot \cos^2 x}$

Solución:

$$\int \frac{dx}{\operatorname{sen}^2 x \cdot \cos^2 x} = \int \frac{\operatorname{sen}^2 x + \cos^2 x}{\operatorname{sen}^2 x \cdot \cos^2 x}\, dx$$

$$= \int \frac{\operatorname{sen}^2 x}{\operatorname{sen}^2 x \cdot \cos^2 x}\, dx + \int \frac{\cos^2 x}{\operatorname{sen}^2 x \cdot \cos^2 x}\, dx = \tan x - \cotan x + C$$

(El lector verificará que si $y = \cotan x$ entonces $y' = \dfrac{1}{\operatorname{sen}^2 x}$)

10.18 (i) $\displaystyle\int \frac{dx}{\sqrt{1 - 4x^2}}$ \quad (ii) $\displaystyle\int \frac{-dx}{\sqrt{4 - 16x^2}}$ \quad (iii) $\displaystyle\int \frac{x\, dx}{\sqrt{1 - x^4}}$

Solución:

(i) $\displaystyle\int \frac{dx}{\sqrt{1 - 4x^2}} = \frac{1}{2} \int \frac{2\, dx}{\sqrt{1 - (2x)^2}} = \frac{1}{2} \arcsen(2x) + C$

(ii) $\displaystyle\int \frac{-dx}{\sqrt{4 - 16x^2}} = \int \frac{-dx}{\sqrt{4(1 - 4x^2)}} = \frac{1}{2} \int \frac{-2\, dx}{2\sqrt{(1 - (2x)^2)}} = \frac{1}{4} \int \frac{-2\, dx}{\sqrt{(1 - (2x)^2)}}$

$= \dfrac{1}{4} \arccos(2x) + C$

(iii) $\displaystyle\int \frac{x\, dx}{\sqrt{1 - x^4}} = \frac{1}{2} \int \frac{2x\, dx}{\sqrt{1 - (x^2)^2}} = \frac{1}{2} \arcsen(x^2) + C$

10.19 Resolver $\displaystyle\int \sqrt{\frac{1-x}{1+x}}\, dx$, evitando la raíz del numerador

Solución:

$$\int \sqrt{\frac{1-x}{1+x}}\, dx = \int \sqrt{\frac{(1-x)(1-x)}{(1+x)(1-x)}}\, dx = \int \frac{1-x}{\sqrt{1-x^2}}\, dx$$

$$= \int \frac{1}{\sqrt{1-x^2}}\, dx - \int \frac{x}{\sqrt{1-x^2}}\, dx = \arcsen x + \sqrt{1-x^2} + C$$

10.20 (i) $\displaystyle\int \frac{dx}{1+3x^2}$ (ii) $\displaystyle\int \frac{x\,dx}{1+9x^4}$ (iii) $\displaystyle\int \frac{e^x}{1+e^{2x}}\,dx$

(iv) $\displaystyle\int \frac{\cos x}{1+\operatorname{sen}^2 x}\,dx$

Solución:

(i) $\displaystyle\int \frac{dx}{1+3x^2} = \int \frac{dx}{1+(\sqrt{3}x)^2} = \frac{1}{\sqrt{3}}\int \frac{\sqrt{3}\,dx}{1+(\sqrt{3}x)^2} = \frac{1}{\sqrt{3}}\arctan(\sqrt{3}x)+C$

(ii) $\displaystyle\int \frac{x\,dx}{1+9x^4} = \int \frac{x\,dx}{1+(3x^2)^2} = \frac{1}{6}\int \frac{6x\,dx}{1+(3x^2)^2} = \frac{1}{6}\arctan(3x^2)+C$

(iii) $\displaystyle\int \frac{e^x}{1+e^{2x}}\,dx = \int \frac{e^x}{1+(e^x)^2}\,dx = \arctan(e^x)+C$

(iv) $\displaystyle\int \frac{\cos x}{1+\operatorname{sen}^2 x}\,dx = \arctan(\operatorname{sen} x)+C$

10.21 $\displaystyle\int \frac{dx}{9+4x^2}$

Solución:

$\displaystyle\int \frac{dx}{9+4x^2} = \int \frac{dx}{9(1+\frac{4}{9}x^2)} = \frac{1}{9}\int \frac{dx}{1+(\frac{2}{3}x)^2} = \frac{1}{9}\cdot\frac{3}{2}\int \frac{\frac{2}{3}\,dx}{1+(\frac{2}{3}x)^2}$

$\displaystyle = \frac{1}{6}\arctan(\frac{2}{3}x)+C$

10.22 $\displaystyle\int \frac{dx}{x^2+2x+4}$

Solución:

$\displaystyle\int \frac{dx}{x^2+2x+4} = \int \frac{dx}{(x+1)^2+3} = \int \frac{dx}{3\left[\frac{(x+1)^2}{3}+1\right]} = \frac{1}{3}\int \frac{dx}{\left[\left(\frac{x+1}{\sqrt{3}}\right)^2+1\right]}$

$\displaystyle = \frac{\sqrt{3}}{3}\int \frac{\frac{1}{\sqrt{3}}\,dx}{\left[\left(\frac{x+1}{\sqrt{3}}\right)^2+1\right]} = \frac{\sqrt{3}}{3}\arctan\left(\frac{x+1}{\sqrt{3}}\right)+C$

10.23 $\displaystyle\int \operatorname{sen}^3 x \cdot \cos^2 x\,dx$

Solución:

$\displaystyle\int \operatorname{sen}^3 x \cdot \cos^2 x\,dx = \int \operatorname{sen} x \operatorname{sen}^2 x \cdot \cos^2 x\,dx = \int \operatorname{sen} x(1-\cos^2 x)\cdot\cos^2 x\,dx =$

$\displaystyle\int (\operatorname{sen} x \cos^2 x - \operatorname{sen} x \cos^4 x)\,dx = \frac{-\cos^3 x}{3} + \frac{\cos^5 x}{5} + C$

10.24 $\displaystyle\int \cos^3 x \cdot \operatorname{sen}^2 x\,dx$

Solución:

$\displaystyle\int \cos^3 x \cdot \operatorname{sen}^2 x\,dx = \int \cos x \cos^2 x \cdot \operatorname{sen}^2 x\,dx = \int \cos x(1-\operatorname{sen}^2 x)\cdot\operatorname{sen}^2 x\,dx =$

$\displaystyle\int (\cos x \operatorname{sen}^2 x - \cos x \operatorname{sen}^4 x)\,dx = \frac{\operatorname{sen}^3 x}{3} - \frac{\operatorname{sen}^5 x}{5} + C$

10.25 (i) $\displaystyle\int \operatorname{sen}^2 x\,dx$ (ii) $\displaystyle\int \cos^2 x\,dx$

Solución:

(i) $\displaystyle\int \operatorname{sen}^2 x\,dx = \int \frac{1-\cos 2x}{2}\,dx = \frac{x}{2} - \frac{\operatorname{sen} 2x}{4} + C$

(ii) $\displaystyle\int \cos^2 x \, dx = \int \frac{1 + \cos 2x}{2} \, dx = \frac{x}{2} + \frac{\text{sen}\, 2x}{4} + C$

10.26 $\displaystyle\int \text{sen}^2 x \cdot \cos^2 x \, dx$

Solución:

$\displaystyle\int \text{sen}^2 x \cdot \cos^2 x \, dx = \int \frac{1 - \cos 2x}{2} \frac{1 + \cos 2x}{2} \, dx = \frac{1}{4} \int (1 - \cos^2 2x) \, dx$

$= \displaystyle\frac{1}{4} \int \left(1 - \frac{1 + \cos 4x}{2} \right) dx = \int \left(\frac{1}{8} - \frac{\cos 4x}{8} \right) dx = \frac{x}{8} - \frac{\text{sen}\, 4x}{32} + C$

10.27 (i) $\displaystyle\int (\tan^2 x + 1) \, dx$ (ii) $\displaystyle\int \tan^2 x \, dx$ (iii) $\displaystyle\int \tan^3 x \, dx$

Solución:

(i) $\displaystyle\int (\tan^2 x + 1) \, dx = \int \left(\frac{\text{sen}^2 x}{\cos^2 x} + 1 \right) dx = \int \left(\frac{\text{sen}^2 x + \cos^2 x}{\cos^2 x} \right) dx$

$= \displaystyle\int \left(\frac{1}{\cos^2 x} \right) dx = \tan x + C$

(ii) $\displaystyle\int \tan^2 x \, dx = \int \left(\frac{1}{\cos^2 x} - 1 \right) dx = \tan x - x + C$

(iii) $\displaystyle\int \tan^3 x \, dx = \int \tan x \cdot \tan^2 x \, dx = \int \tan x \cdot \left(\frac{1}{\cos^2 x} - 1 \right) dx$

$= \displaystyle\int \tan x \cdot \left(\frac{1}{\cos^2 x} \right) dx - \int \tan x \, dx = \frac{1}{2} \tan^2 x - \ln |\cos x| + C$

10.28 $\displaystyle\int \text{sen}\, 5x \cdot \cos 2x \, dx$

Solución:

Teniendo en cuenta la expresión (6.17) se tiene

$\displaystyle\int \text{sen}\, 5x \cdot \cos 2x \, dx = \frac{1}{2} \int (\text{sen}\, 7x + \text{sen}\, 3x) \, dx$

$= \displaystyle\frac{1}{2} \left(\frac{-\cos 7x}{7} + \frac{-\cos 3x}{3} \right) + C = \frac{-1}{14} \cos 7x - \frac{1}{6} \cos 3x + C$

10.29 $\displaystyle\int \cos 2x \cdot \cos x \, dx$

Solución:

Teniendo en cuenta la expresión (6.18) se tiene

$\displaystyle\int \cos 2x \cdot \cos x \, dx = \frac{1}{2} \int (\cos x + \cos 3x) \, dx = \frac{1}{2} (\text{sen}\, x + \frac{1}{3} \text{sen}\, 3x) + C = \frac{1}{2} \cdot \text{sen}\, x + \frac{1}{6} \text{sen}\, 3x + C$

Capítulo 11

MÉTODOS DE INTEGRACIÓN

Encontrar la primitiva de una función puede no resultar sencillo, e incluso que ésta no exista. En este capítulo veremos unos pocos métodos conducentes a resolver integrales que pudieran no ser de cálculo inmediato.

11.1 INTEGRACIÓN POR PARTES

11.1.1 Integración por partes

Sean u y v dos funciones de x, derivables. De $(u \cdot v)' = uv' + vu'$ se deduce el conocido **método de integración por partes**:

$$\int uv' \, dx = uv - \int vu' \, dx \text{ o } \int u dv = uv - \int v \, du \qquad (11.1)$$

Grosso modo, el método se aplica a la integración de producto de funciones, donde una de ellas es de fácil integración, y en la que *suele* aparecer alguna función trascendente o circular. La casuística es diversa, pero sólo con la intención de ayudar al lector, establecemos 4 casos que aparecen con frecuencia:

(a) Resolución casi inmediata por la elección de u y v' (véase Ejemplo 11.1.2 y Ejercicios 11.1 y 11.2).

(b) Integración recurrente (véase Ejercicio 11.3).

(c) Un factor es la unidad (véase Ejercicio 11.4).

(d) La integral inicial se reproduce permitiendo su cáculo (véase Ejercicio 11.5).

11.1.2   Ejemplo

Vamos a hallar $\int x \cdot \operatorname{sen} x \, dx$. La elección es obvia: hagamos $u = x$ y $dv = \operatorname{sen} x \, dx$, pues entonces $du = dx$ y $v = \int \operatorname{sen} x \, dx = -\cos x$.

El principiante debería ensayar el intercambio de factores, i.e. hacer $u = \operatorname{sen} x$ y $dv = x \, dx$, y observaría que la integral a resolver después es más difícil que la original.

Por aplicación de la expresión (11.1) se tiene:

$$\int x \cdot \operatorname{sen} x \, dx = u \cdot v - \int v \, du = x \cdot (-\cos x) - \int (-\cos x) \, dx$$
$$= -x \cos x + \operatorname{sen} x + C$$

11.2   INTEGRACIÓN DE FUNCIONES RACIO-NALES

11.2.1   Descomposición en fracciones simples

Vamos a describir el método de descomposición de una función racional $\frac{P(x)}{Q(x)}$ en fracciones simples para resolver integrales de la forma $\int \frac{P(x)}{Q(x)} \, dx$, cuando $\frac{P(x)}{Q(x)}$ es una función racional que podemos considerar, sin pérdida de generalidad, propia, y con $\operatorname{gr}(Q(x)) = n \geq 2$, y además, simplificada.

No exponemos la prueba del método (pues excede el propósito del texto) por el cual $\frac{P(x)}{Q(x)}$ admite descomposición como suma de fracciones, de manera única, atendiendo a las raíces de $Q(x) = 0$, como se expone en los tres casos siguientes.

(a) Si $Q(x) = 0$ tiene n raíces reales distintas $x_1, \ldots, x_n$ entoces

$$\frac{P(x)}{Q(x)} = \frac{A_1}{x - x_1} + \frac{A_2}{x - x_2} + \cdots + \frac{A_n}{x - x_n}$$

donde A_i, $(i = 1, 2, \ldots, n)$ son coeficientes reales a determinar.

Este método, para una mejor comprensión de los casos que siguen, lo describiremos diciendo: Por cada raíz real simple x_i en la descomposición de $\frac{P(x)}{Q(x)}$ aparece un sumando de la forma $\frac{A_i}{x - x_i}$.

(b) Por cada raíz real α de multiplicidad m aparecen, en la descomposición de $\frac{P(x)}{Q(x)}$, m sumandos de la forma

$$\frac{B_1}{x - \alpha} + \frac{B_2}{(x - \alpha)^2} + \cdots + \frac{B_m}{(x - \alpha)^m}$$

donde B_i, $(i = 1, 2, \ldots, m)$ son coeficientes reales a determinar.

(c) Por cada par de raíces complejas conjugadas a que da lugar una función polinómica $ax^2 + bx + c = 0$, que es un factor de la descomposición factorial de $Q(x)$, aparece, en la descomposición de $\frac{P(x)}{Q(x)}$, el sumando $\frac{Cx+D}{ax^2+bx+c}$, donde C, D son reales a determinar.

Supera el propósito de este texto el describir el método de Hermite para el caso de que $Q(x) = 0$ tenga raíces complejas múltiples aunque también se puede proceder de forma similar al punto anterior con las expresiones fraccionales de este apartado.

Para la determinación de los coeficientes A_i, B_i, C, D que aparecen en la descomposición de $\frac{P(x)}{Q(x)}$ se procede como sigue. Se efectúa la suma de los sumandos de la descomposición utilizando el MCM de los denominadores, lo que conduce necesariamente a una fracción de la forma $\frac{h(x)}{Q(x)}$. Por tanto $P(x) = h(x)$. Por *identificación* de términos de igual grado en x se hallan los coeficientes.

Una vez obtenido $P(x) = h(x)$ los coeficientes también se pueden obtener, dando n valores distintos a x que conducirán (como antes) a la resolución de un sistema lineal de n ecuaciones. En el caso de que todas las raíces sean simples este método es sencillo si se da a x cada vez el valor de una raíz.

11.2.2 Ejemplo

Hallemos $\displaystyle\int \frac{2x^4}{2x^3 - 6x + 4}\, dx.$

El integrando se puede simplificar y queda $\frac{x^4}{x^3-3x+2}$. La fración resultante es impropia, por lo que procedemos a hacer la división: $\frac{x^4}{x^3-3x+2} = x + \frac{3x^2-2x}{x^3-3x+2}$. Así, la integral inicial es

$$\int \frac{x^4}{x^3 - 3x + 2}\, dx = \int x\, dx + \int \frac{3x^2 - 2x}{x^3 - 3x + 2}\, dx.$$

Resolvemos la última integral por el método de descomposición en fracciones simples. Las raíces de $x^3 - 3x + 2 = 0$, después de usar la regla de Ruffini son $x = 1$ (doble), y $x = -2$. Como estas raíces no lo son del numerador, la fracción $\frac{3x^2-2x}{x^3-3x+2}$ no admite simplificación. Procedemos a la descomposición en fracciones atendiendo a (a) y (b) de la sección anterior:

$$\frac{3x^2 - 2x}{x^3 - 3x + 2} = \frac{A_1}{x + 2} + \frac{B_1}{x - 1} + \frac{B_2}{(x - 1)^2}.$$

Efectuamos la suma de fracciones utilizando el $MCM(x + 2, x - 1, (x - 1)^2) = (x + 2)(x - 1)^2$:

$$\frac{3x^2 - 2x}{x^3 - 3x + 2} = \frac{A_1(x-1)^2 + B_1(x+2)(x-1) + B_2(x+2)}{(x+2)(x-1)^2}$$

Como se avanzaba en la teoría, necesariamente $x^3 - 3x + 2 = (x+2)(x-1)^2$ por lo que $3x^2 - 2x = A_1(x-1)^2 + B_1(x+2)(x-1) + B_2(x+2)$.

Para encontrar los coeficientes A_1, B_1, B_2, en la última expresión daremos sucesivamente los valores (de las raíces) $x = 1$, $x = -2$, y el valor $x = 0$:

Para $x = 1$ se tiene $1 = 3B_2$. Para $x = -2$ se tiene $16 = A_1$. Para $x = 0$ se tiene $0 = A_1 - 2B_1 + 2B_2$.

La solución del sistema $\begin{cases} 1 &= 3B_2 \\ 16 &= A_1 \\ 0 &= A_1 - 2B_1 + 2B_2 \end{cases}$ es $A_1 = 16$, $B_2 = \frac{1}{3}$,

$B_1 = \frac{25}{3}$. Por tanto,

$$\begin{aligned}
\int \frac{3x^2 - 2x}{x^3 - 3x + 2}\, dx &= \int \left(\frac{16}{x+2} + \frac{\frac{25}{3}}{x-1} + \frac{\frac{1}{3}}{(x-1)^2} \right) dx \\
&= 16 \int \frac{1}{x+2}\, dx + \frac{25}{3} \int \frac{1}{x-1}\, dx + \frac{1}{3} \int (x-1)^{-2}\, dx \\
&= 16 \ln(x+2) + \frac{25}{3} \ln(x-1) - \frac{1}{3}\frac{1}{x-1} + C
\end{aligned}$$

Así, la integral del enunciado vale

$$\int \frac{x^4}{x^3 - 3x + 2}\, dx = \frac{x^2}{2} + 16 \ln(x+2) + \frac{25}{3} \ln(x-1) - \frac{1}{3}\frac{1}{x-1} + C$$

11.3   CAMBIOS DE VARIABLE

11.3.1   Integración por sustitución o cambio de variable

Para resolver $\int f(x)\, dx$ podemos recurrir al cambio de variable $x = g(t)$, si g es derivable, que conduce a:

$$\int f(x)\, dx = \int f(g(t)) \cdot g'(t)\, dt$$

El resultado se deja en función de x si se conoce t en función de x (a este proceso se le denomina "deshacer el cambio").

El método de sustitución es un método de ensayo que se aplica cuando se desconoce otro método de integración más sencillo. Sólo tiene sentido su aplicación si el integrando resultante se sabe integrar. El método se puede utilizar de manera extensiva a las integrales *casi inmediatas* (véase el siguiente ejemplo y el Ejercicio 11.12), pero no es éste el objetivo para el que se ha creado.

11.3.2 Ejemplo

Vamos a integrar $\int x\,e^{x^2}\,dx$, que se resolvió en (ii) del Ejercicio 10.8.

Hacemos el cambio $x^2 = t$, y se tiene $2x\,dx = dt$. Sustituyendo en la integral obtenemos

$$\int x\,e^{x^2}\,dx = \int e^t\,\frac{1}{2}\,dt = \frac{1}{2}e^t + C = \frac{1}{2}\,e^{x^2} + C$$

A continuación sugerimos algunos cambios de variables habituales tendentes a obtener integrales más sencillas de integrar.

11.3.3 Cambio trigonométrico para radical cuadrático

Si en el integrando aparece $\sqrt{1-(ax)^2}$ se pretende que adopte la forma $\sqrt{1-\operatorname{sen}^2 t}$, por lo que se recomienda el cambio $ax = \operatorname{sen} t$, o en otras palabras $x = \frac{1}{a}\operatorname{sen} t$. (También $ax = \cos t$).

11.3.4 Nota

La *sencilla* integral $\int \sqrt{1+x^2}\,dx$ no se puede hallar por el método anterior. Para ello se recurre a las funciones hipérbolicas $\operatorname{sh} x = \dfrac{e^x - e^{-x}}{2}$, $\operatorname{ch} x = \dfrac{e^x + e^{-x}}{2}$ que verifican las siguientes igualdades:

$$\operatorname{ch}^2 x - \operatorname{sh}^2 x = 1\,;\quad \operatorname{sh}' x = \operatorname{ch} x\,;\quad \operatorname{ch}' x = \operatorname{sh} x\,;\quad \operatorname{ch}^2 x = \frac{1+\operatorname{ch} 2x}{2}\,;\quad \operatorname{sh}^2 x = \frac{\operatorname{ch} 2x - 1}{2}\,;$$

$$\operatorname{sh} 2x = 2\operatorname{sh} x \cdot \operatorname{ch} x\,;\quad \operatorname{ch} 2x = \operatorname{sh}^2 x + \operatorname{ch}^2 x.$$

Así, haciendo el cambio $x = \operatorname{sh} t$ se tiene $dx = \operatorname{ch} t\,dt$, y por tanto,

$$\int \sqrt{1+x^2}\,dx = \int \operatorname{ch}^2 t\,dt = \frac{1}{2}\int (\operatorname{ch} 2t + 1)\,dt = \frac{1}{4}\operatorname{sh} 2t + \frac{1}{2}t + C =$$

$$= \frac{1}{2}\left(\operatorname{sh} t\operatorname{ch} t + t\right) + C = \frac{1}{2}\left(x\sqrt{1+x^2} + \operatorname{argsh} x\right) + C$$

(La función $\operatorname{argsh} x$ es la función inversa de $\operatorname{sh} x$).

Se pueden realizar transformaciones sencillas que pueden reducir un término de la forma $\sqrt{B - Ax^2}$ a la forma del inicio $\sqrt{1-(ax)^2}$.

11.3.5 Nota

En tales casos el cambio es $x = \sqrt{\dfrac{B}{A}} \cdot \operatorname{sen} t$

11.3.6 Ejemplo

Resolvamos $\displaystyle\int \sqrt{1-4x^2}\,dx$.

El cambio que proponemos es $2x = \operatorname{sen} t$ (para que $4x^2 = \operatorname{sen}^2 t$). Por tanto, $x = \frac{1}{2}\operatorname{sen} t$ y $dx = \frac{1}{2}\cos t\,dt$. Así, la integral se convierte en:

$$\int \sqrt{1-4x^2}\,dx = \int \sqrt{1-\operatorname{sen}^2 t}\,\frac{1}{2}\cos t\,dt = \frac{1}{2}\int \cos t \cdot \cos t\,dt =$$

$$= \frac{1}{2}\int \cos^2 t\,dt = \frac{1}{4}\Big(t + \frac{1}{2}\operatorname{sen} 2t\Big) + C \quad \text{(según (ii) del Ejercicio 10.25)).}$$

Deshagamos el cambio, escribiendo $\operatorname{sen} 2t$ en función de x:

Como $\operatorname{sen} 2t = 2\operatorname{sen} t\cos t = 2\operatorname{sen} t\sqrt{1-\operatorname{sen}^2 t}$ entonces se tiene $\operatorname{sen} 2t$ $= 2\cdot 2x\sqrt{1-4x^2} = 4x\sqrt{1-4x^2}$.

Por tanto,

$$\int \sqrt{1-4x^2}\,dx = \frac{1}{4}\Big(\operatorname{arcsen}(2x) + 2x\sqrt{1-4x^2}\Big) + C.$$

11.3.7 Nota

Por $R(p,q)$ denotaremos cualquier función racional en p y q. Por ejemplo, $\dfrac{p+1}{q}$. Esta notación se extiende de manera obvia a casos similares.

11.3.8 Función racional de radicales de un binomio

Supongamos una integral de la forma $\displaystyle\int R\Big(\sqrt[\nu_1]{(ax+b)^{u_1}}, \sqrt[\nu_2]{(ax+b)^{u_2}}\Big)dx$ para $a,b \in \mathbb{R}$. El cambio que se proponga ha de ser tal que consiga hacer *desaparecer* los radicales, por ejemplo $ax+b = t^M$ donde M es el mínimo común múltiplo de ν_1 y ν_2.

El método se puede aplicar obviamente a más de dos radicales e incluso a expresiones distintas de $ax+b$.

11.3.9 Ejemplo

Hallemos $\displaystyle\int \frac{\sqrt{x+1}}{1+\sqrt[3]{x+1}}\,dx$.

El cambio de variable es $x+1 = t^6$ (pues $6 = MCM(2,3)$). Por tanto $x = t^6 - 1$ y $dx = 6t^5\,dt$. Así pues,

$$\int \frac{\sqrt{x+1}}{1+\sqrt[3]{x+1}}\, dx = \int \frac{t^3}{1+t^2}\cdot 6t^5\, dt = 6\int \frac{t^8}{1+t^2}\, dt =$$

$$6\int \left(t^6 - t^4 + t^2 - 1 + \frac{1}{1+t^2}\right) dt = 6\left(\frac{t^7}{7} - \frac{t^5}{5} + \frac{t^3}{3} - t + \arctan t\right) + C$$

Se deja al lector *deshacer* el cambio.

11.3.10   Integrando función racional de funciones circulares

Si el integrando es de la forma $R(\operatorname{sen} x, \cos x)$ entonces el cambio de variable $\tan \dfrac{x}{2} = t$ convierte el integrando en una función racional en t. Al ser en general muy laborioso, no lo tratamos en el texto aunque a continuación se muestra un ejemplo.

Si $\tan \dfrac{x}{2} = t$ se deduce $\cos x = \dfrac{1-t^2}{1+t^2}$ y $\operatorname{sen} x = \dfrac{2t}{1+t^2}$. Además, de $\dfrac{x}{2} = \arctan t$ se tiene $dx = \dfrac{2\, dt}{1+t^2}$. Por ejemplo, resolvamos $\displaystyle\int \dfrac{1+\operatorname{sen} x}{1+\cos^2 x}\, dx$.

$$\int \frac{1+\operatorname{sen} x}{1+\cos^2 x}\, dx = \int \frac{1+\frac{2t}{1+t^2}}{1+\left(\frac{1-t^2}{1+t^2}\right)^2}\frac{2}{1+t^2}\, dt = 2\int \frac{1+\frac{2t}{1+t^2}}{1+t^2+\frac{(1-t^2)^2}{1+t^2}}\, dt$$

$$= 2\int \frac{t^2+2t+1}{(1+t^2)^2+(1-t^2)^2}\, dt = 2\int \frac{t^2+2t+1}{2t^4+2}\, dt = \int \frac{t^2+2t+1}{t^4+1}\, dt$$

Nosotros estudiaremos tres casos particulares donde el integrando son funciones $R(\operatorname{sen} x, \cos x)$ que se pueden resolver con cambios que resultan más sencillos de aplicación y que también conducen a funciones racionales:

(a) Si $R(-\operatorname{sen} x, \cos x) = -R(\operatorname{sen} x, \cos x)$ se dice que el integrando es impar en $\operatorname{sen} x$, y la integral puede *resolverse* con el cambio $\cos x = t$. Con ello se tiene $\operatorname{sen} x = \sqrt{1-t^2}$, $x = \arccos t$ y $dx = -\dfrac{1}{\sqrt{1-t^2}}\, dt$.

(b) Si $R(\operatorname{sen} x, -\cos x) = -R(\operatorname{sen} x, \cos x)$ se dice que el integrando es impar en $\cos x$, y la integral puede *resolverse* con el cambio $\operatorname{sen} x = t$. Con ello se tiene $\cos x = \sqrt{1-t^2}$, $x = \operatorname{arcsen} t$ y $dx = \dfrac{1}{\sqrt{1-t^2}}\, dt$.

(c) Si $R(-\operatorname{sen} x, -\cos x) = R(\operatorname{sen} x, \cos x)$ se hace el cambio $\tan x = t$. Con ello se verifica quee $x = \arctan t$, $dx = \dfrac{1}{1+t^2}\, dt$, $\operatorname{sen} x = \dfrac{t}{\sqrt{1+t^2}}$, $\cos x = \dfrac{1}{\sqrt{1+t^2}}$.

11.3.11   Ejemplo

La función racional $\dfrac{\operatorname{sen} x}{1 + \cos^2 x}$ es evidentemente impar en $\operatorname{sen} x$. Por tanto, para hallar $\displaystyle\int \dfrac{\operatorname{sen} x}{1 + \cos^2 x}\, dx$ haremos el cambio $\cos x = t$, y observamos que $-\operatorname{sen} x\, dx = dt$, por lo que la integral inicial resulta $-\displaystyle\int \dfrac{dt}{1 + t^2} = -\arctan t + C = -\arctan(\cos x) + C$, después de *deshacer* el cambio.

11.4   EJERCICIOS

Resolver por partes los Ejercicios 11.1-11.5.

11.1 (a) $\displaystyle\int xe^x\, dx$ (b) $\displaystyle\int x\cos(2x)\, dx$

Solución:

(a) Sea $u = x$, $dv = e^x\, dx$. Por tanto $du = dx$, $v = \displaystyle\int e^x\, dx = e^x$. Entonces

$$\int xe^x\, dx = xe^x - \int e^x\, dx = xe^x - e^x + C$$

(b) Sea $u = x$, $dv = \cos(2x)\, dx$. Así $du = dx$, $v = \displaystyle\int \cos(2x)\, dx = \dfrac{1}{2}\operatorname{sen}(2x)$. Entonces

$$\int x\cos(2x)\, dx = x\frac{1}{2}\operatorname{sen}(2x) - \frac{1}{2}\int \operatorname{sen}(2x)\, dx = \frac{1}{2}x\operatorname{sen}(2x) + \frac{1}{4}\cos(2x) + C$$

11.2 (a) $\displaystyle\int x\sqrt{1+x}\, dx$ (b) $\displaystyle\int (2x+2)\ln(2x+4)\, dx$

Solución:

(a) Sea $u = x$, $dv = \sqrt{1+x}\, dx$. Entonces $du = dx$ y $v = \displaystyle\int \sqrt{1+x}\, dx = \int (1+x)^{\frac{1}{2}}\, dx = \dfrac{2}{3}(1+x)^{\frac{3}{2}}$. Por tanto,

$$\int x\sqrt{1+x}\, dx = x\frac{2}{3}(1+x)^{\frac{3}{2}} - \frac{2}{3}\int (1+x)^{\frac{3}{2}}\, dx = \frac{2}{3}x(1+x)^{\frac{3}{2}} - \frac{2}{3}\frac{2}{5}(1+x)^{\frac{5}{2}} + C$$

(b) Sea $u = \ln(2x+4)$ y $dv = (2x+2)\, dx$. Entonces $du = \dfrac{2\, dx}{2x+4} = \dfrac{1\, dx}{x+2}$ y $v = \displaystyle\int (2x+2)\, dx = x^2 + 2x$. Por tanto,

$$\int (2x+2)\ln(2x+4)\, dx = (x^2+2x)\ln(2x+4) - \int (x^2+2x)\frac{1}{x+2}\, dx$$
$$= (x^2+2x)\ln(2x+4) - \int x\, dx = (x^2+2x)\ln(2x+4) - \frac{x^2}{2} + C$$

11.3 (a) $\displaystyle\int x^2 e^x\,dx$ (b) Dar una expresión recurrente para $I_n = \displaystyle\int x^n e^x\,dx$,

$n \in \mathbb{N}^*$ (asumimos la existencia de $I_0 = \displaystyle\int e^x\,dx = e^x + C$). Obtener (a) como caso particular.

Solución:

(a) Sea $u = x^2$ y $dv = e^x\,dx$. Entonces $du = 2x\,dx$, $v = \displaystyle\int e^x\,dx = e^x$. Entonces,

$$\int x^2 e^x\,dx = x^2 e^x - 2\int x e^x\,dx = x^2 e^x - 2(x e^x - e^x) + C',$$

aplicando (a) del Ejercicio 11.1. Así pues $\displaystyle\int x^2 e^x\,dx = e^x(x^2 - 2x + 2) + C$

(b) Sea $u = x^n$ y $dv = e^x\,dx$. Entonces $du = nx^{n-1}\,dx$ y $v = \displaystyle\int e^x\,dx = e^x$. Por tanto, podemos escribir la expresión recurrente

$$I_n = x^n e^x - n\int x^{n-1} e^x\,dx = x^n e^x - n I_{n-1}$$

En particular,

$$\begin{aligned}
I_2 &= \int x^2 e^x\,dx = x^2 e^x - 2I_1 = x^2 e^x - 2(x e^x - I_0) \\
&= x^2 e^x - 2(x e^x - \int e^x\,dx) = x^2 e^x - 2x e^x + 2e^x = e^x(x^2 - 2x + 2) + C
\end{aligned}$$

11.4 (a) $\displaystyle\int \ln x\,dx$ (b) $\displaystyle\int \arctan x\,dx$

Solución:

(a) Sea $u = \ln x$ y $dv = dx$. Entonces, $du = \frac{1}{x}\,dx$ y $v = x$. Por tanto,

$$\int \ln x\,dx = x \ln x - \int x\frac{1}{x}\,dx = x \ln x - \int dx = x \ln x - x + C$$

(b) Sea $u = \arctan x$ y $dv = dx$. Entonces, $du = \frac{1}{1+x^2}\,dx$ y $v = x$. Por tanto,

$$\int \arctan x\,dx = x \arctan x - \int x\frac{1}{1+x^2}\,dx = x \arctan x - \frac{1}{2}\ln|1 + x^2| + C$$

11.5 (a) $\displaystyle\int e^x \operatorname{sen} x\,dx$ (b) $\displaystyle\int \operatorname{sen}^2 x\,dx$

Solución:

(a) Sea $u = e^x$ y $dv = \displaystyle\int \operatorname{sen} x\,dx$. Se tiene que $du = e^x\,dx$ y $v = \displaystyle\int \operatorname{sen} x\,dx = -\cos x$. Por tanto, $\displaystyle\int x \operatorname{sen} x\,dx = -e^x \cos x + \int e^x \cos x\,dx$.

Para resolver la última integral procedemos de nuevo "por partes" teniendo especial cuidado en que el factor e^x mantenga su original denominación, es decir hacemos $u = e^x$ y $dv = \cos x\,dx$. Por tanto, $du = e^x\,dx$ y $v = \displaystyle\int \cos x\,dx = \operatorname{sen} x$. Así pues,

$$\begin{aligned}
\int e^x \operatorname{sen} x\,dx &= -e^x \cos x + (e^x \operatorname{sen} x - \int e^x \operatorname{sen} x\,dx) \\
&= -e^x \cos x + e^x \operatorname{sen} x - \int e^x \operatorname{sen} x\,dx.
\end{aligned}$$

En consecuencia, $2 \int e^x \operatorname{sen} x \, dx = -e^x \cos x + e^x \operatorname{sen} x + C$, es decir,

$$\int e^x \operatorname{sen} x \, dx = \frac{e^x}{2}(-\cos x + \operatorname{sen} x) + C.$$

(b) Escribamos la integral en la forma $\int \operatorname{sen} x \operatorname{sen} x \, dx$. Se toma $u = \operatorname{sen} x$ y $dv = \operatorname{sen} x \, dx$. Entonces, $du = \cos x \, dx$, y $v = \int \operatorname{sen} x \, dx = -\cos x$. Por tanto,

$$\int \operatorname{sen}^2 x \, dx = -\operatorname{sen} x \cos x + \int \cos x \cos x \, dx = \operatorname{sen} x \cos x + \int (1 - \operatorname{sen}^2 x) \, dx$$

$$= -\operatorname{sen} x \cos x + x - \int \operatorname{sen}^2 x \, dx$$

Así pues, $2 \int \operatorname{sen}^2 x \, dx = -\operatorname{sen} x \cos x + C$. En consecuencia,

$$\int \operatorname{sen}^2 x \, dx = -\frac{1}{2} \operatorname{sen} x \cos x + \frac{x}{2} = -\frac{1}{4} \operatorname{sen} 2x + \frac{x}{2} + C.$$

(Nota: Esta integral fue resuelta en el Ejercicio 10.25)

Resolver por descomposición en fracciones los Ejercicios 11.6-11.11.

11.6 $\int \dfrac{dx}{x^2 - x} \, dx$

Solución:
El integrando es una fracción propia no simplificable. Como $x^2 - x = x(x-1)$, las raíces, simples, de $x^2 - x = 0$ son $x = 0$ y $x = 1$. La descomposición en fracciones simples es

$$\frac{1}{x^2 - x} = \frac{A_1}{x} + \frac{A_2}{x - 1}$$

Por tanto,

$$\frac{1}{x^2 - x} = \frac{A_1(x-1) + A_2 x}{x(x-1)}.$$

Así pues, $1 = A_1(x-1) + A_2 x$

Hallaremos los coeficientes A_1, A_2 dando a x los valores de las raíces. Para $x = 0$ se tiene que $1 = -A_1$ y para $x = 1$, se tiene $1 = A_2$. Por lo tanto, $A_1 = -1$ y $A_2 = 1$, con lo que se tiene

$$\int \frac{dx}{x^2 - x} \, dx = \int \left(-\frac{1}{x} + \frac{1}{x-1}\right) dx == -\ln|x| + \ln|x - 1| + \ln C = \ln \left| \frac{C(x-1)}{x} \right|.$$

11.7 (a) $\int \dfrac{x + 2}{x^2 - x - 2} \, dx$ (b) $\int \dfrac{2x^3}{2x^3 - 2x^2 - 4x} \, dx$

Solución:
(a) El radicando es una fracción propia. Las raíces de $x^2 - x - 2 = 0$ son $x = 2$, $x = -1$ y, por tanto (ver apartado (i) del Ejercicio 2.10), $x^2 - x - 2 = (x-2)(x+1)$. En consecuencia, el radicando no se puede simplificar. Según (a) de la Sección 11.2.1 se tiene

$$\frac{x + 2}{x^2 - x - 2} = \frac{A_1}{x - 2} + \frac{A_2}{x + 1} = \frac{A_1(x+1) + A_2(x-2)}{(x-2)(x+1)}.$$

En consecuencia,

$$x + 2 = A_1(x+1) + A_2(x-2)$$

Para hallar A_1, A_2 damos a x los valores de las raíces $x = 2$ y $x = -1$:

Para $x = 2$ se tiene que $4 = 3A_1$ y para $x = -1$ se tiene que $1 = -3A_2$. Obviamente la solución es $A_1 = \dfrac{4}{3}$ y $A_2 = -\dfrac{1}{3}$. Por tanto,

$$\int \frac{x+2}{x^2-x-2}\,dx \;=\; \int \left(\frac{\frac{4}{3}}{x-2} + \frac{\frac{-1}{3}}{x+1} \right)\,dx$$

$$= \tfrac{4}{3}\ln|x-2| - \tfrac{1}{3}\ln|x+1| + \ln C = \ln \frac{|x-2|^{\frac{4}{3}} C}{|x+1|^{\frac{1}{3}}}$$

(b) El integrando es simplificable pues

$$\frac{2x^3}{2x^3 - 2x^2 - 4x} = \frac{2x^3}{2x(x^2-x-2)} = \frac{x^2}{x^2-x-2}$$

Como la última fracción no es propia podemos hacer el cociente:

$$\frac{x^2}{x^2-x-2} = 1 + \frac{x+2}{x^2-x-2}.$$

Por tanto,

$$\int \frac{2x^3}{2^3 - 2x^2 - 4x}\,dx \;=\; \int \frac{x^2}{x^2-x-2}\,dx = \int \left(1 + \frac{x+2}{x^2-x-2} \right)\,dx$$

$$= x + \ln \frac{|x+2|^{\frac{4}{3}}\cdot C}{|x+1|^{\frac{1}{3}}}, \quad \text{según el apartado (a).}$$

11.8 $\displaystyle \int \frac{x}{(x+3)^3}\,dx$

Solución:

El integrando es fracción propia y no simplificable. La única raíz del denominador es $x = 3$, triple. Según (b) de la Sección 11.2.1 tenemos

$$\frac{x}{(x+3)^3} = \frac{B_1}{x+3} + \frac{B_2}{(x+3)^2} + \frac{B_3}{(x+3)^3}.$$

Sabiendo que MCM$(x+3,(x+3)^2,(x+3)^3)=(x+3)^3$, hacemos la suma de fracciones. Se tiene

$$\frac{x}{(x+3)^3} = \frac{B_1(x+3)^2 + B_2(x+3) + B_3}{(x+3)^3}.$$

Así pues,

$$x = B_1(x+3)^2 + B_2(x+3) + B_3 = B_1(x^2+9+6x) + B_2(x+3) + B_3,$$

es decir,

$$x = B_1 x^2 + (6B_1 + B_2)X + 9B_1 + 3B_2 + B_3.$$

Por identificación de coeficientes en x^2, x y término independiente, sucesivamente, llegamos al sistema

$$\begin{cases} 0 &=& B_1 \\ 1 &=& 6B_1 + B_2 \\ 0 &=& 9B_1 + 3B_2 + B_3 \end{cases}$$

cuya solución es $B_1 = 0$, $B_2 = 1$, $B_3 = -3$. Se tiene entonces

$$\int \frac{x}{(x+3)^3}\, dx = \int \left(\frac{1}{(x+3)^2} - \frac{3}{(x+3)^3} \right)\, dx =$$
$$= -(x+3)^{-1} + \tfrac{3}{2}(x+3)^{-2} + C$$

11.9 $\displaystyle\int \frac{dx}{x^2(x-3)(x^2+1)}$

Solución:

El integrando es una fracción propia y simplificada. Además, por simple inspección, las raíces del denominador son $x = 0$ doble, $x = 1$, y $x^2 + 1 = 0$ no tiene raíces reales. Según la Sección 11.2.1 se tiene

$$\frac{1}{x^2(x-1)(x^2+1)} = \frac{A_1}{x+1} + \frac{B_1}{x} + \frac{B_2}{x^2} + \frac{Cx+D}{x^2+1}.$$

Por tanto, como MCM $(x-1, x, x^2, x^2+1)=(x-1)x^2(x^2+1)$, se tiene

$$\frac{1}{x^2(x-1)(x^2+1)} =$$
$$\frac{A_1 x^2(x^2+1) + B_1(x-1)x(x^2+1) + B_2(x-1)(x^2+1) + (Cx+D)(x-1)x^2}{x^2(x-1)(x^2+1)}$$

En consecuencia, tras un proceso laborioso, se tiene

$$1 = (A_1+B_1+C)x^4+(-B_1+B_2+D-C)x^3+(A_1+B_1-B_2-D)x^2+(B_2-B_1)x-B_2$$

Por identificación de coeficientes se obtiene el sistema

$$\begin{cases} 0 &=& A_1 + B_1 + C \\ 0 &=& -B_1 + B_2 + D - C \\ 0 &=& A_1 + B_1 - B_2 - D \\ 0 &=& B_2 - B_1 \\ 1 &=& -B_2 \end{cases}$$

Teniendo en cuenta las dos últimas ecuaciones se deduce $B_1 = B_2 = -1$; además

$$\begin{cases} 1 &=& A_1 + C \\ 0 &=& D - C \\ 0 &=& A_1 - D \end{cases}$$

Por tanto, $A_1 = D = C$, y en consecuencia, de la primera ecuación de este último sistema se tiene $C = \frac{1}{2}$. Así pues, $D = \frac{1}{2}$, $A_1 = \frac{1}{2}$. Por tanto,

$$\int \frac{dx}{x^2(x-3)(x^2+1)} = \int \left(\frac{\frac{1}{2}}{x-1} - \frac{1}{x} - \frac{1}{x^2} + \frac{1}{2}\frac{x+1}{x^2+1} \right)\, dx$$
$$= \frac{1}{2}\int \frac{1}{x-1}\, dx - \int \frac{1}{x}\, dx - \int \frac{1}{x^2}\, dx + \frac{1}{2}\int \frac{x}{x^2+1}\, dx + \frac{1}{2}\int \frac{1}{x^2+1}\, dx$$
$$= \frac{1}{2}\int \frac{1}{x-1}\, dx - \int \frac{1}{x}\, dx - \int x^{-2}\, dx + \frac{1}{4}\int \frac{2x}{x^2+1}\, dx + \frac{1}{2}\int \frac{1}{x^2+1}\, dx$$
$$= \frac{1}{2}\ln|x-1| - \ln|x| + x^{-1} + \frac{1}{2}\ln(x^2+1) + \frac{1}{2}\arctan(x^2+1) + C$$

11.10 $\displaystyle\int \frac{x^2-1}{x^3-x}\,dx$

Solución:

Hacemos una breve resolución que el lector debería evitar, según la Nota de abajo. El integrando es una fracción propia. Aplicamos la resolución de la Sección 11.2.1. Como $x^3 - x = x(x^2-1)$, las raíces de $x^2 - x = 0$ son $x = 0$, $x = 1$ y $x = -1$. La *descomposición* es

$$\frac{x^2-1}{x^3-x} = \frac{A_1}{x} + \frac{A_2}{x-1} + \frac{A_3}{x+1},$$

lo que conduce a

$$x^2 - 1 = A_1(x-1)(x+1) + A_2 x(x+1) + A_3 x(x-1).$$

Dando a x los valores de las raíces 0, 1 y -1, se llega a $A_1 = 1$, $A_2 = A_3 = 0$. Así pues,

$$\int \frac{x^2+1}{x^3-x}\,dx = \int \frac{dx}{x}\,dx = \ln|x| + C$$

(**Nota:** La integral del enunciado es inmediata. En efecto: se tiene la simplificación $\dfrac{x^2-1}{x^3-x} = \dfrac{(x+1)(x-1)}{x(x-1)(x+1)} = \dfrac{1}{x}$)

11.11 Calcula la integral $I = \displaystyle\int \frac{2x^3+8x+4}{(x^2-1)(x^2+2x+4)}\,dx$

Solución:

Por simple inspección sabemos que $x = 1$ y $x = -1$ son raíces del denominador. Por otra parte, $x^2 + 2x + 4$ no tiene raíces reales, por tanto la descomposición en fracciones simples es:

$$\frac{2x^3+8x+4}{(x^2-1)(x^2+2x+4)} = \frac{A}{x-1} + \frac{B}{x+1} + \frac{Cx+D}{x^2+2x+4}$$

Se realiza la suma del segundo miembro de la igualdad anterior e igualando numeradores se obtiene

$$2x^3 + 8x + 4 = A(x+1)(x^2+2x+4) + B(x-1)(x^2+2x+4) + (x-1)(x+1)(Cx+D)$$

Para $x = 1$, se tiene que $14 = 2A \cdot 7$ con lo que $A = 1$. Para $x = -1$, se obtiene $-6 = -2B(1-2+4)$, con lo que $B = 1$. Para $x = 0$, (o igualando los términos independientes) se obtiene que $4 = 4A - 4B - D$, es decir, $D = 4A - 4B - 4 = 4 - 4 - 4 = -4$. Igualando los coeficientes de x^3: $2 = A + B + C$, es decir, $C = 2 - (A + B) = 2 - (2) = 0$. Por tanto, y teniendo en cuenta el resultado del Ejercicio 10.22,

$$\begin{aligned} I &= \int \left(\frac{1}{x-1} + \frac{1}{x+1} - \frac{4}{x^2+2x+4} \right) dx \\ &= \int \frac{1}{x-1}\,dx + \int \frac{1}{x+1}\,dx - 4\int \frac{dx}{x^2+2x+4} \\ &= \ln|x^2-1| - \frac{4}{3}\arctan\left(\frac{x+1}{\sqrt{3}}\right) + C \end{aligned}$$

Realizar las integrales, 11.12-11.15, por cambio de variable.

11.12 $\displaystyle\int 2x\,(x^2+1)^2\,dx$

Solución:

Hacemos el cambio $x^2+1=t$, y se tiene $2x\,dx=dt$. Así pues

$$\int 2x\,(x^2+1)^2\,dx = \int t^2\,dt = \frac{t^3}{3}+C = \frac{(x^2+1)^3}{3}+C$$

(Esta integral es casi inmediata y se resolvió en (ii) del Ejercicio 10.3).

11.13 $\displaystyle\int x\,\sqrt{x+1}\,dx$

Solución:

Para evitarnos el radical hacemos el cambio $\sqrt{x+1}=t$. Por tanto $x+1=t^2$, es decir $x=t^2-1$, y así $dx=2t\,dt$. Por tanto,

$$\int x\sqrt{x+1}\,dx \;=\; \int (t^2-1)\cdot t\cdot 2t\,dt = 2\int t^2(t^2-1)\,dt$$
$$= 2\int (t^4-t^2)\,dt = 2\left(\frac{t^5}{5}-\frac{t^3}{3}\right)+C.$$

Desaciendo el cambio se tiene:

$$\int x\sqrt{x+1}\,dx = 2\left(\frac{(x+1)^{\frac{5}{2}}}{5}-\frac{(x+1)^{\frac{3}{2}}}{3}-\right)+C$$

11.14 $\displaystyle\int \frac{dx}{\sqrt{x-1}\,\sqrt[4]{x-1}}$

Solución:

Como 4=MCM(2,4), entonces el cambio que se sugiere es $\sqrt[4]{x-1}=t$, es decir, $x-1=t^4$ y por tanto, $x=t^4+1$, así, $dx=4t^3\,dt$. Entonces

$$\int \frac{dx}{\sqrt{x-1}\,\sqrt[4]{x-1}} \;=\; \int \frac{4t^3}{t^2+t}\,dt = 4\int \frac{t^2}{t+1}\,dt =$$
$$= 4\int \left(t-1+\frac{1}{t+1}\right)\,dt = 4\left(\frac{t^2}{2}-t+\ln|t+1|\right)+C$$

Deshaciendo el cambio se tiene:

$$\int \frac{dx}{\sqrt{x-1}\,\sqrt[4]{x-1}} = 4\left(\frac{\sqrt{x-1}}{2}-\sqrt[4]{x-1}+\ln|\sqrt[4]{x-1}+1|\right)+C$$

11.15 $\displaystyle\int \frac{dx}{\operatorname{sen}x\cdot\cos x}$

Solución:

En la terminología de la Sección 11.3.10, el integrando es impar en $\operatorname{sen}x$, impar en $\cos x$, y además $R(-\operatorname{sen}x,-\cos x)=R(\operatorname{sen}x,\cos x)$. Elegimos, en atención a este último hecho, el cambio de variable $\tan x=t$. Se tiene entonces

$$\int \frac{dx}{\operatorname{sen}x\cdot\cos x} = \int \frac{\sqrt{1+t^2}}{t}\cdot\sqrt{1+t^2}\cdot\frac{1}{1+t^2}\,dt = \int \frac{dt}{t} = \ln|t|+C$$

Deshaciendo el cambio se tiene

$$\int \frac{dx}{\operatorname{sen}x\cdot\cos x} = \ln|\tan x|+C$$

(Se sugiere al lector que resuelva la integral con el cambio $\cos x=t$, o $\operatorname{sen}x=t$)

Capítulo 12

LA INTEGRAL DEFINIDA

En este capítulo se introduce el concepto de integral definida de Riemann. Usaremos la integral definida para el cálculo de áreas y longitudes de curvas en el plano, y cálculo de volúmenes de revolución. No obstante, su uso se extiende al cálculo de áreas de superficies en el espacio, centros de gravedad, trabajo producido por una fuerza variable, sumas de series infinitas, y un largo etc.

12.1   LA INTEGRAL DEFINIDA DE RIEMANN

12.1.1   Partición de un intervalo

Una **partición** del intervalo $[a, b]$ es un conjunto finito ordenado de puntos $P = \{x_0, x_1, x_2, \ldots, x_n\}$ de manera que $x_0 = a < x_1 < x_2 < \cdots < x_n = b$. La **norma** de P, denotada $||P||$, es la longitud del intervalo más grande, es decir $||P|| = \max\{x_i - x_{i-1} : i = 1, 2, \ldots, n\}$. Se dice que la partición P' es más fina que P si $P \subset P'$; obsérvese que, en tal caso, $||P'|| \leq ||P||$.

12.1.2   Sumas de Riemann

Sea f una función acotada en el intervalo cerrado $[a, b]$. Se denomina **suma inferior de Riemann** de la función f, para la partición P del intervalo $[a, b]$, al valor

$$s(f, P) = \sum_{k=1}^{n} m_k \cdot (x_k - x_{k-1}),$$

donde $m_k = \inf\{f(x) : x \in [x_{k-1}, x_k]\}$.

Se denomina **suma superior de Riemann** de la función f, para la partición P del intervalo $[a, b]$, al valor

$$S(f,P) = \sum_{k=1}^{n} M_k \cdot (x_k - x_{k-1}),$$

donde $M_k = \sup\{f(x) : x \in [x_{k-1}, x_k]\}$.

Obsérvese que si f es continua en $[a,b]$ entonces el ínfimo m_k y el supremo M_k son el mínimo y el máximo, respectivamente, que toma la función f en el intervalo $[x_{k-1}, x_k]$.

12.1.3   Interpretación geométrica de las sumas de Riemann

Imaginemos una función f continua y positiva en $[a,b]$ cuya gráfica se muestra en la Figura 12.1.

La suma inferior de Riemann $s(f,P)$ mide el área de los rectángulos de debajo de la gráfica de f y por encima del eje OX, cuyas bases son los subintervalos $[x_{k-1}, x_k]$ de la partición P y que tienen como altura el valor m_k, respectivamente. Véase Figura 12.1, parte izquierda.

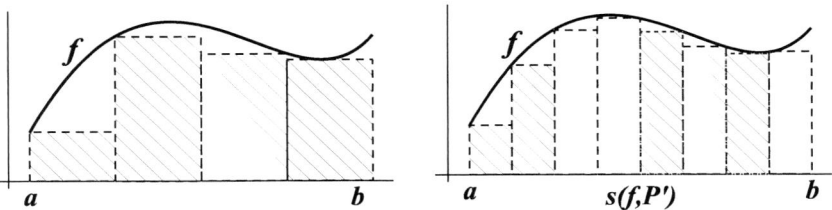

Figura 12.1: Suma inferior de Riemann de f para P (izda.) y P' (dcha.).

Supongamos que tenemos otra partición P' de f de manera que $P \subset P'$. Dado que $\inf\{f(x) : x \in [p,q]\} \geq \inf\{f(x) : x \in [r,s]\}$, cuando $[p,q] \subset [r,s]$, entonces las sumas inferiores de Riemann para P y P' verifican

$$s(f,P') \geq s(f,P).$$

Por lo tanto, el área de los rectángulos para la partición P', que corresponde a la suma inferior de Riemann para P', se acerca (por debajo de f), más al área que limita la curva (que define f), con el eje OX, que el área correspondiente a P. Véase la Figura 12.1, parte derecha.

Por otra parte, la suma superior de Riemann $S(f,P)$ representa el área de los rectángulos de encima de la gráfica de f, cuyas bases, sobre el eje OX, son los subintervalos $[x_{k-1}, x_k]$ de la partición P y que tienen como altura el valor M_k, respectivamente. Véase la parte izquierda de la Figura 12.2.

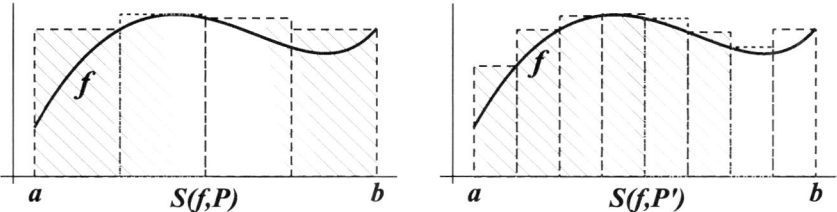

Figura 12.2: Suma superior de Riemann de f para P (izda.) y P' (dcha.).

De nuevo, supongamos que tenemos otra partición P' de f de manera que $P \subset P'$. Dado que $\sup\{f(x) : x \in [p,q]\} \leq \sup\{f(x) : x \in [r,s]\}$, cuando $[p,q] \subset [r,s]$, entonces las sumas superiores de Riemann para P y P' verifican

$$S(f, P') \leq S(f, P).$$

Por lo tanto, el área de los rectángulos para la partición P', que corresponde a la suma superior de Riemann para P', se acerca (por encima), más al área que limita la curva (que define f), con el eje OX, que el área de los rectángulos correspondiente a P. Véase la parte derecha de la Figura 12.2.

12.1.4 La integral inferior de Riemann

Sea f una función acotada en $[a,b]$ y consideremos una sucesión P_n de particiones del intervalo $[a,b]$ de manera que $P_n \subset P_{n+1}$ y que $||P_n||$ tiende a cero, cuando n tiende a infinito. Entonces las sumas inferiores de Riemann $s_n(f, P_n)$ satisfacen

$$s_1 \leq s_2 \leq s_3 \leq \cdots \leq s_n \leq \cdots$$

Dado que f está acotada en $[a,b]$, la sucesión de números reales $\{s_n\}$ está acotada superiormente y en consecuencia, por la Nota 7.1.7, existe $\lim_{n\to\infty} s_n$ que se conoce como **integral inferior de Riemann** de la función f, y se escribe

$$\lim_{n\to\infty} s_n = \underline{\int_a^b} f(x)\, dx.$$

12.1.5 La integral superior de Riemann

Siguiendo con las condiciones y terminología de la sección anterior, las sumas superiores de Riemann $S(f, P_n)$ satisfacen

$$S_1 \geq S_2 \geq S_3 \geq \cdots \geq S_n \geq \cdots$$

y por tratarse de una sucesión decreciente y acotada inferiormente, por la Nota 7.1.7, existe $\lim_{n\to\infty} S_n$ que se conoce como **integral superior de Riemann** de f, y se escribe

$$\lim_{n\to\infty} S_n = \int_a^{\overline{b}} f(x)\,dx.$$

Obsérvese que las sumas superiores e inferiores de Riemann satisfacen

$$s_1 \le s_2 \le \cdots \le s_n \le \int_{\underline{a}}^b f(x)\,dx \le \int_a^{\overline{b}} f(x)\,dx \le S_n \le S_{n-1} \le \cdots \le S_1.$$

12.1.6   Función integrable Riemann

Si f es una función acotada en $[a,b]$, se dice que f es integrable Riemann si $\lim_{n\to\infty} s_n = \lim_{n\to\infty} S_n$ y en tal caso, a este valor común, se le denota en la forma $\int_a^b f(x)\,dx$, y se denomina **integral definida**, y con mayor propiedad **integral de Riemann**, de f en $[a,b]$.

La variable x es "muda", y se puede substituir por cualquier letra. Se dice que f es el **integrando** y que a y b son los **límites de integración**. En el caso que denotemos $y = f(x)$, se puede utilizar la notación abreviada $\int_a^b y\,dx$. En este caso, dx denota que x es la variable de integración.

Una suma de la forma $S(P,f) = \sum_{k=1}^n f(\alpha_k) \cdot (x_k - x_{k-1})$, donde α_k es un punto del intervalo $[x_{k-1}, x_k]$, se llama **suma de Riemann**. Del hecho de que $m_k \le f(x) \le M_k$, para cualquier $x \in [x_{k-1}, x_k]$, se puede concluir la siguiente caracterización:

La función acotada f es **integrable Riemann** si, y sólo si para cualquiera que sea $\alpha_k \in [x_{k-1}, x_k]$, existe el siguiente límite

$$\lim_{\|P_n\|\to 0} \sum_{k=1}^n f(\alpha_k) \cdot (x_k - x_{k-1}) \tag{12.1}$$

que, obviamente, es $\int_a^b f(x)\,dx$

Existen (lo que se demuestra en cursos superiores de Cálculo) dos amplias clases de funciones, acotadas en $[a,b]$, que son integrables Riemann: las funciones continuas salvo a lo sumo en un número finito de puntos, y las funciones monótonas.

12.1.7   Interpretación geométrica: integral definida y área (definición formal)

El lenguaje que utilizaremos, como suele ser usual en los problemas geométricos es, en ocasiones, intuitivo. Esta relajación de la literatura, sin faltar al rigor, se pondrá de manifiesto en la Sección de Ejercicios. En particular, al hablar de área habría que referirse al área de una superficie, pero es usual hablar de área como sinónimo de superficie.

Observemos la curva que define la función continua f en $[a, b]$ de la Figura 12.3. Si deseamos conocer el área de la superficie de debajo de la curva, o con más precisión, de la superficie comprendida entre la gráfica de f, las ordenadas $x = a$ y $x = b$, y el eje OX, como se muestra en la figura, nuestra intuición geométrica nos dice que las sumas superiores de Riemann son al menos, tan grandes como el área a determinar, mientras que las sumas inferiores no pueden exceder a dicha área. En el límite, cuando $||P_n||$ tiende a cero, como f es integrable Riemann, ambas coinciden y recíprocamente. Obviamente, en tal caso, la integral definida de f en $[a, b]$ se corresponde con el área, y su resultado expresa unidades cuadradas que denotaremos u^2.

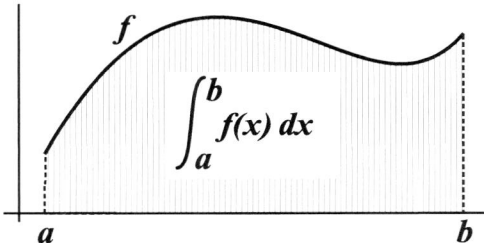

Figura 12.3: La integral definida mide el área rayada.

La integral definida no se corresponde siempre con un área, sin embargo, el conocimiento de un área nos puede ser útil para el cálculo de la integral definida.

12.1.8 Ejemplo

Observando el área de la Figura 12.4 (triángulo) se tiene que $\int_0^2 x \, dx = 2$.

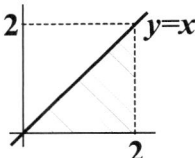

Figura 12.4: Cálculo de una integral por su relación con el área de una figura.

12.1.9   Propiedades de las funciones integrables Riemann

Si f y g son integrables Riemann en $[a, b]$, α y β son números reales y si c es un punto de $]a, b[$, entonces se verifican las siguientes propiedades, que no demostramos:

(a) Linealidad:

$$\int_a^b (f(x) + g(x))\, dx = \int_a^b f(x)\, dx + \int_a^b g(x)\, dx$$

Si k es un número real, entonces $\int_a^b k\,(f(x))\ dx = k \int_a^b f(x)\, dx$.

(b) Propiedad del punto intermedio:

$$\int_a^b f(x)\, dx = \int_a^c f(x)\, dx + \int_c^b f(x)\, dx \text{ para cualquier } c \in [a, b].$$

(c) Aunque no tenga sentido estricto el concepto de integral definida en un punto, resulta intuitivo, y es conveniente aceptar para simplificar argumentaciones, sin temor a incurrir en contradicciones, que

$$\int_a^a f(x)\, dx = 0.$$

(d) Se define $\int_b^a f(x)\, dx = - \int_a^b f(x)\, dx$.

Este convenio puede entenderse como que las sumas de Riemann se toman de derecha a izquierda con factores negativos de la forma $x_{k-1} - x_k$. Ello permite generalizar, sin incurrir en contradicción alguna, la propiedad (b) del punto intermedio, para cualquier c, no necesariamente en $[a, b]$. También, de este convenio se concluye el apartado (c) anterior.

Las siguientes dos propiedades resultan inmediatas de la definición de integral de Riemann.

(e) Si $f \leq g$ en $[a, b]$ entonces $\int_a^b f(x)\, dx \leq \int_a^b g(x)\, dx$.

(f) $\int_a^b k\, dx = k\,(b - a)$.

12.2 LA REGLA DE BARROW

12.2.1 Teorema del valor medio (en el cálculo integral)

Sea f una función continua en el intervalo $[a, b]$. Existe $\alpha \in [a. b]$ de manera que

$$\int_a^b f(x)\,dx = f(\alpha)\,(b - a).$$

Demostración: Sean m y M los valores mínimo y máximo, respectivamente, que alcanza f en $[a, b]$. Entonces por las propiedades (e) y (f) se tiene

$$\int_a^b m\,dx \le \int_a^b f(x)\,dx \le \int_a^b M\,dx$$

y, por tanto, $m\,(b-a) \le \displaystyle\int_a^b f(x)\,dx \le M\,(b-a)$, i.e., $m \le \frac{1}{b-a}\displaystyle\int_a^b f(x)\,dx \le M$ de lo que se concluye $\frac{1}{b-a}\displaystyle\int_a^b f(x)\,dx = f(\alpha)$, para algún $\alpha \in [a, b]$, dado que f toma todos los valores entre el mínimo y el máximo, en el intervalo $[a, b]$. Por tanto,

$$\int_a^b f(x)\,dx = f(\alpha)\,(b - a).$$

Nota. El teorema del valor medio admite la siguiente interpretación geométrica cuando f es positiva en $[a, b]$ y representable como la de la Figura 12.5: el área de *debajo* de la curva coincide con la de un rectángulo de base $[a, b]$ y altura $f(\alpha)$.

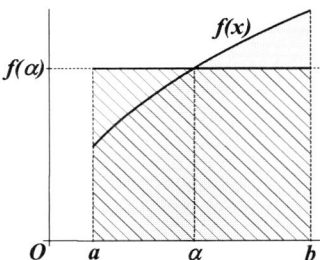

Figura 12.5: Interpretación geométrica del teorema del valor medio.

Al siguiente teorema también se le conoce como *teorema fundamental del cálculo integral*, porque pone de manifiesto que la integral indefinida y la derivación son *operaciones inversas*.

12.2.2 Teorema

Sea f una función continua en $[a, b]$. La función (integral indefinida) F definida por $F(x) = \displaystyle\int_a^x f(t)\,dt$ para $x \in [a, b]$ verifica que $F'(x) = f(x)$ para $x \in\,]a, b[$.

Demostración: Sea $x \in]a, b[$. Por la definición de F y por la propiedad (b) de la Sección 12.1.9 se tiene que para $a \le x + \Delta x \le b$,

$$\frac{F(x + \Delta x) - F(x)}{\Delta x} = \frac{1}{\Delta x} \left(\int_a^{x+\Delta x} f(t)\, dt - \int_a^x f(t)\, dt \right) = \frac{1}{\Delta x} \int_x^{x+\Delta x} f(t)\, dt.$$

Aplicando ahora el teorema de la media anterior y tomando límites cuando $\Delta x \to 0$ se tiene $F'(x) = \lim\limits_{\Delta x \to 0} \frac{F(x+\Delta x) - F(x)}{\Delta x} = \lim\limits_{\Delta x \to 0} f(\alpha)$, para $\alpha \in]x, x + \Delta x[$ y por continuidad de f, $F'(x) = f(x)$.

12.2.3   Teorema (Regla de Barrow)

Si f es continua en $[a, b]$ y $G(x)$ es una primitiva de $f(x)$ en $[a, b]$ entonces

$$\int_a^b f(x)\, dx = G(b) - G(a).$$

Demostración: Por el teorema anterior $F(x) = \int_a^x f(t)\, dt$ es una función primitiva de $f(x)$. Como $G(x)$ es también una primitiva de $f(x)$ entonces por el Teorema fundamental del cálculo integral, de la Sección 8.5.3, se tiene que $F(x) = G(x) + C$, donde C es una constante. Así,

$$F(x) = \int_a^x f(t)\, dt = G(x) + C. \tag{12.2}$$

Tomando $x = a$, por la propiedad (e) de la Sección 12.1.9, se tiene en la anterior ecuación $F(a) = \int_a^a f(t)\, dt = 0 = G(a) + C$, de lo que se concluye que $C = -G(a)$, de lo que se sigue, $F(b) = G(b) - G(a)$, i.e., $\int_a^b f(x)\, dx = G(b) - G(a)$.

Habitualmente, la última expresión se denota

$$\int_a^b f(x)\, dx = [G(x)]_a^b$$

y se conoce como **Regla de Barrow** (o de Newton-Barrow).

12.2.4   Ejemplo

Vamos a calcular $\int_1^2 x^2\, dx$.

Como una primitiva de x^2 es la función $\frac{x^3}{3}$, entonces por aplicación de la Regla de Barrow se tiene

$$\int_1^2 x^2\, dx = \left[\frac{x^3}{3} \right]_1^2 = \frac{1}{3}(2^3 - 1^3) = \frac{7}{3}.$$

12.2.5 Cambio de variable en una integral definida

Una integral definida se puede calcular mediante un cambio de variable, modificando los límites de integración, con las condiciones siguientes.

Supongamos que f es una función continua en $[a, b]$. Sea $x = g(t)$ donde $g(t)$ y $g'(t)$ son continuas en $[c, d]$ de modo que $g(c) = a$, y $g(d) = b$. Entonces, como $dx = g'(t)\,dt$, se tiene que

$$\int_a^b f(x)\,dx = \int_c^d f(g(t)) \cdot g'(t)\,dt.$$

12.2.6 Ejemplo

Calculemos $\int_0^3 x\sqrt{x+1}\,dx$ mediante un adecuado cambio de variable.

En el Ejercicio 11.13 encontramos una primitiva del integrando con el cambio de variable $x(t) = t^2 - 1$. Con ello, para $x = 0$ se tiene $t = 1$ y para $x = 3$ se tiene $t = 2$. Como $x'(t) = 2t$, entonces $x(t)$ y $x'(t)$ son continuas en $[1, 2]$ y podemos aplicar la sección anterior. Atendiendo al Ejercicio 11.13 y aplicando la Regla de Barrow se tiene

$$\int_0^3 x\sqrt{x+1}\,dx = 2\int_1^2 (t^4 - t^2)\,dt = 2\left[\frac{t^5}{5} - \frac{t^3}{3}\right]_1^2 =$$

$$= 2\left(\left(\frac{2^5}{5} - \frac{2^3}{3}\right) - \left(\frac{1}{5} - \frac{1}{3}\right)\right) = 2\left(\frac{56}{15} + \frac{2}{15}\right) = \frac{116}{15}$$

Otra manera de proceder consiste en deshacer el cambio de variable y mantener los límites de integración iniciales; entonces, según el Ejercicio 11.13 se tiene

$$\int_0^3 x\sqrt{x+1}\,dx = 2\left[\frac{(x+1)^5}{5} - \frac{(x+1)^3}{3}\right]_0^3 = \frac{116}{15}$$

12.3 APLICACIONES DE LA INTEGRAL DEFINIDA

12.3.1 Cálculo de áreas en el plano cartesiano

Una de las aplicaciones más interesantes de la integral definida es el cálculo de áreas. Vimos en la Sección 12.1.7 que si $y = f(x)$ es continua, no negativa e integrable Riemann en $[a, b]$, el área de la superficie de debajo de la curva comprendida entre el eje OX y las ordenadas $x = a$ y $x = b$, viene dada por

$$\int_a^b f(x)\,dx.$$

Por las propiedades dadas en la Sección 12.1.9 se puede obtener fácilmente las siguientes conclusiones:

- Si f nunca es positiva en $[a, b]$, entonces el valor $-\displaystyle\int_a^b f(x)\,dx$, o también $\left|\displaystyle\int_a^b f(x)\,dx\right|$ nos da, el área que "encierra" la gráfica de debajo de f con el OX.

- Si las gráficas de dos curvas $y_1 = f(x)$ e $y_2 = g(x)$ continuas, sólo se cortan en dos puntos, de abscisas, digamos a y b con $a < b$, entonces si $g \leq f$ (véase Figura 12.6), el área de la superficie encerrada por ambas gráficas viene dada por $\displaystyle\int_a^b (f(x) - g(x))\,dx$ que de manera abreviada también se denota

$$\int_a^b (y_1 - y_2)\,dx. \tag{12.3}$$

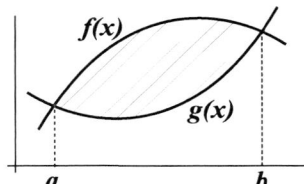

Figura 12.6: Área encerrada entre dos curvas.

En el caso de que desconozcamos la posición relativa de las gráficas de f y g, se puede calcular el área entre sus dos únicos puntos de corte, mediante la expresión

$$\left|\int_a^b (f(x) - g(x))\,dx\right|. \tag{12.4}$$

Esto es formalmente interesante, pero en la práctica puede obviarse pues el mismo resultado de la integral (positivo o negativo), nos dice cuál es la posición relativa de las curvas f y g.

En el caso de que las gráficas se corten en tres puntos consecutivos, de abcisas, digamos a, b, c, con $a < b < c$, entonces de manera general el área de la superficie que encierran las gráficas de f y g se puede calcular mediante la expresión

$$\left|\int_a^b (f(x) - g(x))\,dx\right| + \left|\int_b^c (f(x) - g(x))\,dx\right|. \tag{12.5}$$

Este proceso, por supuesto, se extiende para calcular el área encerrada entre dos curvas continuas en el intervalo $[a, b]$ con independencia de los puntos de cortes que haya mediante la siguiente integral,

$$\int_a^b \left| f(x) - g(x) \right| \, dx. \tag{12.6}$$

La expresión teórica (12.6) carece de interés en el cálculo manual.

12.3.2   Ejemplo

Sea la parábola que define la función $y_1 = f(x) = x^2 - 2x + 1$ y sea la recta que define la función $y_2 = g(x) = 2x + 1$. Vamos a hallar el área de la superficie (segmento parabólico), que encierra ambas funciones.

Para hallar los puntos de corte de ambas gráficas igualamos sus funciones $x^2 - 2x + 1 = 2x + 1$, lo que nos conduce a la ecuación $x^2 - 4x = 0$, cuyas raíces son $x = 0$, y $x = 4$, por lo que ambas gráficas se cortan en los puntos $A(0, 1)$ y $B(4, 9)$.

En la Figura 12.7 se ha representado a escala ambas gráficas, con sus puntos de corte, y el segmento parabólico correspondiente que define la parábola con el segmento AB.

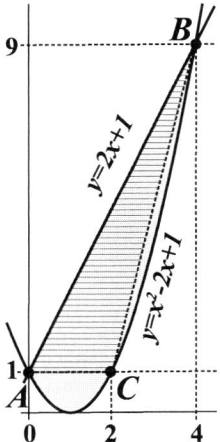

Figura 12.7: Área encerrada entre las curvas $y_1 = x^2 - 2x + 1$ e $y_2 = 2x + 1$.

Observando la figura, el área del segmento parabólico viene dado por la integral definida

$$\int_a^b (y_2 - y_1)\, dx = \int_0^4 \left(2x + 1 - (x^2 - 2x + 1)\right)\, dx$$

$$= \int_0^4 (-x^2 + 4x)\, dx = \left[\frac{-x^3}{3} + \frac{4x^2}{2}\right]_0^4 = \frac{32}{3}\, u^2.$$

Nota. Llamemos *triángulo inscrito* al segmento parabólico a aquel triángulo ABC cuyo tercer vértice C se encuentra sobre la parábola, en el punto medio de las abcisas de los puntos A y B (coincide con el punto donde la tangente geométrica a la parábola es paralela al segmento). Arquímedes demostró (cuadratura del segmento parabólico) que el área del segmento parabólico es $\frac{4}{3}$ el área de dicho triángulo inscrito a la parábola. En nuestro caso, C es el punto $C(2,1)$ y el área del triángulo inscrito vale: $\frac{\text{base}\cdot\text{altura}}{2} = \frac{2\cdot 8}{2} = 8\, u^2$, como puede verificar fácilmente el lector.

12.3.3   Longitud de un arco de curva dado en coordenadas cartesianas

Consideremos una función $y = f(x)$ definida en el intervalo $[a, b]$, que define una curva como la de la Figura 12.8, de la que deseamos calcular su longitud L.

Para una partición $a = x_0 < x_1 < x_2 < \cdots < x_n = b$ del intervalo $[a, b]$ se considera la poligonal $A_0, A_1, \ldots, A_n$ resultante al unir los puntos A_i, que son los puntos $(x_i, f(x_i))$ sobre la curva de f. Cuando se escoge una partición más fina, intuimos que la correspondiente poligonal tiene un perímetro mayor, a la vez que se acerca más a la curva.

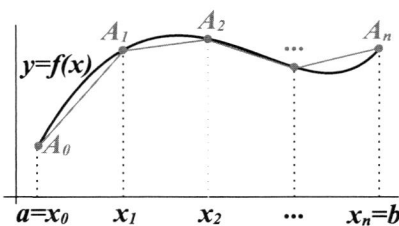

Figura 12.8: Cálculo de la longitud de un arco de curva.

Sea la sucesión de particiones P_n de $[a, b]$ de manera que $P_1 \subset P_2 \subset P_3 \subset \cdots \subset P_n \subset \cdots$ y de modo que la norma de la partición P_n tiende a cero cuando n tiende a infinito. Se define el perímetro $\{p_n\}$ de la partición P_n

como la longitud de la poligonal formada por los puntos $A_0 = (x_0, f(x_0)), \ldots,$ $A_n = (x_n, f(x_n))$ (ver Figura 12.8). La sucesión de poligonales que construiríamos como se ha indicado arriba, tendría una sucesión de perímetros $\{p_n\}$ verificando $p_1 < p_2 < \cdots < p_n < \cdots$ Si existe límite de la sucesión $\{p_n\}$ se dice que la curva definida por f es *rectificable* y a dicho límite se le llama **longitud del arco de curva** que define f en $[a, b]$. Si f es una función que posee derivada f' que es continua en $[a, b]$, entonces la longitud L de f. entre las abscisas a y b, viene dada por

$$L = \int_a^b \sqrt{1 + (f'(x))^2}\, dx \tag{12.7}$$

(o de manera abreviada por $L = \int_a^b \sqrt{1 + (y')^2}\, dx$).

Demostración: Para una partición P la longitud L_i del segmento $A_{i-1}A_i$ viene dada por $L_i = \sqrt{(\Delta x_i)^2 + (\Delta y_i^2)}$ donde $\Delta x_i = x_i - x_{i-1}$ y $\Delta y_i = f(x_i) - f(x_{i-1})$, por tanto,

$$L_i = \sqrt{1 + \frac{\Delta y_i}{(\delta x_i)^2}} \cdot \Delta x_i = \sqrt{1 + (f'(\alpha))^2}$$

para $\alpha \in]x_{i-1}, x_i[$, por aplicación del Teorema de Lagrange (Sección 8.5.1). En consecuencia,

$$\sum L_i = \sum \sqrt{1 + (f'(\alpha))^2} \cdot \Delta x_i.$$

Como f' es continua, entonces existe el límite del sumatorio anterior cuando la norma de la partición tiende a cero, que según la definición de integral definida (12.1) vale

$$L = \int_a^b \sqrt{1 + (f'(x))^2}\, dx.$$

Notas. Una recta puede considerarse como una curva con derivada constante (continua), por lo que le es aplicable la expresión anterior. Véase Ejercicio 12.7.

Existen otras expresiones para el cálculo de longitudes de curvas en coordenadas no cartesianas (coordenadas paramétricas, polares). que resultan más sencillas de calcular y que aquí no abordamos.

12.3.4 Ejemplo

Hallemos la longitud L del arco de curva que define la ecuación $y^2 = x^3$, entre $x = 0$ y $x = 2$, en el primer cuadrante.

La ecuación dada define la función $y = x^{\frac{3}{2}}$ en el primer cuadrante. Esta función tiene derivada $y' = \frac{3}{2}x^{\frac{1}{2}}$ que es continua en $[0, 2]$, por lo que la longitud pedida es

$$L = \int_0^2 \sqrt{1 + \left(\frac{3}{2}x^{\frac{1}{2}}\right)^2} \, dx = \int_0^2 \sqrt{1 + \frac{9}{4}x} \, dx = \left[\frac{4}{9}\frac{2}{3}\left(1 + \frac{9}{4}x\right)^{\frac{3}{2}}\right]_0^2$$

$$= \frac{8}{27}\left(\left(1 + \frac{9}{2}\right)^{\frac{3}{2}} - 1\right) = \frac{8}{27}\left(\left(\frac{11}{2}\right)^{\frac{3}{2}} - 1\right) \text{ unidades de longitud.}$$

12.3.5   Volumen de un cuerpo de revolución

Nos proponemos conocer el volumen V que engendra la curva que define una función continua $y = f(x)$ en el intervalo $[a, b]$, al dar una vuelta completa alrededor del eje OX.

Consideremos una partición P del intervalo $[a, b]$ dada por $a = x_0 < x_1 < x_2 < \cdots < x_n = b$. Adoptemos la notación de las secciones 12.1.4 y 12.1.5.

El volumen V que engendra el rectángulo de base $[x_{i-1}, x_i]$ y altura m_i, al girar una vuelta completa alrededor del eje OX vale $\pi \, m_i^2 \, (x_i - x_{i-1})$, por tratarse de un cilindro cuya base tiene radio m_i y altura $x_i - x_{i-1}$. La suma de todos esos volúmenes al considerar los subintervalos de la partición P verifica $\sum \pi \, m_i^2 \, (x_i - x_{i-1}) \le V$.

Si hacemos lo propio, pero ahora tomando el máximo M_i en cada intervalo $[x_{i-1}, x_i]$, se llega de manera análoga a $V \le \sum \pi \, M_i^2 \, (x_i - x_{i-1})$. Por tanto,

$$\sum \pi \, m_i^2 \, (x_i - x_{i-1}) \le V \le \sum \pi \, M_i^2.$$

Dado que f es continua, también lo es f^2, y por tanto integrable Riemann en $[a, b]$, y con una argumentación similar a la Sección 12.1.6, cuando la norma de la partición P_n tiende a cero, por definición de integral de Riemann se tiene

$$V = \pi \int_a^b f^2(x) \, dx \text{ unidades de volumen } (u^3) \tag{12.8}$$

(o de manera abreviada $V = \pi \int_a^b y^2 \, dx$ unidades de volumen (u^3)).

Carece de interés el signo (positivo o negativo) de f en $[a, b]$, pues f^2 es siempre positivo.

Cuando la curva gira una fracción de vuelta, entonces el volumen engendrado se obtiene por proporcionalidad (véase Ejercicio 12.13).

Si $h(x)$ es otra función continua en $[a, b]$ de manera que $h \le f$ en $[a, b]$, i.e., f está más alejada que h del eje OX, entonces el volumen que engendra la superficie encerrada por ambas funciones viene dado, obviamente, por

$$V = \pi \int_a^b f^2(x) \, dx - \pi \int_a^b h^2(x) \, dx = \pi \int_a^b \left(f^2(x) - h^2(x)\right) \, dx \tag{12.9}$$

y, en el caso de que mantengan su posición relativa, aunque la desconozcamos en el intervalo comprendido entre dos puntos, pongamos de abcisas a y b, entonces se procede como en el cálculo de áreas y se calcula

$$\left| \pi \int_a^b \left(f^2(x) - h^2(x) \right) \, dx \right|. \tag{12.10}$$

Si existe la función inversa g de f, $x = g(y)$, y es también continua, entonces en el caso de que la curva que define f gire una vuelta completa alrededor del eje OY, entre las ordenadas $y = c$, $y = d$ $(c < d)$, se demuestra, de manera similar, que el volumen V^* engendrado es

$$V^* = \pi \int_c^d g^2(y) \, dy \tag{12.11}$$

(o de manera abreviada $V^* = \pi \int_c^d x^2 \, dy$).

Si $x_1(y)$ y $x_2(y)$ son las funciones inversas de $y_1 = f(x)$ e $y_2 = g(x)$ y son continuas en el intervalo $[c, d]$, donde no cambian de posición relativa, entonces el volumen V^* que engendra la superficie entre ambas funciones al girar una vuelta completa alrededor del eje OY, en $[c, d]$, viene dado por

$$V^* = \left| \pi \int_c^d (x_1^2 - x_2^2) \, dy \right|. \tag{12.12}$$

12.3.6   Ejemplo

El volumen V que engendra la curva que define la función $f(x) = \sqrt{x}$ entre $x = 0$ y $x = 1$, al dar una vuelta completa alrededor del eje OX, viene dado por

$$V = \pi \int_0^1 x \, dx = \frac{\pi}{2} \left[x^2 \right]_0^1 = \frac{\pi}{2} u^3.$$

12.4   EJERCICIOS

12.1 Sea la función $f(x) = x^2 - 2x$ definida en $[-1, 3]$. Hállese:

(i) $\int_{-1}^3 f(x) \, dx$ (ii) $\int_{-1}^0 f(x) \, dx$ (iii) $\int_0^2 f(x) \, dx$ (iv) $\int_2^3 f(x) \, dx$

(v) Interprétense geométricamente los resultados obtenidos, cuando tenga sentido.

(vi) Hállese el valor del apartado (i) a través de los apartados (ii)-(iv).

Solución:

(i) $\int_{-1}^3 f(x) \, dx = \int_{-1}^3 (x^2 - 2x) \, dx = \left[\frac{x^3}{3} - x^2 \right]_{-1}^3 = \left(\frac{3^3}{3} - 3^2 \right) - \left(\frac{(-1)^3}{3} - (-1)^2 \right) = \frac{4}{3}$

Se procede de forma análoga en los siguientes apartados.

(ii) $\displaystyle\int_{-1}^{0}(x^2-2x)\,dx = \left[\dfrac{x^3}{3}-x^2\right]_{-1}^{0} = \dfrac{4}{3}$

(iii) $\displaystyle\int_{0}^{2}(x^2-2x)\,dx = \left[\dfrac{x^3}{3}-x^2\right]_{0}^{2} = \left[\dfrac{x^3}{3}-x^2\right]_{0}^{2} = \dfrac{-4}{3}$

(iv) $\displaystyle\int_{2}^{3}(x^2-2x)\,dx = \left[\dfrac{x^3}{3}-x^2\right]_{2}^{3} = \dfrac{4}{3}$

(v) La Figura 12.9 muestra la gráfica de la parábola $f(x)$. Como se puede observar, el apartado (i) no admite interpretación geométrica alguna, dado que la función cambia de signo dentro del intervalo $[-1,3]$.

En (ii) se ha obtenido el área de la superficie por debajo de la curva, sobre el eje OX, entre $x=-1$ y $x=0$.

En (iii) se ha obtenido, en negativo, el área de la superficie que encierra la curva con el eje OX.

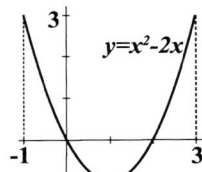

Figura 12.9: Gráfica de $f(x) = x^2 - 2x$ en el intervalo $[-1,3]$.

En (iv) se ha obtenido el área de la superficie por debajo de la curva, sobre el eje OX, entre $x=2$ y $x=3$. La coincidencia con (ii) es debido a la simetría de la parábola respecto de su eje de simetría.

(vi) $\displaystyle\int_{-1}^{3} f(x)\,dx = \int_{-1}^{0}(x^2-2x)\,dx + \int_{0}^{2}(x^2-2x)\,dx + \int_{2}^{3}(x^2-2x)\,dx = \dfrac{4}{3}-\dfrac{4}{3}+\dfrac{4}{3} = \dfrac{4}{3}$

12.2 Hallar: (i) $\displaystyle\int_{0}^{\frac{\pi}{2}} \cos x\,dx$ (ii) $\displaystyle\int_{\frac{\pi}{2}}^{\frac{3\pi}{2}} \cos x\,dx$

(iii) Área que encierra $f(x)=\cos x$ con el eje OX, entre 0 y $\frac{3\pi}{2}$.

Solución:

(En (i) y (ii), se aplica sencillamente la Regla de Barrow):

(i) $\displaystyle\int_{0}^{\frac{\pi}{2}} \cos x\,dx = \left[\,\mathrm{sen}\,x\right]_{0}^{\frac{\pi}{2}} = \mathrm{sen}\,\dfrac{\pi}{2} - \mathrm{sen}\,0 = 1 - 0 = 1$

(ii) $\displaystyle\int_{\frac{\pi}{2}}^{\frac{3\pi}{2}} \cos x\,dx = \left[\,\mathrm{sen}\,x\right]_{\frac{\pi}{2}}^{\frac{3\pi}{2}} = \mathrm{sen}\,\dfrac{3\pi}{2} - \mathrm{sen}\,\dfrac{\pi}{2} = -1 - 1 = -2$

(iii) La función $\cos x$ corta al eje OX en 0, $\frac{\pi}{2}$ y $\frac{3\pi}{2}$, entonces según (12.5) el área es

$$\int_{0}^{\frac{\pi}{2}} \cos x\,dx + \left|\int_{\frac{\pi}{2}}^{\frac{3\pi}{2}} \cos x\,dx\right| = 1 + 2 = 3\,u^2.$$

12.3 Hállese el área que *encierra* la curva $y = x^3 - 6x^2 + 9x$ con la recta $y = x$.

Solución:

Hallemos los puntos de corte de ambas funciones:

$x^3 - 6x^2 + 9x = x$ conduce a la ecuación $x^3 - 6x^2 + 8x = 0$, que se puede factorizar en la forma $x\,(x^2 - 6x + 8) = 0$ cuyas soluciones son $x = 0$, $x = 2$ y $x = 4$. Si no precisamos la posición relativa de ambas "curvas", podemos hallar el área que encierra calculando según (12.5):

$$
\begin{aligned}
A &= \left| \int_0^2 (x^3 - 6x^2 + 9x - x)\,dx \right| + \left| \int_2^4 (x^3 - 6x^2 + 9x - x)\,dx \right| \\
&= \left| \int_0^2 (x^3 - 6x^2 + 8x)\,dx \right| + \left| \int_2^4 (x^3 - 6x^2 + 8x)\,dx \right| \\
&= \left| \left[\frac{x^4}{4} - 6\frac{x^3}{3} + 8\frac{x^2}{2} \right]_0^2 \right| + \left| \left[\frac{x^4}{4} - 6\frac{x^3}{3} + 8\frac{x^2}{2} \right]_2^4 \right| \\
&= |(4 - 16 + 16)| + |(64 - 128 + 64) - (4 - 16 + 16)| \\
&= 4 + |-132| = 136\,u^2
\end{aligned}
$$

12.4 Hállese el área limitada por las parábolas $y = x^2$ y $x = y^2$.

Solución:

Ambas parábolas se cortan en el primer cuadrante (véase Ejemplo 2.1.11). La segunda parábola tiene por ecuación $y = +\sqrt{x}$. Sus dos puntos de corte se obtienen al resolver la ecuación $x^2 = \sqrt{x}$, de la que se deduce $x = 0$ y $x = 1$. Así, por (12.3), el área que encierran es

$$
\int_0^1 \left(\sqrt{x} - x^2 \right)\,dx = \left[\frac{2}{3}x^{\frac{3}{2}} - \frac{x^3}{3} \right]_0^1 = \left(\frac{2}{3} - \frac{1}{3} \right) - 0 = \frac{1}{3}\,u^2.
$$

12.5 Demuéstrese que el área que encierra una elipse de semiejes a y b vale $\pi a\,b$.

Solución:

Supongamos la elipse centrada en el origen de coordenadas (véase Figura 12.10 (a)), lo que no supone para nuestro objetivo, restricción alguna.

Su ecuación, reducida, es $\frac{x^2}{a^2} + \frac{y^2}{b^2} = 1$. En el primer cuadrante la función adopta la expresión $y = \frac{b}{a}\sqrt{a^2 - x^2}$. El "área de la elipse" en el primer cuadrante, aplicando (12.3), viene dada por

$$
\frac{b}{a} \int_0^a \left(\sqrt{a^2 - x^2} \right)\,dx.
$$

Resolvamos la integral $I = \displaystyle\int_0^a \left(\sqrt{a^2 - x^2} \right)\,dx$, con el cambio de variable $x = a \cdot \operatorname{sen} t$. Se tiene que $dx = a \cos t\,dt$. Sustituyendo, el integrando se convierte en

$$
\begin{aligned}
\sqrt{a^2 - x^2} &= \sqrt{a^2 - (a^2 \operatorname{sen}^2 t)}(a \cos t)\,dt = \sqrt{a^2(1 - \operatorname{sen}^2 t)}(a \cos t)\,dt \\
&= (a \cos t)(a \cos t) = a^2 \cos^2 t\,dt = a^2 \frac{1 + \cos 2t}{2}
\end{aligned}
$$

Como, para $x = 0$ se tiene $t = 0$ y para $x = a$ se tiene $t = \frac{\pi}{2}$, así, se tiene

$$
I = \frac{a^2}{2} \int_0^{\frac{\pi}{2}} (1 + \cos 2t)\,dt = \frac{a^2}{2} \left[t + \frac{1}{2} \operatorname{sen} 2t \right]_0^{\frac{\pi}{2}} = \frac{a^2}{2} \left(\frac{\pi}{2} - 0 \right) = \pi \frac{a^2}{4}\,u^2.
$$

Por tanto, el área A de la elipse, por simetría, es

$$
A = 4\frac{b}{a}\pi\frac{a^2}{4} = \pi\,a\,b\,u^2.
$$

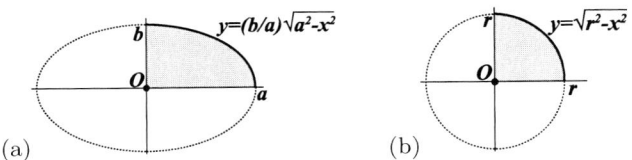

Figura 12.10: Elipse centrada en el origen de semiejes a y b en (a) y circunferencia de radio r centrada en el origen en (b).

12.6 Demuéstrese que el área de un círculo de radio r vale πr^2.

Solución:

Si en la ecuación reducida de la elipse tomamos $a = b = r$, se obtiene la ecuación reducida de la circunferencia (centrada en el origen) de radio r, que es $x^2 + y^2 = r^2$ (véase Figura 12.10 (b)).

En consecuencia, el área del círculo es $\pi \cdot r \cdot r = \pi r^2 \, u^2$.

Se sugiere al lector que se ejercite resolviendo directamente la integral, donde el integrando es ahora la función $y = \sqrt{r^2 - x^2}$, con el cambio de variable $x = r \cdot \operatorname{sen} t$, y con las subsecuentes modificaciones.

12.7 Hállese la longitud L del segmento que define la recta $y = f(x) = \frac{3}{4}x + \frac{1}{4}$ entre $x = 1$ y $x = 5$. Obsérvese que coincide con la distancia entre sus extremos $A(1, 1)$, $B(5, 4)$, véase Figura 12.11.

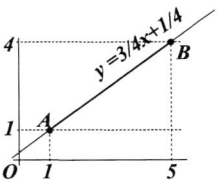

Figura 12.11: Segmento de extremos A y B.

Solución:

Dado que la recta posee derivada continua en toda la recta real, le podemos aplicar la expresión (12.7) que calcula la longitud de una "curva". Por tanto, como $y' = \frac{3}{4}$ se tiene, según (12.7), que

$$
\begin{aligned}
L &= \int_1^5 \sqrt{1 + \left(\frac{3}{4}\right)^2}\, dx = \int_1^5 \sqrt{1 + \frac{9}{16}}\, dx \\
&= \int_1^5 \sqrt{\frac{25}{16}} = \int_1^5 \frac{5}{4}\, dx = \frac{5}{4}\,[x]_1^5 = \frac{5}{4}(5 - 1) = 5\,u.
\end{aligned}
$$

El resultado coincide con la distancia entre A y B (véase Sección 4.1.1).

12.8 Hállese el volumen de revolución V que engendra la función $y = \cos x$ al dar una vuelta completa alrededor del eje OX, en: (i) $\left[0, \frac{\pi}{2}\right]$, (ii) $\left[\frac{\pi}{2}, \pi\right]$, (iii) $[0, \pi]$.

Solución:
Aplicando (12.8) y atendiendo a (ii) del Ejercicio 10.25, se tiene:

(i) $V = \pi \displaystyle\int_0^{\frac{\pi}{2}} \cos^2 x \, dx = \pi \left[\dfrac{x}{2} + \dfrac{1}{4} \operatorname{sen} 2x \right]_0^{\frac{\pi}{2}} = \dfrac{\pi^2}{4} u^3$

Análogamente:

(ii) $V = \pi \displaystyle\int_{\frac{\pi}{2}}^{\pi} \cos^2 x \, dx = \pi \left[\dfrac{x}{2} + \dfrac{1}{4} \operatorname{sen} 2x \right]_{\frac{\pi}{2}}^{\pi} = \dfrac{\pi^2}{4} u^3$

(iii) $V = \pi \displaystyle\int_0^{\pi} \cos^2 x \, dx = \pi \left[\dfrac{x}{2} + \dfrac{1}{4} \operatorname{sen} 2x \right]_0^{\pi} = \dfrac{\pi^2}{2} u^3$

Obsérvese que aunque $\cos x$ cambia de signo en $[0, \pi]$, el volumen coincide con la suma (i) y (ii), sin necesidad de "trocear" la integral.

12.9 (*Volumen de un cono*) Hállese el volumen V que engendra la recta $y = \dfrac{r}{h}x$, donde $\dfrac{r}{h} > 0$, al dar una vuelta completa alrededor del eje OX, en $[0, h]$. La notación es adecuada para que se observe que el volumen V es un tercio del producto del área de la base por la altura.

Solución:
Por aplicación de (12.8), se tiene que $V = \pi \displaystyle\int_0^h \left(\dfrac{r}{h}x \right)^2 dx = \pi \dfrac{r^2}{h^2} \dfrac{1}{3} \left[x^3 \right]_0^h =$
$\frac{1}{3}\pi \frac{r^2}{h^2}(h^3 - 0) = \frac{1}{3}\pi r^2 h \ (= \frac{1}{3} \text{ área base} \cdot \text{altura}) u^3$ (véase la Figura 12.12 (a)).

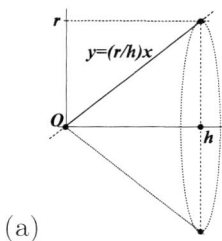

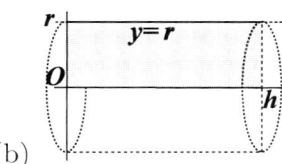

(a)   (b)

Figura 12.12: Cono (a) y cilindro (b) obtenido por revolución de un segmento de recta.

12.10 Hállese el volumen V de una esfera de radio r.

Solución:
La esfera se obtiene como un cuerpo de revolución al girar una vuelta completa alrededor del eje OX, la circunferencia $y = \sqrt{r^2 - x^2}$. Así pues, su volumen, por (12.8) y atendiendo a su simetría, es

$$V = 2\pi \int_0^r (r^2 - x^2) \, dx = 2\pi \left[r^2 x - \frac{x^3}{3} \right]_0^r = 2\pi \left(r^3 - \frac{r^3}{3} \right) = \frac{4}{3}\pi r^3 \, u^3.$$

12.11 Demuéstrese que el volumen V de un cilindro de radio r y altura h es $V = \pi r^2 h$.

Solución:

El cilindro se puede obtener al girar una recta constante $y = r$, $(r > 0)$ una vuelta completa alrededor del eje OX en $[0, h]$. Véase la Figura 12.12 (b). Por tanto,

$$V = \pi \int_0^h r^2\, dx = \pi r^2\, [x]_0^h = \pi r^2 h\ (= \text{área base} \cdot \text{altura})\, u^3.$$

12.12 Se considera la parábola $y = x^2$ definida en $[0, 2]$. Hállese el volumen que engendra al girar una vuelta completa: (i) alrededor del eje OX, (ii) alrededor del eje OY.

Solución:

(i) Aplicando (12.8) se tiene $V = \pi \int_0^2 \left(x^2\right)^2\, dx = \dfrac{\pi}{5}\, [x^5]_0^2 = \dfrac{64}{5}\pi\, u^3.$

(ii) Para obtener los límites de integración tendremos en cuenta que en la parábola para $x = 0$ se tiene $y = 0$, y para $x = 2$ se tiene $y = 4$. Aplicando (12.11) se tiene

$$V^* = \pi \int_0^4 y\, dy = \dfrac{\pi}{2}\, [y^2]_0^4 = 8\pi\, u^3.$$

12.13 Se considera el segmento que determina la recta $y = x + 2$ definida en $[1, 2]$. Hállese el volumen V que engendra el segmento al girar alrededor del eje OY:
(i) Una vuelta completa   (ii) Media vuelta   (iii) $36°$

Solución:

Para obtener los límites de integración tendremos en cuenta que en la recta para $x = 1$ se tiene $y = 3$, y para $x = 2$ se tiene $y = 4$. Además, de $y = x + 2$ se deduce $x = y - 2$, y por tanto, $x^2 = y^2 - 4y + 4$. Así pues, aplicando (12.11) se tiene:

(i) $V^* = \pi \displaystyle\int_3^4 (y^2 - 4y + 4)\, dy$

$= \pi \left[\dfrac{y^3}{3} - 2y^2 + 4y\right]_3^4$

$= \pi \left[(\dfrac{64}{3} - 32 + 16) - (9 - 18 + 12)\right]$

$= \pi(\dfrac{64}{3} - 19) = \dfrac{7}{3}\pi\, u^3$

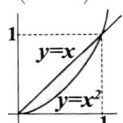

Figura 12.13: Superficie comprendida entre recta y parábola.

(ii) Obviamente, $V = \dfrac{1}{2}\dfrac{7}{3}\pi\, u^3$.

(iii) $V = \dfrac{1}{10}\dfrac{7}{3}\pi\, u^3$, pues $36°$ es la décima parte de $360°$ (vuelta completa).

12.14 Hállese el volumen que engendra la superficie comprendida entre la parábola $y = x^2$ y la recta $y = x$, al girar una vuelta completa alrededor:
(i) Del eje OX.   (ii) Del eje OY.

Solución:

De $x^2 = x$ deducimos que las funciones se cortan en $x = 0$ y $x = 1$. Por tanto, usando (12.10):

(i) $V = \pi \displaystyle\int_0^1 \left(x^2 - (x^2)^2\right)\, dx = \pi \left[\dfrac{x^3}{3} - \dfrac{x^5}{5}\right]_0^1 = \pi \left[(\dfrac{1}{3} - \dfrac{1}{5}) - 0\right] = \dfrac{2}{15}\pi\, u^3$

(ii) Para obtener los límites de integración tendremos en cuenta que en la recta (o en la parábola) para $x = 0$ se tiene $y = 0$, y para $x = 1$ se tiene $y = 1$. Como la parábola está más alejada del eje OY que la recta (véase Figura 12.13), entonces usando (12.12) se tiene

$$V^* = \pi \int_0^1 (y - y^2)\, dy = \pi \left[\dfrac{y^2}{2} - \dfrac{y^3}{3}\right]_0^1 = \pi \left[(\dfrac{1}{2} - \dfrac{1}{3}) - 0\right] = \dfrac{\pi}{6}\, u^3$$

Capítulo 13

EL CUERPO DE LOS COMPLEJOS

Las propiedades que poseen las leyes $+$ y $\cdot$ usuales de $\mathbb{R}$ le confieren estructura de cuerpo $(\mathbb{R}, +, \cdot)$. No obstante la ecuación $x^2 + 1 = 0$ no posee solución en $\mathbb{R}$ pues no existe real alguno x que verifique $x^2 = -1$. A tal fin se define la unidad imaginaria i de manera que $i^2 = -1$, y también que $(-i)^2 = -1$. A partir de esta noción se construye el cuerpo $(C, +, \cdot)$, donde toda ecuación polinómica de grado 2 tiene dos soluciones. En particular las soluciones de $x^2 + 1 = 0$ son $x = \pm\sqrt{-1}$, es decir $x = \pm i$.

El cuerpo $(\mathbb{R}, +, \cdot)$ está inmerso en el cuerpo de los complejos $(\mathbb{C}, +, \cdot)$ en el sentido de que todo real puede ser *considerado* un complejo y que las leyes $+$ y $\cdot$ de los reales se *preservan* cuando los reales se suman o multiplican como complejos.

En electrónica, incluso en algunos programas informáticos, al elemento i se le denota j.

13.1   EL CUERPO DE LOS COMPLEJOS

13.1.1   Los números complejos. Expresión binómica

El conjunto de los números complejos $\mathbb{C}$ está formado por los elementos de la forma $a + bi$ donde $a, b \in \mathbb{R}$ e i verifica que $i^2 = -1$ (y por tanto $(-i)^2 = -1$). La expresión $z = a + bi$ se denomina **forma binómica** del complejo z y se dice que a y b son la parte real e imaginaria, respectivamente, de z.

$\mathbb{R}$ es considerado un subconjunto de $\mathbb{C}$, pues basta *identificar* el real a con el complejo $a + 0i$.

Se denomina número imaginario bi al complejo $0 + bi$ con $b \neq 0$.

13.1.2 Representación geométrica de $\mathbb{C}$

El complejo $z = a + bi$ se identifica con el vector $(a, b) \in \mathbb{R}^2$, esto es de origen $(0, 0)$ y extremo (a, b).

Así, 1 se identifica con $(1, 0)$ e i con $(0, 1)$. Por tanto $a + bi$ es *suma vectorial* de a y bi (ver Figura 13.1).

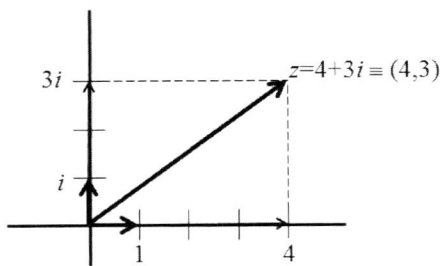

Figura 13.1: Representación geométrica de un complejo.

En las dos próximas secciones asumiremos que el complejo $a + bi$ es un polinomio de grado 1 en i.

13.1.3 Producto de real por complejo

Se define el producto del real α por el complejo $z = a + bi$ como

$$\alpha \cdot (a + bi) = \alpha\, a + \alpha\, bi$$

que se corresponde con el producto de un número real por un polinomio, y también con el producto de un real por un vector $(\alpha(a, b) = (\alpha\, a, \alpha\, b))$ (ver Figura 13.2).

Por tanto si $\alpha > 0$ entonces $\alpha \cdot z$ es un complejo en la *dirección* y *sentido* de z. Obviamente, si $\alpha < 0$ entonces $\alpha \cdot z$ tiene sentido *contrario* a z. Como en el caso vectorial, se puede escribir $\alpha\, z$ en vez de $\alpha \cdot z$.

13.1.4 Suma de complejos

Se define la suma en $\mathbb{C}$ de la siguiente manera

$$(a + bi) + (c + di) = (a + c) + (b + d)i$$

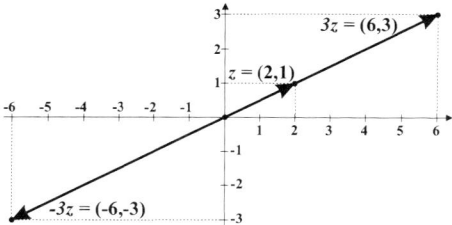

Figura 13.2: Representación geométrica del producto de real por complejo.

$$3 \cdot z = 3 \cdot (2, 1) = (6, 3) \text{ o también } 3 \cdot (2 + i) = 6 + 3i,$$
$$-3 \cdot z = -3 \cdot (2, 1) = (-6 - 3) \text{ o también } -3 \cdot (2 + i) = -6 - 3i.$$

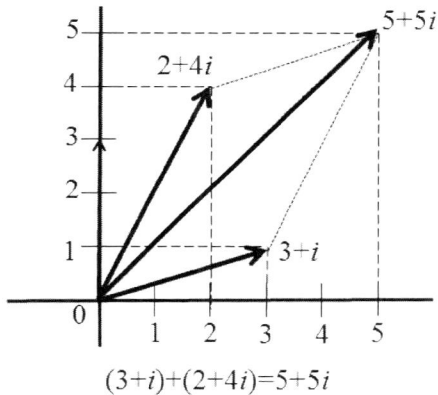

$(3+i)+(2+4i)=5+5i$

Figura 13.3: Representación geométrica de la suma de complejos.

que se corresponde con la suma de polinomios o de vectores (ver la representación vectorial en la Figura 13.3). En este caso se omite escribir i en la "escala" del eje OY.

La operación $+$ (interna) de $\mathbb{C}$, como en $\mathbb{R}$, es asociativa y conmutativa. El elemento $0 + 0i$, denotado 0, es el **neutro** de la suma (es decir $0 + z = z$ para cualquier complejo z). Todo complejo $z = a + bi$ posee **opuesto**, denotado $-z$, con la propiedad de que $z + (-z) = 0$. Obviamente $-z = -a - bi$ y su representación en $\mathbb{R}^2$ es el *vector* z con sentido *opuesto* (que coincide con $(-1) \cdot z$).

13.1.5   Ejemplo

(a) $3 \cdot (2+i) = 6 + 3i$ (b) $-2 \cdot (-2+3i) = 4 - 6i$
(c) $(3+i) + (2+4i) = 5 + 5i$ (d) $(5+3i) - (3-2i) = 2 + 5i$
(e) $2 \cdot (1-3i) + (-3+2i) = -1 - 4i$ (f) $(2-3i) - 3 \cdot (-1+i) = 5 - 6i$

(Para (a) y (c) ver Figuras 13.2 y 13.3, respectivamente, en donde omitimos escribir "i" en la escala del eje OY).

13.1.6   Producto de complejos

Se define el producto en $\mathbb{C}$ de la siguiente manera

$$(a + b\,i) \cdot (c + d\,i) = (a\,c - b\,d) + (a\,d + b\,c)i$$

que se corresponde con el producto de polinomios, pero imponiendo $i^2 = -1$.

La operación $\cdot$ (interna) de $\mathbb{C}$, como en $\mathbb{R}$, es asociativa y conmutativa. El elemento $1 + 0i$, denotado 1, es el neutro del producto (es decir $1 \cdot z = z$ para cualquier complejo z). Además, el producto es distributivo respecto de la suma.

Por inducción se define $z^n = \overset{(n \text{ veces})}{z \cdot z \cdot \ldots \cdot z}$.

13.1.7   Ejemplo

(a) $(2+3i) \cdot (1+2i) = 2 + 4i + 3i + 6i^2 = 2 + 7i - 6 = -4 + 7i$

(b) $-i \cdot (2 - 5i) = -2i + 5i^2 = -5 - 2i$

(c) $(2+3i) \cdot (2-3i) = 2^2 - (3i)^2 = 4 - 9i^2 = 4 + 9 = 13$

13.1.8   Conjugado de un complejo

Se denomina **conjugado** del complejo $z = a + b\,i$, y se denota $\bar{z}$, al complejo $\bar{z} = a - b\,i$. Obviamente también z es conjugado de $\bar{z}$ (es decir $\bar{\bar{z}} = z$).

Es inmediato probar que $z + \bar{z} = 2a$ (ver Figura 13.4). Además,

$$z \cdot \bar{z} = a^2 + b^2 \tag{13.1}$$

En efecto: $(a + b\,i) + (a - b\,i) = 2a$, $(a + b\,i) \cdot (a - b\,i) = a^2 - (bi)^2 = a^2 - b^2 i^2 = a^2 + b^2$.

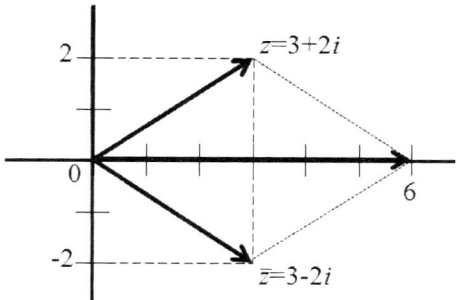

Figura 13.4: Representación geométrica del conjugado de un complejo.

13.1.9   Inverso de un complejo

Se denomina **inverso** de $z = a + b\,i$, cuando z no es 0, al complejo denotado $\dfrac{1}{z}$ ó z^{-1} que verifica $\dfrac{1}{z} \cdot z = 1$.

Del cálculo de $z \cdot \overline{z}$ se obtiene de manera inmediata que $\dfrac{1}{z} = \dfrac{\overline{z}}{a^2 + \overset{\cdot}{b}^2}$, y por tanto,

$$\frac{1}{z} = \frac{a}{a^2 + b^2} - \frac{b}{a^2 + b^2}\,i$$

En efecto: $\left(\dfrac{a}{a^2 + b^2} - \dfrac{b}{a^2 + b^2}\,i\right) \cdot (a + b\,i) = \dfrac{1}{a^2 + b^2}(a - bi)(a + b\,i) = \dfrac{1}{a^2 + b^2}(a^2 + b^2) = 1$.
De esta manera se puede ya conluir que $(\mathbb{C}, +, \cdot)$ es un cuerpo.

Conmo consecuencia de ello se obtiene la regla para calcular $\dfrac{1}{z}$, o con más generalidad del cociente de complejos: "se multiplica numerador y denominador por el conjugado del denominador".

Como en el caso de $\mathbb{R}$, la notación z^{-n}, para $n \in \mathbb{N}$, significa $\dfrac{1}{z^n}$.

13.1.10   Ejemplo

(Ver (c) del Ejemplo 13.1.7)

(a) $\dfrac{1}{2 + 3i} = \dfrac{2 - 3i}{(2 + 3i)(2 - 3i)} = \dfrac{2 - 3i}{2^2 + 3^2} = \dfrac{2}{13} - \dfrac{3}{13}\,i$

(b) $\dfrac{1 + 2i}{2 - 3i} = \dfrac{(1 + 2i)(2 + 3i)}{(2 - 3i)(2 + 3i)} = \dfrac{-4 + 7i}{2^2 + 3^2} = -\dfrac{4}{13} + \dfrac{7}{13}\,i$

En casos sencillos se puede prescindir de la regla anterior. Así:

(c) $\dfrac{2}{3i} = \dfrac{2i}{3i^2} = \dfrac{2}{-3}\,i = -\dfrac{2}{3}\,i.$

13.1.11   Potencias de i

Convenimos que $i^0 = 1$. Denotemos $i^1 = i$, y por definición $i^2 = -1$. En consecuencia:

$$i^3 = i^2 \cdot i = -1 \cdot i = -i$$
$$i^4 = i^2 \cdot i^2 = (-1) \cdot (-1) = 1$$

Resulta ahora obvio que las sucesivas potencias de i son: $i^5 = i$, $i^6 = -1$, $i^7 = i$, $i^8 = 1, \ldots$

Se concluye que las potencia de i tienen carácter cíclico repitiéndose cada 4 veces, es decir

$$i^n = \begin{cases} 1 & n = \dot{4} \\ i & n = \dot{4} + 1 \\ -1 & n = \dot{4} + 2 \\ -i & n = \dot{4} + 3 \end{cases} \tag{13.2}$$

donde $\dot{4}$ indica múltiplo de 4.

En consecuencia $i^n = i^r$ donde r es el resto de la división (euclídea) de n entre 4.

13.1.12   Nota

$(-i)^2$ es también -1. (En efecto: $(-i)^2 = (-i) \cdot (-i) = i^2 = -1$)

13.1.13   Ejemplo

(a) $i^{26} = i^2 = -1$, ya que $26 = 4 \cdot 6 + 2$.

(b) $i^{-23} = \dfrac{1}{i^{23}} = \dfrac{1}{i^3} = \dfrac{1}{-i} = \dfrac{i}{(-i) \cdot i} = i$, ya que $23 = 4 \cdot 5 + 3$.

13.2   EXPRESIÓN TRIGONOMÉTRICA Y POLAR DE UN COMPLEJO

13.2.1   Expresión trigonométrica y polar de un complejo

Se denomina **módulo** de z, y se escribe $|z|$, a la *longitud* del *vector* $z = a + bi$ que, por aplicación del Teorema de Pitágoras, vale (ver Figura 13.5 (a)).

$$|z| = +\sqrt{a^2 + b^2}$$

Obsérvese que $|z| = \sqrt{z \cdot \bar{z}}$.

Se denomina **argumento** del complejo $z = a + bi$ al ángulo α que forma el eje OX con el vector z, medido desde OX en sentido contrario a las agujas del reloj. El valor de α se suele expresar en grado sexagesimales habitualmente pero también se puede dar en radianes. Las razones trigonométricas de α nos llevan a

$$a = |z| \cdot \cos \alpha$$
$$b = |z| \cdot \operatorname{sen} \alpha$$

de lo que se desprende la **expresión trigonométrica** del complejo z:

$$z = a + b\,i = |z| \cdot (\cos \alpha + i \operatorname{sen} \alpha) \tag{13.3}$$

Puesto que $|z|$ y α caracterizan la posición de z en el plano, el complejo z admite la **expresión polar** (o **módulo argumental**) r_α donde $r = |z|$.

Nosotros, en tal caso, tendremos la precaución de escribir $z \equiv r_\alpha$ aunque en la práctica se escribe $z = r_\alpha$.

Si se conoce la expresión de z en forma polar r_α entonces se puede obtener la expresión binómica de z a través de la trigonometría, pues se tiene

$$z \equiv r_\alpha = r(\cos \alpha + i \ \operatorname{sen} \alpha) \tag{13.4}$$

Obsérvese que de la expresión binómica de $z = a + b\,i$ se conoce el ángulo α teniendo en cuenta el cuadrante donde se encuentra z y de que α satisface $\tan \alpha = \dfrac{b}{a}$ (y por tanto $\alpha = \arctan \dfrac{b}{a}$).

Es fácil probar que si r_α es la expresión polar de z entonces $r_{-\alpha}$ es la expresión polar del conjugado $\overline{z}$ (ver Figura 13.5 (b)).

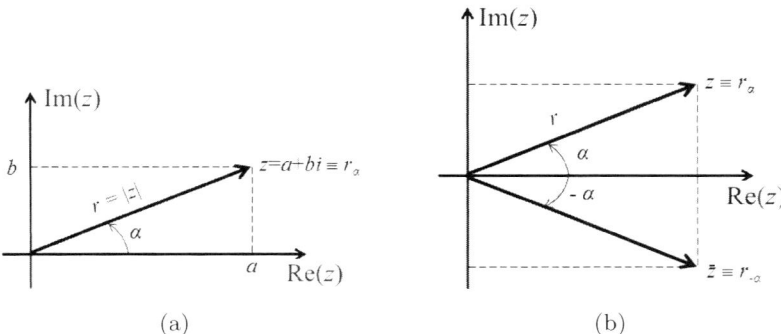

(a)   (b)

Figura 13.5: (a) Módulo de un complejo; (b) Conjugado de un complejo en forma polar.

13.2.2   Nota

Cualquier número real r es de la forma $r_{0°}$ ó $r_{180°}$, según sea positivo o negativo, respectivamente. La expresión trigonométrica y polar de un complejo no es única pues α y $\alpha + k \cdot 360°$ (con $k \in \mathbb{Z}$) representan al mismo ángulo. No obstante, por su sencillez suele elegirse el ángulo medido en la *primera vuelta*.

13.2.3 Complejos unitarios

Como en el caso vectorial diremos que el complejo z es **unitario** si $|z| = 1$. En tal caso, de su expresión trigonométrica se deduce que, si α es el argumento de z, entonces (ver Figura 13.6)

$$z = \cos \alpha + i \operatorname{sen} \alpha$$

Si z no es unitario entonces $\dfrac{1}{|z|} \cdot z$ es unitario y tiene dirección y sentido de z. Su cambiado de signo es unitario en sentido opuesto a z.

En efecto:
$$\left| \frac{1}{|z|} \cdot z \right| = \left| \frac{1}{\sqrt{a^2 + b^2}}(a^2 + b\,i) \right| = \left| \frac{a}{\sqrt{a^2 + b^2}} + \frac{b}{\sqrt{a^2 + b^2}}i \right| = \frac{a^2}{a^2 + b^2} + \frac{b^2}{a^2 + b^2} = 1$$

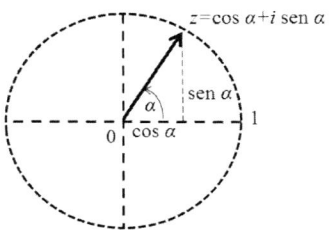

Figura 13.6: Representación geométrica de un complejo unitario.

13.2.4 Ejemplo

(a) Escribiremos la expresión trigonométrica y polar de $z = -1 + \sqrt{3}\,i$.

El complejo z está situado en el segundo cuadrante (ver Figura 13.7(a)).

El argumento α de z verifica $\tan \alpha = \dfrac{\sqrt{3}}{-1} = -\sqrt{3}$. Por tanto $\alpha = 120°$.

Por otra parte $|z| = \sqrt{(-1)^2 + (\sqrt{3})^2} = \sqrt{4} = 2$. Así pues la expresión trigonométrica de z es $z = 2 \cdot (\cos 120° + i \operatorname{sen} 120°)$ y la expresión polar (módulo argumental) de z es $2_{120°}$, i.e. $z \equiv 2_{120°}$.

También podemos escribir $z \equiv 2_{480°}$, por ejemplo, según la Nota 13.2.2.

(El lector verificará que la expresión trigonométrica obtenida conduce al complejo inicial $-1 + \sqrt{3}\,i$).

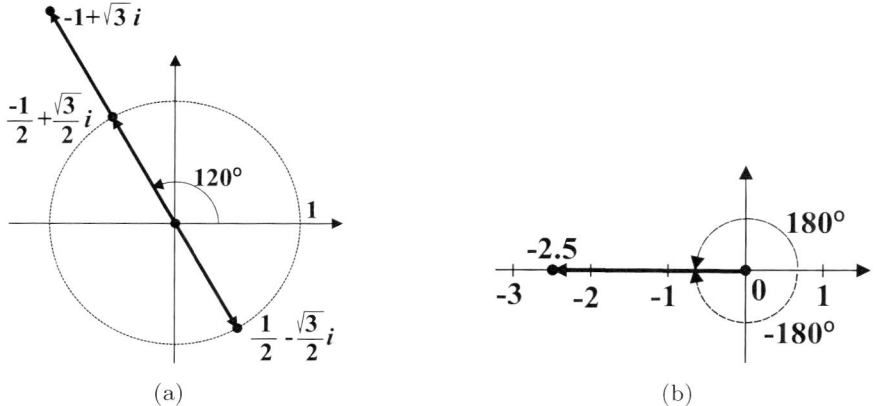

Figura 13.7: (a) Representación gráfica del complejo $z = -1 + \sqrt{3}\,i$; (b) Representación gráfica del complejo $z = -2.5$.

(b) El real -2.5 es el complejo $z = -2.5 + 0i$. Su módulo es obviamente 2.5 y su argumento es $\alpha = 180°$. Así pues $-2.5 \equiv 2.5_{180°}$, o también $2.5_{-180°}$ (ver Figura 13.7(b)).

13.2.5   Ejemplo

(a) Según (a) del Ejemplo 13.2.4 el módulo de $z = -1 + \sqrt{3}\,i$ es 2. Así pues, los vectores $\dfrac{1}{2}(-1 + \sqrt{3}\,i)$ y $-\dfrac{1}{2}(-1 + \sqrt{3}\,i)$ son unitarios en la dirección de z, pero además el primero tiene igual sentido (ver Figura 13.7(a)).

En efecto, por ejemplo el módulo del primero es: $\left| -\dfrac{1}{2} + \dfrac{\sqrt{3}}{2}i \right| = \sqrt{\left(-\dfrac{1}{2} \right)^2 + \left(\dfrac{\sqrt{3}}{2} \right)^2} = 1.$

(b) Obviamente si $z = -2.5$ entonces -1 y 1 son unitarios en la dirección de z, pero además el primero tiene igual sentido (ver Figura 13.7(b)).

13.2.6   El producto de complejos en forma trigonométrica y polar

Sean z_1 y z_2 dos complejos de argumentos α_1 y α_2, respectivamente. El producto $z_1 \cdot z_2$ puede hacerse como sigue (usando sus expresiones trigonométricas)

$$z_1 \cdot z_2 = |z_1|(\cos\alpha_1 + i\,\operatorname{sen}\alpha_1) \cdot |z_2| \cdot (\cos\alpha_2 + i\,\operatorname{sen}\alpha_2).$$

Tras un sencillo cálculo se obtiene que

$$z_1 \cdot z_2 = |z_1| \cdot |z_2|(\cos(\alpha_1 + \alpha_2) + i\,\operatorname{sen}(\alpha_1 + \alpha_2)). \qquad (13.5)$$

En efecto: $(\cos \alpha_1 + i \text{ sen } \alpha_1) \cdot |z_2| \cdot (\cos \alpha_2 + i \text{ sen } \alpha_2) = \cos \alpha_1 \cos \alpha_2 + i^2 \text{ sen } \alpha_1 \text{ sen } \alpha_2 +$
$i(\text{sen } \alpha_1 \cos \alpha_2 + \text{ sen } \alpha_2 \cos \alpha_1) = \cos(\alpha_1 + \alpha_2) + i(\text{sen}(\alpha_1 + \alpha_2))$, según las secciones 6.3.1 y
6.3.2.

Ello nos dice que $z_1 \cdot z_2$ es el complejo que tiene por módulo el producto de los módulos de z_1 y z_2, y por argumento la suma de sus argumentos.

Si extendemos este resultado a la notación polar, entonces el producto de dos complejos r_α y $r'_{\alpha'}$ admite la expresión formal

$$r_\alpha \cdot r'_{\alpha'} = (r \cdot r')_{\alpha+\alpha'} \tag{13.6}$$

Es fácil concluir que, en el caso del cociente, se tiene

$$\frac{r_\alpha}{r'_{\alpha'}} = \left(\frac{r}{r'}\right)_{\alpha-\alpha'}$$

13.2.7   Ejemplo

Sean z_1 y z_2 dos complejos cuyas expresiones en forma polar son $2_{30°}$ y $5_{15°}$, respectivamente. Hallemos su producto $z_1 \cdot z_2$ y su cociente $\frac{z_1}{z_2}$.

Usando el producto en forma polar se tiene $2_{30°} \cdot 5_{15°} = 10_{45°}$. Finalmente representamos $10_{45°}$ en forma trigonométrica y binaria:

$$z_1 \cdot z_2 = 10(\cos 45° + i \text{ sen } 45°) = 10\left(\frac{\sqrt{2}}{2} + i\frac{\sqrt{2}}{2}\right) = 5\sqrt{2} + 5\sqrt{2}i$$

Respecto al cociente, tenemos: $\frac{2_{30°}}{5_{15°}} = \left(\frac{2}{5}\right)_{15°}$. Por tanto,

$$\frac{z_1}{z_2} = 0.4(\cos 15° + i \text{ sen } 15°) \approx 0.4(0.9659 + i\,0.2588) = 0.3864 + 0.1035\,i$$

13.2.8   Giros

Sea r_α la expresión polar de un complejo z. Por el punto anterior se tiene que $1_\beta \cdot r_\alpha = r_{\alpha+\beta}$ es decir, si un complejo unitario de argumento β multiplica un complejo z entonces el resultado es un giro de β grados sobre el complejo z. (En este capítulo se entenderá que el **giro** es alrededor del origen y el ángulo se mide en sentido contrario a las agujas del reloj).

13.3   POTENCIA Y RAÍCES DE COMPLEJOS

13.3.1   Potencia de un complejo (Fórmula de De Moivre)

Sea r_φ la forma polar del complejo z. El cálculo de z^n para $n = 2, 3, \ldots$, se vuelve sencillo si se efectúa en forma polar, pues por generalización de la expresión (13.6) se verifica que

$$(r_\varphi)^n = (r^n)_{n\varphi}$$

Si $|z| = 1$, entonces $z = 1_\varphi = \cos\varphi + i\,\mathrm{sen}\,\varphi$, y por tanto $(1_\varphi)^n = 1_{n\varphi} = \cos n\varphi + i\,\mathrm{sen}\,n\varphi$, es decir se tiene la **Fórmula de De Moivre**:

$$(\cos\varphi + i\,\mathrm{sen}\,\varphi)^n = \cos n\varphi + i\,\mathrm{sen}\,n\varphi$$

13.3.2   Ejemplo

Deseamos calcular $(-1+i)^4$. Designemos $z = -1+i$ cuya representación gráfica se muestra en la Figura 13.8. Se tiene que $z = \sqrt{(-1)^2 + 1^2} = \sqrt{2}$ y el argumento de z es $\alpha = \arctan\frac{-1}{1} = \arctan -1$. Por tanto $\alpha = 135°$ ó $\alpha = 315°$. Como z está en el segundo cuadrante, entonces $z = (\sqrt{2})_{135°}$. Así pues $z^4 = [(\sqrt{2})_{135°}]^4 = (\sqrt{2})^4_{4\cdot135°} = 4_{540°} = 4_{180°} \equiv -4$.

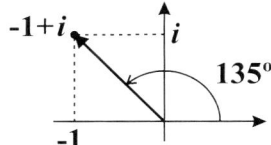

Figura 13.8: Representación gráfica del Ejemplo 13.3.2.

13.3.3   Raíces de un complejo

Como en el caso real, dado un complejo u, se define $\sqrt[n]{u}$ para $n = 2, 3, \ldots$, como el complejo z que verifica $z^n = u$. Para obtener las *raíces n-ésimas* de un complejo, procederemos con coordenadas polares.

Se tiene que: $\sqrt[n]{\rho_\phi} = r_\varphi$ si $(r_\varphi)^n = \rho_\phi$ es decir si $r^n = \rho$ y $n\varphi = \phi + k \cdot 360°$, con $k = 0, 1, 2, \ldots, n-1$. Por tanto $\sqrt[n]{\rho_\phi}$ posee n raíces, todas ellas de módulo $r = \sqrt[n]{\rho}$ y los distintos argumentos son $\varphi = \dfrac{\phi}{n} + \dfrac{k \cdot 360°}{n}$, $k = 0, 1, 2, \ldots, n-1$.

(Obsérvese que para $k = n$ se obtiene el argumento $\dfrac{\phi}{n} + 360°$ que coincide con el primero de ellos $\dfrac{\phi}{n}$).

Si atendemos al sumando $\frac{k\cdot360°}{n}$, se observa que una vez conocido el argumento de una raíz, digamos el argumento $\frac{\phi}{n}$, los restantes $n-1$ argumentos se obtienen añadiendo sucesivamente $\frac{360°}{n}$ por lo que las n raíces ocupan los vértices de un polígono regular inscrito en una circunferencia de radio r.

13.3.4   Ejemplo

Resolvamos la ecuación $z^3 + 1 - i = 0$. Se tiene $z^3 = -1 + i$, y por tanto, $z = \sqrt[3]{-1+i}$. Como $|-1+i| = \sqrt{2}$ y el argumento del complejo $-1+i$ es $135°$ entonces $z = \sqrt[3]{(\sqrt{2})_{135°}}$. Así, las 3 raíces z_i son de la forma r_φ donde $r = \sqrt[3]{\sqrt{2}} = \sqrt[6]{2}$ y $\varphi = \frac{135°}{3}k + \frac{360°}{3}$, con $k = 0, 1, 2$. Es decir,

$$z_1 \equiv \left(\sqrt[6]{2}\right)_{45°} \equiv \sqrt[6]{2}(\cos 45° + i \operatorname{sen} 45°) = \sqrt[6]{2}\left(\frac{\sqrt{2}}{2} + i\frac{\sqrt{2}}{2}\right)$$

$$z_2 \equiv \left(\sqrt[6]{2}\right)_{165°} \equiv \sqrt[6]{2}(\cos 165° + i \operatorname{sen} 165°) = \sqrt[6]{2}\left(-\frac{\sqrt{6}+\sqrt{2}}{4} + \frac{\sqrt{6}-\sqrt{2}}{4} i\right)$$

$$z_3 \equiv \left(\sqrt[6]{2}\right)_{285°} \equiv \sqrt[6]{2}(\cos 285° + i \operatorname{sen} 285°) = \sqrt[6]{2}\left(\frac{\sqrt{6}-\sqrt{2}}{4} - \frac{\sqrt{6}+\sqrt{2}}{4} i\right)$$

Obsérvese que $\frac{360°}{3} = 120°$, por lo que el segundo argumento φ es $45° + 120°$, y el tercer argumento es $45° + 120° + 120°$. La representación gráfica de las soluciones puede observarse en la Figura 13.9.

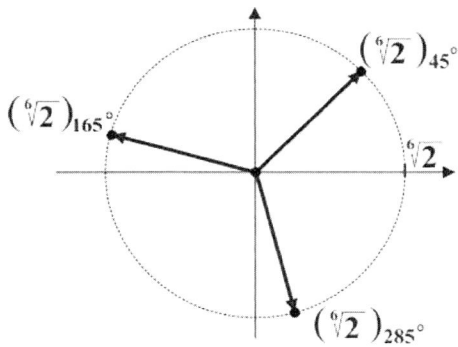

Figura 13.9: Representación gráfica de las raíces cúbicas de $z = -1 + i$.

13.4   EXPRESIÓN EXPONENCIAL DE UN COMPLEJO

13.4.1   Fórmula de Euler

La fórmula de Euler establece una *forma exponencial* de representar un complejo unitario cuando α se mide en radianes:

$$e^{\alpha i} = \cos \alpha + i \operatorname{sen} \alpha \tag{13.7}$$

En el caso de que α no esté dado en el *primer giro* y se tenga $\alpha = \varphi + 2\,k\,\pi$ con φ en el *primer giro* entonces se tiene $e^{\alpha i} = \cos\varphi + i\,\mathrm{sen}\,\varphi$, es decir, $e^{\alpha i} = e^{\varphi i}$.

La ecuación (13.7) se obtiene mediante el desarrollo en serie de la función exponencial compleja, que queda fuera del alcance de este libro.

El cálculo algebraico con expresiones exponenciales donde el exponente es un complejo es similar al caso de exponente real. Por ello es fácil probar los siguientes resultados que se entreven en el capítulo:

$$z^{-1} = \frac{\bar{z}}{|z|^2}, \qquad\qquad \arg\left(z^{-1}\right) = -\arg z,$$
$$|z_1 \cdot z_2| = |z_1| \cdot |z_2|, \qquad\qquad \arg(z_1 \cdot z_2) = \arg z_1 + \arg z_2.$$

De estas dos últimas se desprende el producto (y también el cociente) de complejos en forma polar.

Si z es el complejo $a + b\,i$ de argumento α expresado en radianes, entonces de (13.4) y (13.7) se concluye que

$$z = a + b\,i \equiv |z|_\alpha \equiv |z|(\cos\alpha + i\,\mathrm{sen}\,\alpha) = |z| \cdot e^{\alpha i} \qquad (13.8)$$

y esta última es la **expresión exponencial** del complejo z de argumento α (radianes) que también se escribe $z = r \cdot e^{\alpha i}$, donde $r = |z|$.

A modo de ejemplo, la fórmula de De Moivre tiene una prueba sencilla usando (13.7) pues:

$$(\cos\alpha + i\,\mathrm{sen}\,\alpha)^n = \left(e^{\alpha i}\right)^n = e^{n\alpha i} = e^{(n\alpha)i} = \cos(n\alpha) + i\,\mathrm{sen}(n\alpha)$$

Obsérvese que para $\alpha = \pi$ la fórmula (13.7) establece la famosa expresión (debida a Euler): $e^{i\pi} = -1$.

13.4.2 Ejemplo

(a) Sea $z = -1 + \sqrt{3}i$ (ver (a) del Ejemplo 13.2.4). Como $|z| = 2$ y el argumento α de z es $\alpha = 120°$, entonces $\alpha = \frac{2}{3}\pi$ y por tanto la expresión exponencial de z es $z = 2 \cdot e^{\frac{2}{3}\pi i}$.

(b) Escribiremos en una sola base $\dfrac{e \cdot e^{\pi i}}{e^{\frac{\pi}{3}i}}$. Se tiene:

$$\frac{e \cdot e^{\pi i}}{e^{\frac{\pi}{3}i}} = e^{(\pi - \frac{\pi}{3})i + 1} = e^{\frac{2}{3}\pi i + 1}$$

(c) Escribiremos la expresión trigonométrica de $e^{\frac{\pi}{3}i - 2}$. Se tiene:

$$e^{\frac{\pi}{3}i - 2} = e^{\frac{\pi}{3}i} \cdot e^{-2} = \frac{1}{e^2}\,e^{\frac{\pi}{3}i} = \frac{1}{e^2}(\cos\frac{\pi}{3} + i\,\mathrm{sen}\,\frac{\pi}{3})$$

(d) Hallemos la forma binómica del complejo $2 \cdot e^{\frac{\pi}{6} i} \cdot 5 \cdot e^{\frac{\pi}{3} i}$. Se tiene:

$$2 \cdot e^{\frac{\pi}{6} i} \cdot 5 \cdot e^{\frac{\pi}{3} i} = 10 \cdot e^{(\frac{1}{6} + \frac{1}{3})\pi i} = 10 \, e^{\frac{\pi}{2} i} = 10(\cos \frac{\pi}{2} + i \, \text{sen} \, \frac{\pi}{2}) = 10 \, i$$

13.5   EJERCICIOS

En los próximos Ejercicios (13.1-13.10) los complejos z_i son $z_1 = 3 + 4i$, $z_2 = 2 - 3i$, $z_3 = -1 + i$, $z_4 = 2i$, $z_5 = -1$.

13.1 Escribe cada z_i como un vector de $\mathbb{R}^2$, y represéntalo con un punto.

Solución:

Véase la Figura 13.10.

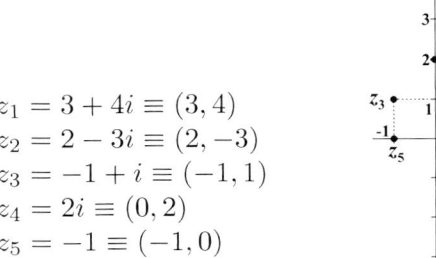

$$z_1 = 3 + 4i \equiv (3, 4)$$
$$z_2 = 2 - 3i \equiv (2, -3)$$
$$z_3 = -1 + i \equiv (-1, 1)$$
$$z_4 = 2i \equiv (0, 2)$$
$$z_5 = -1 \equiv (-1, 0)$$

Figura 13.10: Representación gráfica del Ejercicio 13.1.

La resolución de los Ejercicios 13.2-13.7 se realiza por simple aplicación de los conceptos y definiciones dadas.

13.2 Efectúa en forma binómica: (a) $z_1 + z_2$ (b) $z_2 - z_3$ (c) $z_3 - (z_4 - z_5)$

Solución:

(a) $z_1 + z_2 = (3 + 4i) + (2 - 3i) = 5 + i$

(b) $z_2 - z_3 = (2 - 3i) - (-1 + i) = 3 - 4i$

(c) $z_3 - (z_4 - z_5) = (-1 + i) - (2i - (-1)) = -1 + i - 2i - 1 = -2 - i$

13.3 Efectúa en forma binómica: (a) $-2 \cdot z_1$ (b) $3 \cdot z_2$ (c) $z_3 - 2(z_4 + z_5)$

Solución:

(a) $-2 \cdot z_1 = -2 \cdot (3 + 4i) = -6 - 8i$

(b) $3 \cdot z_2 = 3 \cdot (2 - 3i) = 6 - 9i$

(c) $z_3 - 2(z_4 + z_5) = (-1 + i) - 2(2i - 1) = -1 + i - 4i + 2 = 1 - 3i$

13.4 Efectúa en forma binómica: (a) $z_1 \cdot z_2$ (b) z_1^2 (c) $z_3 \cdot z_4 \cdot z_5$

Solución:

(a) $z_1 \cdot z_2 = (3 + 4i) \cdot (2 - 3i) = 6 - 9i + 8i - 12i^2 = 18 - i$

(b) $z_1^2 = (3 + 4i)^2 = 3^2 + 2 \cdot 3 \cdot 4i + (4i)^2 = 9 + 24i + 16i^2 = -7 + 24i$

(c) $z_3 \cdot z_4 \cdot z_5 = (-1 + i) \cdot 2i \cdot (-1) = -(-2i + 2i^2) = -(-2 - 2i) = 2 + 2i$

13.5 Calcula: (a) $z_1 \cdot \overline{z_1}$ (b) $z_3 \cdot \overline{z_3}$

Solución:
(a) $z_1 \cdot \overline{z_1} = (3 + 4i) \cdot (3 - 4i) = 3^2 - (4i)^2 = 9 - 16i^2 = 9 + 16 = 25$
(b) $z_3 \cdot \overline{z_3} = (-1 + i) \cdot (-1 - i) = (-1)^2 - i^2 = 1 + 1 = 2$

13.6 Halla en forma binómica: (a) $\dfrac{z_2}{z_1}$ (b) $\dfrac{1}{z_3}$ (c) $-\dfrac{3}{2i}$

Solución:
(a)
$$\frac{z_2}{z_1} = \frac{2 - 3i}{3 + 4i} = \frac{(2 - 3i) \cdot (3 - 4i)}{(3 + 4i) \cdot (3 - 4i)} =$$
$$= \frac{6 - 8i - 9i + 12i^2}{25} = \frac{-6 - 17i}{25} = -\frac{6}{25} - \frac{17}{25}i$$

(b)
$$\frac{1}{z_3} = \frac{1}{-1 + i} = \frac{-1 - i}{(-1 + i) \cdot (-1 - i)} =$$
$$= \frac{-1 - i}{2} = -\frac{1}{2} - \frac{1}{2}i$$

(c)
$$-\frac{3}{2i} = -\frac{3i}{2i^2} = \frac{-3i}{-2} = \frac{3}{2}i$$

13.7 Hallar: (a) i^{17} (b) i^{18} (c) i^{-17} (d) i^{-18}

Solución:
Atendiendo a la fórmula (13.2) de la Sección 13.1.11 se tiene:
(a) $i^{17} = i^1 = i$, pues $17 = 4 \cdot 4 + 1$
(b) $i^{18} = i^2 = -1$, pues $18 = 4 \cdot 4 + 2$. Por tanto:
(c) $i^{-17} = \dfrac{1}{i^{17}} = \dfrac{1}{i} = \dfrac{i}{i^2} = -i$
(d) $i^{-18} = \dfrac{1}{i^{18}} = \dfrac{1}{-1} = -1$

13.8 Hallar las potencias $(-i)^n$ para $n \in \mathbb{N}$. (Téngase en cuenta la Nota 13.1.12, y dése un expresión similar a (13.2) de la Sección 13.1.11). En particular hállese:
   (a) $(-i)^{18}$ (b) $(-i)^{-25}$

Solución:
Las potencias i^n sucesivas son:

$$(-i)^0 = 1 \text{ por convenio.}$$
$$(-i)^1 = -i$$
$$(-i)^2 = -1 \text{ por definición.}$$
$$(-i)^3 = (-i)^2 \cdot (-i) = -1 \cdot (-i) = i$$
$$(-i)^4 = (-i)^2 \cdot (-i)^2 = -1 \cdot (-1) = 1$$

A partir de aquí, de manera cíclica, cada cuatro potencias sucesivas $(-i)^4$, $(-i)^5$, $(-i)^6$, $(-i)^7$ repiten los valores 1, $-i$, -1, i, y así sucesivamente. Por tanto:

$$(-i)^n = \begin{cases} 1 & n = \overset{\cdot}{4} \\ -i & n = \overset{\cdot}{4} + 1 \\ -1 & n = \overset{\cdot}{4} + 2 \\ i & n = \overset{\cdot}{4} + 3 \end{cases}$$

Se recuerda que $\dot{4}$ son los múltiplos de 4. En particular se tiene:

(a) $(-i)^{18} = (-i)^{16} \cdot (-i)^2 = (-i)^2 = -1$

(b) $(-i)^{-25} = \dfrac{1}{(-i)^{25}} = \dfrac{1}{(-i)^{24} \cdot (-i)} = \dfrac{1}{-i} = \dfrac{i}{-i^2} = \dfrac{i}{-(-1)} = i$

13.9 Escribe la forma polar y trigonométrica de los complejos z_1, z_2, z_3, z_4, z_5.

Solución:

(Ver Ejercicio 13.1 para conocer la situación de cada z_i y su argumento α_i).

$|z_1| = \sqrt{3^2 + 4^2} = \sqrt{25} = 5$. El argumento de z_1 es $\alpha_1 = \arctan \dfrac{4}{3} \approx 53°$. Por tanto, $z_1 \equiv 5_{\alpha_1} \equiv 5(\cos\alpha_1 + i \operatorname{sen}\alpha_1)$.

$|z_2| = \sqrt{2^2 + (-3)^2} = \sqrt{13}$. El argumento de z_2 es $\alpha_2 = \arctan \dfrac{-3}{2} \approx 304°$. Por tanto, $z_2 \equiv (\sqrt{13}_{\alpha_2}) \equiv \sqrt{13}(\cos\alpha_2 + i \operatorname{sen}\alpha_2)$.

$|z_3| = \sqrt{(-1)^2 + 1^2} = \sqrt{2}$. El argumento de z_3 es $\alpha_3 = \arctan \dfrac{1}{-1}$, es decir $\alpha_3 = 135°$. Por tanto, $z_3 \equiv (\sqrt{2})_{135°} \equiv \sqrt{2}(\cos 135° + i \operatorname{sen} 135°)$.

Obviamente $|z_4| = 2$ y el argumento es $\alpha_4 = 90°$. Por tanto, $z_4 \equiv 2_{90°} \equiv 2(\cos 90° + i \operatorname{sen} 90°)$.

Obviamente $|z_5| = 1$ y el argumento es $\alpha_5 = 180°$. Por tanto, $z_4 \equiv 1_{180°} \equiv \cos 180° + i \operatorname{sen} 180°$.

Nota. Los resultados de este ejercicio son de ayuda para resolver el siguiente.

13.10 Escribe los vectores unitarios de

(a) igual dirección y sentido que z_1, z_2.

(b) igual dirección y sentido contrario que z_3, z_4, z_5.

Solución:

(a) como $|z_1| = 5$ entonces $\frac{1}{5}z_1 = \frac{1}{5}(3 + 4i) = \frac{3}{5} + \frac{4}{5}i$ es unitario en la dirección y sentido de z_1.

Análogamente $\frac{1}{\sqrt{13}}z_2 = \frac{1}{\sqrt{13}}(2 - 3i) = \frac{2}{\sqrt{13}} - \frac{3}{\sqrt{13}}i$ es unitario en la dirección y sentido de z_2.

(b) Como $|z_3| = \sqrt{2}$ entonces $-\frac{1}{\sqrt{2}}z_3 = -\frac{1}{\sqrt{2}}(-1 + i) = \frac{1}{\sqrt{2}} - \frac{1}{\sqrt{2}}i$ es unitario en la dirección de z_3 y sentido contrario.

Obviamente $-i$ es unitario en la dirección de $2i$ y sentido contrario.

Obviamente 1 es unitario en la dirección de -1 y sentido contrario.

13.11 Escribe la forma polar y trigonométrica de los complejos:

(a) $2 + 2i$ (b) $\sqrt{3} - i$ (c) $-2\sqrt{3} - 2i$ (d) $1 - \sqrt{3}i$

Solución:

Para conocer los distintos argumentos será conveniente observar la Figura 13.11.

(a) $|2 + 2i| = \sqrt{2^2 + 2^2} = 2\sqrt{2}$. El argumento de $2 + 2i$ es $\alpha = \arctan \dfrac{2}{2} = \arctan 1$. Por tanto $\alpha = 45°$. En consecuencia, $2 + 2i \equiv (2\sqrt{2})_{45°} \equiv 2\sqrt{2}(\cos 45° + i \operatorname{sen} 45°)$.

(b) $|\sqrt{3} - i| = \sqrt{(\sqrt{3})^2 + (-1)^2} = 2$. El argumento de $\sqrt{3} - i$ es $\alpha = \arctan \dfrac{-1}{\sqrt{3}} = \arctan \dfrac{-\sqrt{3}}{3}$. Por tanto, $\alpha = -30°$ o también $\alpha = 330°$. Así pues, $\sqrt{3} - i \equiv 2_{330°} \equiv 2(\cos 330° + i \operatorname{sen} 330°)$.

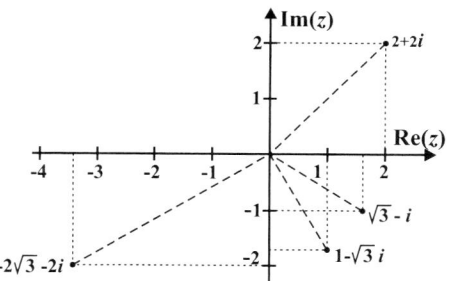

Figura 13.11: Representación de los complejos del enunciado.

(c) $|-2\sqrt{3}-2i| = \sqrt{(-2\sqrt{3})^2+(-2)^2} = 2$. El argumento de $-2\sqrt{3}-2i$ es $\alpha = \arctan\dfrac{-2}{-2\sqrt{3}} = \arctan\dfrac{\sqrt{3}}{3}$. Por tanto, $\alpha = 210°$. Así pues, $-2\sqrt{3}-2i \equiv 4_{210°} \equiv 4(\cos 210° + i \operatorname{sen} 210°)$.

(d) $|1-\sqrt{3}i| = \sqrt{1^2+(-\sqrt{3})^2} = 4$. El argumento de $1-\sqrt{3}i$ es $\alpha = \arctan\dfrac{-\sqrt{3}}{1} = \arctan-\sqrt{3}$. Por tanto, $\alpha = -60°$ o también $\alpha = 300°$. Así pues, $1-\sqrt{3}i \equiv 2_{300°} \equiv 2(\cos 300° + i \operatorname{sen} 300°)$.

Nota. Los resultados de este Ejercicio son de ayuda para resolver los Ejercicios 13.12-13.16.

13.12 Haz los cálculos siguientes en forma polar y después en forma binómica:

(a) $i \cdot (2+2i)$ (b) $(\sqrt{3}-i) \cdot (-2\sqrt{3}-2i)$

(c) $\dfrac{\sqrt{3}-i}{-2\sqrt{3}-2i}$ (d) $\dfrac{3}{1-\sqrt{3}i}$

Solución:

Cálculo en forma polar:

(a) $i \cdot (2+2i) \equiv 1_{90°} \cdot (2\sqrt{2})_{45°} \equiv (2\sqrt{2})_{135°} =$
$= 2\sqrt{2}(\cos 135° + i \operatorname{sen} 135°) = 2\sqrt{2}\left(-\frac{\sqrt{2}}{2} + \frac{\sqrt{2}}{2}i\right) = -2 + 2i$.

(b) $(\sqrt{3}-i) \cdot (-2\sqrt{3}-2i) = 2_{330°} \cdot 4_{210°} = 8_{540°} = 8_{180°} = -8$.

(c) $\dfrac{\sqrt{3}-i}{-2\sqrt{3}-2i} = \dfrac{2_{330°}}{4_{210°}} = \left(\frac{1}{2}\right)_{120°} = \frac{1}{2}(\cos 120° + i \operatorname{sen} 120°) =$
$= \frac{1}{2}\left(-\frac{1}{2} + \frac{\sqrt{3}}{2}i\right) = -\frac{1}{4} + \frac{\sqrt{3}}{4}i$.

(d) $\dfrac{3}{1-\sqrt{3}i} \equiv \dfrac{3_{360°}}{2_{300°}} = \left(\frac{3}{2}\right)_{60°} = \frac{3}{2}(\cos 60° + i \operatorname{sen} 60°) = \frac{3}{2}\left(\frac{1}{2} + \frac{\sqrt{3}}{2}i\right) =$
$= \frac{3}{4} + \frac{3\sqrt{3}}{4}i$.

Cálculo en forma binómica:

(a) $i \cdot (2+2i) = 2i + 2i^2 = -2 + 2i$

(b) $(\sqrt{3}-i) \cdot (-2\sqrt{3}-2i) = (\sqrt{3}-i) \cdot (-2) \cdot (\sqrt{3}+i) =$
$(-2) \cdot ((\sqrt{3})^2 - i^2) = -2 \cdot (3-(-1)) = -8$

(c) $\dfrac{\sqrt{3}-i}{-2\sqrt{3}-2i} = \dfrac{(\sqrt{3}-i)\cdot(-2\sqrt{3}+2i)}{(-2\sqrt{3}-2i)\cdot(-2\sqrt{3}+2i)}$
$= \dfrac{-2\cdot3+2\sqrt{3}i+2\sqrt{3}i-2i^2}{(-2\sqrt{3})^2-(2i)^2} = \dfrac{-4+4\sqrt{3}i}{12+4} = -\frac{1}{4} + \frac{1}{4}\sqrt{3}i$

(d) $\dfrac{3}{(1-\sqrt{3}i)} = \dfrac{3\cdot(1+\sqrt{3}i)}{(1-\sqrt{3}i)\cdot(1+\sqrt{3}i)} = \dfrac{3+3\sqrt{3}i}{1^2+(\sqrt{3})^2} = \frac{3}{4} + \frac{3}{4}\sqrt{3}i$

13.13 Halla el complejo z que se obtiene al girar $90°$ el complejo $1 - \sqrt{3}i$.

Solución:

Por (d) del Ejercicio 13.11, $1 - \sqrt{3}i = 2_{300°}$. Según la Sección 13.2.8 el complejo buscado   es   el   resultado   de   realizar $1_{90°}$ $\cdot$ $2_{300°}$.   Así   pues $z \equiv 2_{390°} = 2_{30°}$.

Por tanto $z = 2(\cos 30° + i \operatorname{sen} 30°) = 2\left(\frac{\sqrt{3}}{2} + i\frac{1}{2}\right) = \sqrt{3} + i$.

13.14 Se desea inscribir un triángulo equilátero en una circunferencia del plano, centrada en el origen, de manera que un vértice sea $A(1, -\sqrt{3})$. Determina los otros dos vértices B y C.

Solución:

Según la Figura 13.12 los dos vértices buscados se encuentran sobre la circunferencia después de realizar sucesivamente dos giros de $120°$ sobre $(1, -\sqrt{3})$.

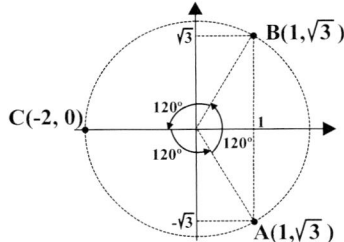

Figura 13.12: Triángulo equilátero inscrito en una circunferencia.

Como A se identifica con $1 - \sqrt{3}\,i$, entonces (ver (d) del Ejercicio 13.11) $A \equiv 2_{300°}$ y por tanto, según la Sección 13.2.8, B se obtiene al realizar el producto $1_{120°} \cdot 2_{300°}$ $= 2_{420°} = 2_{60°} \equiv 2(\cos 60° + i \operatorname{sen} 60°) = 2(\frac{1}{2} + \frac{\sqrt{3}}{2}i) = 1 + \sqrt{3}i$. Así, $B = (1, \sqrt{3})$.

El punto C se obtiene al realizar $1_{240°} \cdot 2_{300°} = 2_{540°} = 2_{180°} \equiv 2(\cos 180° + i \operatorname{sen} 180°) = 2(-1 + 0i) = -2$. Así, $C = (-2, 0)$.

13.15 Calcula: (a) $(2 + 2i)^6$ (b) $(\sqrt{3} - i)^4$ (c) $(-2\sqrt{3} - 2i)^5$

Solución:

(a) $(2 + 2i)^6 \equiv \left((2\sqrt{2})_{45°}\right)^6 = (2\sqrt{2})^6_{6\cdot 45°} = 2^9_{270°} \equiv 2^9(\cos 270° + i \operatorname{sen} 270°) = 2^9(0 - i) = -2^9 \cdot i$

(b) $(\sqrt{3} - i)^4 \equiv (2_{330°})^4 = 2^4_{4\cdot 330°} = 2^4_{1320°} = 2^4_{240°} \equiv 2^4(\cos 240° + i \operatorname{sen} 240°) = 2^4(-\frac{1}{2} - \frac{\sqrt{3}}{2}i) = -2^3 - 2^3\sqrt{3}i$

(c) $(-2\sqrt{3} - 2i)^5 \equiv (4_{210°})^5 = 4^5_{5\cdot 210°} = 2^{10}_{1050°} = 2^{10}_{330°} = 2^{10}(\cos 330° + i \operatorname{sen} 330°) = 2^{10}(\frac{\sqrt{3}}{2} - \frac{1}{2}i) = 2^9 \cdot \sqrt{3} - 2^9 \cdot i$

13.16 Calcula $\dfrac{(2 + 2i)^6 \cdot (\sqrt{3} - i)^4}{(-2\sqrt{3} - 2i)^5}$.

Solución:

Según el ejercicio anterior, el enunciado equivale a $\dfrac{2^9_{270°} \cdot 2^4_{240°}}{2^{10}_{330°}} = \dfrac{(2^9 \cdot 2^4)_{270° + 240°}}{2^{10}_{330°}}$

$= \dfrac{2^{13}_{510°}}{2^{10}_{330°}} = \left(\dfrac{2^{13}}{2^{10}}\right)_{510° - 330°} = (2^3)_{180°} = -8.$

13.17 Resuelve la ecuación $z^5 - 1 + \sqrt{3}i = 0$.

Solución:

Se tiene que $z^5 = 1 - \sqrt{3}i$ y por tanto $z = \sqrt[5]{1 - \sqrt{3}i} \equiv \sqrt[5]{2_{300°}}$. Según la Sección 13.3.3, los 5 complejos solución z_i, tienen módulo $\sqrt[5]{2}$ y sus argumentos α_i son $\frac{300°}{5} + k\frac{360°}{5}$, $k = 0, 1, 2, 3, 4$, es decir, $60°$, $60° + 72°$, $60° + 2 \cdot 72°$, $60° + 3 \cdot 72°$, $60° + 4 \cdot 72°$. Por tanto las soluciones son:

$z_1 \equiv (\sqrt[5]{2})_{60°} \equiv \sqrt[5]{2}(\cos 60° + i \operatorname{sen} 60°) = \sqrt[5]{2}(\frac{1}{2} + \frac{\sqrt{3}2}{i}) = \frac{\sqrt[5]{2}}{2} + \frac{\sqrt[5]{2}}{2} \cdot \sqrt{3}\, i$.

$z_2 \equiv (\sqrt[5]{2})_{132°} \equiv \sqrt[5]{2}(\cos 132° + i \operatorname{sen} 132°)$.

$z_3 \equiv (\sqrt[5]{2})_{204°} \equiv \sqrt[5]{2}(\cos 204° + i \operatorname{sen} 204°)$.

$z_4 \equiv (\sqrt[5]{2})_{276°} \equiv \sqrt[5]{2}(\cos 276° + i \operatorname{sen} 276°)$.

$z_5 \equiv (\sqrt[5]{2})_{348°} \equiv \sqrt[5]{2}(\cos 348° + i \operatorname{sen} 348°)$.

13.18 Resuelve la ecuación $x^3 + 1 = 0$ en $\mathbb{C}$. Expresa el resultado en forma binómica.

Solución:

Se tiene $x^3 = -1$ y por tanto $x = \sqrt[3]{-1} \equiv \sqrt[3]{1_{180°}}$. Según la Sección 13.3.3, las tres soluciones complejas z_i son complejos de módulo 1 y sus argumentos α_i son $\frac{180°}{3} + k\frac{360°}{3}$, $k = 0, 1, 2$, es decir: $60°$, $180°$, $300°$. Por tanto, las soluciones son:

$x_1 = 1_{60°} \equiv 1(\cos 60° + i \operatorname{sen} 60°) = \frac{1}{2} + \frac{\sqrt{3}}{2}i$.

$x_2 \equiv 1_{180°} \equiv -1$.

$x_3 = 1_{300°} \equiv 1(\cos 300° + i \operatorname{sen} 300°) = 1(\frac{1}{2} - \frac{\sqrt{3}}{2}i) = \frac{1}{2} - \frac{\sqrt{3}}{2}i$.

13.19 Resuelve la ecuación $x^4 - 4 = 0$ en $\mathbb{C}$ de dos maneras:

   (a) Por descomposición factorial.

   (b) Por el cálculo de raíces cuartas.

Solución:

(a) Se tiene que $x^4 - 1 = (x^2 + 1)(x^2 - 1) = 0$. De $x^2 - 1 = 0$ se deduce que $x = \pm 1$. De $x^2 + 1 = 0$ se deduce que $x = \pm i$. Las cuatro soluciones son, entonces, $1, -1$ $i, -i$.

(b) De $x^4 - 1 = 0$ se tiene que $x^4 = 1$ y por tanto $x = \sqrt[4]{1}$. Así pues $x \equiv \sqrt[4]{1_{0°}}$. Sus soluciones, según la Sección 13.3.3, son cuatro complejos z_i de módulo 1 y sus argumentos α_i son $0 + k\frac{360°}{4}$, $k = 0, 1, 2, 3$, es decir: $0°$, $90°$, $180°$, $270°$. Por tanto las soluciones z_i son $1_{0°}$, $1_{90°}$, $1_{180°}$, $1_{270°}$ que son los complejos $1, i, -1, -i$, respectivamente.

13.20 Expresa en forma binómica los complejos $e^{\frac{\pi}{2}i}$, $e^{\frac{-\pi}{2}i}$, $e^{\pi i}$, $e^{2\pi i}$.

Solución:

$e^{\frac{\pi}{2}i} = \cos \frac{\pi}{2} + i \operatorname{sen} \frac{\pi}{2} = i \quad e^{\frac{-\pi}{2}i} = \cos \frac{-\pi}{2} + i \operatorname{sen} \frac{-\pi}{2} = -i$

$e^{\pi i} = \cos \pi + i \operatorname{sen} \pi = -1$

$e^{2\pi i} = \cos 2\pi + i \operatorname{sen} 2\pi = 1$

13.21 Realiza el Ejercicio 13.12 utilizando la expresión exponencial de un complejo y las propiedades del producto y cociente exponencial.

Solución:

(Obsérvese las expresiones polares del Ejercicio 13.12).

(a) $i \cdot (2 + 2i) = 1_{90°} \cdot (2\sqrt{2})_{45°} \equiv 1_{\frac{\pi}{2}} \cdot (2\sqrt{2})_{\frac{\pi}{4}} = e^{\frac{\pi}{2}i} \cdot (2\sqrt{2})e^{\frac{\pi}{4}i} = (2\sqrt{2})e^{(\frac{\pi}{2}+\frac{\pi}{4})i} = (2\sqrt{2})e^{\frac{3}{4}\pi i}$

(b) $(\sqrt{3}-i)\cdot(-2\sqrt{3}-2i) = 2_{330°}\cdot 4_{210°} \equiv 2_{\frac{11}{6}\pi}\cdot 4_{\frac{7}{6}\pi} = 2\,e^{\frac{11}{6}\pi i}\cdot 4\,e^{\frac{7}{6}\pi i} = 8\,e^{(\frac{11}{6}+\frac{7}{6})\pi i} =$
$8\,e^{3\pi i} = 8\,e^{\pi i}$

(c) $\dfrac{\sqrt{3}-i}{-2\sqrt{3}-2i} \equiv \dfrac{2_{\frac{11}{6}\pi}}{4_{\frac{7}{6}\pi}} \equiv \dfrac{2\,e^{\frac{11}{6}\pi i}}{4\,e^{\frac{7}{6}\pi i}} = \dfrac{1}{2}\,e^{(\frac{11}{6}-\frac{7}{6})\pi i} = \dfrac{1}{2}\,e^{\frac{2}{3}\pi i}$

(d) $\dfrac{3}{1-\sqrt{3}\,i} = \dfrac{3_{360°}}{2_{300°}} \equiv \dfrac{3_{2\pi}}{2_{\frac{5}{3}\pi}} \equiv \dfrac{3\,e^{2\pi i}}{2\,e^{\frac{5}{3}\pi i}} = \dfrac{3}{2}\,e^{(2-\frac{5}{3})\pi i} = \dfrac{3}{2}\,e^{\frac{\pi}{3}i}$

13.22 Expresa, de manera sucesiva, en forma polar y binómica, los complejos resultantes del ejercicio anterior:

(a) $2\sqrt{2}\cdot e^{\frac{3}{4}\pi i}$ (b) $8\cdot e^{\pi i}$ (c) $\left(\dfrac{1}{2}\right)\cdot e^{\frac{2\pi}{3}i}$ (d) $\left(\dfrac{3}{2}\right)\cdot e^{\frac{\pi}{6}i}$

Solución:

(Ver Ejercicio 13.12)

(a) $(2\sqrt{2})\cdot e^{\frac{3}{4}\pi i} = (2\sqrt{2})_{\frac{3}{4}\pi} \equiv (2\sqrt{2}_{135°}) \equiv (2\sqrt{2})(\cos 135° + i\,\mathrm{sen}\,135°)$
$= (2\sqrt{2})\left(-\dfrac{\sqrt{2}}{2} + i\dfrac{\sqrt{2}}{2}\right) = -2 + 2i$

(b) $8\cdot e^{\pi i} = 8_{\pi} = 8_{180°} = -8$

(c) $\left(\dfrac{1}{2}\right)\cdot e^{\frac{2\pi}{3}i} = \left(\dfrac{1}{2}\right)_{\frac{2\pi}{3}} \equiv \left(\dfrac{1}{2}\right)_{120°} = \dfrac{1}{2}(\cos 120° + i\,\mathrm{sen}\,120°) = -\dfrac{1}{4} + \dfrac{\sqrt{3}}{4}\,i$

(d) $\left(\dfrac{3}{2}\right)\cdot e^{\frac{\pi}{6}i} = \left(\dfrac{3}{2}\right)_{\frac{\pi}{3}} \equiv \left(\dfrac{3}{2}\right)_{60°} = \dfrac{3}{2}(\cos 60° + i\,\mathrm{sen}\,60°) = \dfrac{3}{4} + \dfrac{3\sqrt{3}}{4}\,i$

13.23 Realiza el Ejercicio 13.16 utilizando la expresión exponencial de un complejo y sus propiedades.

Solución:

$\dfrac{(2+2i)^6\cdot(\sqrt{3}-i)^4}{(-2\sqrt{3}-2i)^5} = \dfrac{\left((2\sqrt{2})_{\frac{\pi}{4}}\right)^6\cdot\left(2_{\frac{11}{6}\pi}\right)^4}{\left(4_{\frac{7}{6}\pi}\right)^5} = \dfrac{(2\sqrt{2}\cdot e^{\frac{\pi}{4}i})^6\cdot(2\cdot e^{\frac{11}{6}\pi i})^4}{(4\cdot e^{\frac{7}{6}\pi i})^5}$

$= \dfrac{(2\sqrt{2})^6\cdot e^{\frac{6}{4}\pi i}\cdot 2^4\cdot e^{\frac{44}{6}\pi i}}{4^5\cdot e^{\frac{35}{6}\pi i}} = \dfrac{2^9\cdot 2^4\cdot e^{(\frac{3}{2}+\frac{22}{3})\pi i}}{2^{10}\cdot e^{\frac{35}{6}\pi i}} = 2^3\cdot e^{(\frac{3}{2}+\frac{22}{3}-\frac{35}{6})\pi i}$

$= 8\cdot e^{3\pi i} = 8\,e^{\pi i} = 8(\cos\pi + i\,\mathrm{sen}\,\pi) = -8$

Bibliografía complementaria

[1] Alexandrov, A.D., et al.; *La matemática: su contenido, métodos y significado (I-III)*, Alianza Editorial, 1973.

[2] Ayres, F. Jr.; *Cálculo diferencial e integral*, ed. McGraw-Hill, Serie Schaum, 1989.

[3] Gregori Gregori, V., Miñana Prats, J. J., Sapena Piera, A.; *Matemáticas para docentes de enseñanza secundaria*, ed. Universitat Politècnica de València, 2024.

[4] Madroñero Pabón, J.; *Guía de matemáticas elementales*, ed. Programa Editorial Universidad del Valle, 2016.

[5] De Oteyza, E., et al.; *Geometría analítica*, ed. Pearson Educación, 2011.

[6] Spivak, M.; *Calculus*, ed. Reverté, 2012.

[7] Thomas, G.B. Jr.; *Cálculo infinitesimal y geometría analítica*, ed. Aguilar, 1968.

Índice